高等职业教育系列教材

数控机床编程与操作项目教程

第 2 版

主　编　马金平

副主编　姬　旭　冯　利

参　编　赵寿宽　王　丽　潘红恩

　　　　宋　强

机械工业出版社

本书主要内容包括：数控加工基础知识、数控车削编程与加工、数控铣削编程与加工、加工中心的编程与加工、职业技能考核综合训练等模块。本书融工艺、编程、操作为一体，编写体例打破了传统的学科型课程架构，根据数控技术领域职业岗位群的需要，以典型零件为载体，以"工学结合"为切入点，以工作过程为导向，采用任务驱动模式编写而成，利于理论与实践一体化的课程教学改革。本书在书前列出了各项目任务总表，方便读者全面了解全书架构，也便于读者从表中查找知识点，并以知识点为线索查找相关的工作任务进行学习；在书后的附录中列出了常用数控系统指令表，方便读者查找常用指令在本书中对应的任务。

本书既可作为高职高专和成人高校的数控技术、数控设备应用与维护、机电一体化技术等专业的教学用书，也可作为企业数控加工技术人员和操作人员的参考书或培训教材。

为配合教学，本书配有电子课件、动画、程序、视频、仿真、试卷及答案等资源，读者可以登录机械工业出版社教材服务网www.cmpedu.com 免费注册后下载，或联系编辑索取（微信：15910938545，电话（010）88379739）。

图书在版编目（CIP）数据

数控机床编程与操作项目教程/马金平主编. —2 版. —北京：机械工业出版社，2015.12（2023.8重印）
高等职业教育系列教材
ISBN 978-7-111-53319-1

Ⅰ.①数… Ⅱ.①马… Ⅲ.①数控机床-程序设计-高等职业教育-教材②数控机床-操作-高等职业教育-教材 Ⅳ.①TG659

中国版本图书馆 CIP 数据核字（2016）第 061467 号

机械工业出版社（北京市百万庄大街22 号 邮政编码100037）
策划编辑：曹帅鹏 责任编辑：曹帅鹏 责任校对：樊钟英
责任印制：常天培
北京机工印刷厂有限公司印刷
2023 年 8 月第 2 版第 11 次印刷
184mm×260mm·15.5 印张·382 千字
标准书号：ISBN 978-7-111-53319-1
定价：39.00 元

电话服务　　　　　　　　网络服务
客服电话：010-88361066　机 工 官 网：www.cmpbook.com
　　　　　010-88379833　机 工 官 博：weibo.com/cmp1952
　　　　　010-68326294　金 书 网：www.golden-book.com
封底无防伪标均为盗版　机工教育服务网：www.cmpedu.com

高等职业教育系列教材机电类专业
编委会成员名单

出 版 说 明

　　《国务院关于加快发展现代职业教育的决定》指出：到 2020 年，形成适应发展需求、产教深度融合、中职高职衔接、职业教育与普通教育相互沟通，体现终身教育理念，具有中国特色、世界水平的现代职业教育体系，推进人才培养模式创新，坚持校企合作、工学结合，强化教学、学习、实训相融合的教育教学活动，推行项目教学、案例教学、工作过程导向教学等教学模式，引导社会力量参与教学过程，共同开发课程和教材等教育资源。机械工业出版社组织国内 80 余所职业院校（其中大部分是示范性院校和骨干院校）的骨干教师共同规划、编写并出版的"高等职业教育系列教材"，已历经十余年的积淀和发展，今后将更加紧密结合国家职业教育文件精神，致力于建设符合现代职业教育教学需求的教材体系，打造充分适应现代职业教育教学模式的、体现工学结合特点的新型精品化教材。

　　在本系列教材策划和编写的过程中，主编院校通过编委会平台充分调研相关院校的专业课程体系，认真讨论课程教学大纲，积极听取相关专家意见，并融合教学中的实践经验，吸收职业教育改革成果，寻求企业合作，针对不同的课程性质采取差异化的编写策略。其中，核心基础课程的教材在保持扎实的理论基础的同时，增加实训和习题以及相关的多媒体配套资源；实践性课程的教材则强调理论与实训紧密结合，采用理实一体的编写模式；实用技术型课程的教材则在其中引入了最新的知识、技术、工艺和方法，同时重视企业参与，吸纳来自企业的真实案例。此外，根据实际教学的需要对部分内容进行了整合和优化。

　　归纳起来，本系列教材具有以下特点：

　　1）围绕培养学生的职业技能这条主线来设计教材的结构、内容和形式。

　　2）合理安排基础知识和实践知识的比例。基础知识以"必需、够用"为度，强调专业技术应用能力的训练，适当增加实训环节。

　　3）符合高职学生的学习特点和认知规律。对基本理论和方法的论述容易理解、清晰简洁，多用图表来表达信息；增加相关技术在生产中的应用实例，引导学生主动学习。

　　4）教材内容紧随技术和经济的发展而更新，及时将新知识、新技术、新工艺和新案例等引入教材。同时注重吸收最新的教学理念，并积极支持新专业的教材建设。

　　5）注重立体化教材建设。通过主教材、电子教案、配套素材光盘、实训指导和习题及解答等教学资源的有机结合，提高教学服务水平，为高素质技能型人才的培养创造良好的条件。

　　由于我国高等职业教育改革和发展的速度很快，加之我们的水平和经验有限，因此在教材的编写和出版过程中难免出现疏漏。我们恳请使用这套教材的师生及时向我们反馈质量信息，以利于我们今后不断提高教材的出版质量，为广大师生提供更多、更适用的教材。

机械工业出版社

序

案头摆放着由正德职业技术学院马金平同志主编的《数控机床编程与操作项目教程》讨论稿，她嘱咐我读后提些意见建议并作序。她告诉我说，教程使用层次是高职院校，教学对象是高职学生，希望我循此谈谈本科院校研究型人才培养与高职院校应用型人才培养的不同特点和区别。

我觉得有些惶恐。因为，我和马金平同志虽然同在高校工作，并在学科或专业领域内称得上是同行，但是，毕竟我们从事的具体教育任务和面对的特定教育对象有着显著区别。她从事的是高等职业教育，以培养应用型人才为着眼点和立足点，而我从事的教学工作，则以培养研究型人才为着眼点和立足点。

但这丝毫不影响我对这部教程的浓厚兴趣。这是因为：其一，我从事的学科教育研究属于工科，凡是从事工科教学或研究的，几乎没有纯理论性的，都十分注重理论在实践中的应用，十分注重学生应用能力的培养。在这方面，我与高等职业教育者容易产生共同语言。其二，浙江是我国高职教育起步较早、发展较快、理念比较领先、敢想敢闯的省份之一。近些年来，与高职院校同行们有所接触、有所交流，"近朱者赤"，对高职教育不但有了感性认识，甚至还有了理性认识。尽管对高职教育教学规律还知之不多，但对于普通本科教育与高职教育这两个层次、两种类型教育的区别和特点，或多或少有所思考。抱着对高职教育再了解、再学习的态度，认真拜读了这部教程。教程编写从内容到体例都很新颖，耐人思考，尤其是如下三个方面的创新，给我留下了比较深刻的印象：

第一，该教程以工作过程为导向，采用任务驱动模式，彻底打破了传统的学科型课程模式和本科教材架构。毋庸讳言，我国高职教育起步比发达国家要晚得多，高职教育理念比较落后，高职教材建设规模和水平也都相对滞后，时至今日，把本科教材作为高职教育替代教材的现象仍然不在少数。凡从事学校教育的人都知道，教材是用于向学生传授知识、技能和思想的核心教学材料，它必须符合教学对象的实际、必须符合教学大纲的要求、必须适合于师生在教学中的应用。高职教育与普通本科教育在高等教育序列中分属两个层次、两种类型，有各自不尽相同的教育教学规律和人才培养规律。本科教育尤其是研究型本科教育，比较注重学科架构及其建设，强调知识结构的系统性和学科建设的体系化。而高职教育则注重职业能力的培养，甚至有学者提出，高职教育的本质特征就是劳动者的岗前职业能力教育。这些观点当然可以继续探讨，但显而易见的是，把本科教材作为高职教育替代教材，本身确实是违背教育教学规律和人才培养规律之举。马金平同志主编的这部教程，打破本科课程模式和教材架构，摒弃不切高职人才培养实际的"系统性"、"体系化"学科建设原则，从职业教育特征出发，强化专业即职业的教学理念，根据数控技术领域职业岗位群的需要，以典型零件为载体，把数控加工基础知识、数控车削编程与加工、数控铣削编程与加工、加工中心的编程与操作、职业技能考核综合训练等分解为相对独立、自成一体的教学模块，并融工作过程、典型工作任务于各个教学模块之中。这种独特的教材结构，正是对本科教材模式的一种根本突破，它既来自高职教育实践沃土，更来自对高职教育教学规律和人才培养规律的深刻认知和准确把握。而这对于培养高素质的职业人，具有不可忽视的重要意义。

第二，该教程以工学结合为切入点，突出职业能力培养，体现职业教育课程理论实训一体化的根本改革思路。我认为，高职教育课程建设与改革的重点、难点和发力点，一是要切实解决工学结合问题，二是要建立突出职业能力培养的课程标准。工学结合，既是生产劳动和社会实践相结合的一种学习模式，也是高等职业教育人才培养模式改革的重要切入点，其本质是教育通过企业与社会需求紧密结合。突出职业能力培养，则必然要求课程标准与职业资格标准高度衔接，实现教学过程的实践性、开放性和职业性。在上述两个改革难点、重点上发力，就要尽可能实现职业课程的理论实训一体化，在教材内容组织上融工艺、编程、操作为一体，在教学方法和手段上融"教、学、做"为一体，强化学生能力的培养；就要重视学生校内学习与实际工作的一致性，实行校内成绩考核与企业实践考核（或职业技能考核）相结合。该教程正是着眼于加强理论实训一体化的职业教育课程开发，促进职业教育课程与职业标准融通、教育考核标准与职业技能考核标准衔接，突出职业能力培养，并使职业教育课程改革理念付诸实践、融入课程体系、进入课堂教学的有益尝试。值得称道的还有，该教程基于"双证融通"的职业人才培养理念，把数控中级工的职业资格标准融入教材体系，以提高学生的实践能力和岗位就业竞争能力。我认为，这的确不失为职业教育者的敏锐。

第三，该教程编写严格遵循了高职人才成长的基本规律，内容安排由易到难，较好把握了教学的科学性、渐进性、实用性和针对性原则。教程把培养学生的数控编程与操作技能作为核心，以"必需、够用"为度，大胆删减了无关宏旨的理论知识，突出了与实践技能相关的必备专业知识，有取有舍，确有见地；教程中每个模块均包括学习目标、任务导入、任务分析、知识学习、任务实施、知识拓展、思考与练习等几个基本部分，都以一个实际零件的加工任务为核心引出新的数控工艺知识和数控编程指令，任务由简单到复杂，由单一到综合，理论与实际相结合，具有很强的可操作性。此外，书后的附录列出了常用数控系统指令表，方便查找常用指令在本书中对应的任务，也体现了教程主编用心的良苦。

所谓创新，其实就是人们主观能动性的表现，就是对客观世界的认识能力和实践能力。创新之重要，在于它是民族进步的灵魂，是国家兴旺发达的不竭动力。民族进步、国家兴旺之路如此，我们做学问、培养人才之道也如此。做学问，需要有创新意识；培养人才，需要有创新模式。该教程值得称道的主要之处，即在于其中体现的创新意识。

我由衷祝愿马金平同志和她的团队，在努力创新中为我国数控技术职业教育的发展以及数控加工领域优秀职业人才的培养作出更多更大更新的贡献。

是为序。

杨灿军

（《序》作者为浙江大学机械电子控制工程研究所副所长兼浙江大学海洋中心海洋资源勘查与装备技术研究所副所长，教授，博士生导师。国务院特殊津贴专家、教育部新世纪优秀人才。主持多项国家自然科学基金项目和 863 计划项目。曾获国家科学技术发明二等奖、教育部高校科学技术奖技术发明一等奖等多个奖项。）

前　　言

本书以 FANUC 系统为主组织内容，编写体例打破了传统的学科型课程架构，根据数控技术领域职业岗位群的需要，以典型零件为载体，以"工学结合"为切入点，以工作过程为导向，采用任务驱动模式编写而成。在书后的附录中列出了常用数控系统指令表，方便读者查找常用指令在本书中对应的任务。本书既可作为高职高专和成人高校的数控技术、数控设备应用与维护、机电一体化等专业的教学用书，也可作为企业数控加工技术人员和操作人员的参考书或培训教材。

加强理论实训一体化的职业教育课程开发，促进职业教育课程与职业标准融通、教育考核标准与职业技能考核标准衔接，突出职业能力培养，是高职课程建设与改革的中心任务，也是教学改革的重点和难点。推动职业教育课程改革理念付诸实践，并融入课程体系、进入课堂教学，是我们编写本书的初衷和归宿。在本书的编写过程中，我们严格遵循高职教育和高职人才成长的基本规律，立足于高职教育的实际，并积极借鉴国内外高职教育的先进教学模式，紧紧把握科学性、实用性和针对性原则，力求在如下四方面突出本书的特色。

1）把培养学生的数控编程与操作技能作为核心，突出与实践技能相关的必备专业知识，而有关理论知识的内容则以"必需、够用"为度。

2）以任务驱动模式编写，在内容上力求做到理论与实际相结合，按照循序渐进的要求，由易到难。每个任务都以一个实际零件的加工任务为核心引出新的数控工艺知识和数控编程指令，任务由简单到复杂，由单一到综合，具有很强的可操作性。

3）本书内容包括数控加工基础知识、数控车削编程与加工、数控铣削编程与加工、加工中心的编程与操作、职业技能考核综合训练等模块，融工艺、编程、操作为一体，利于理论与实践一体化的教学改革。

4）结合"双证融通"的人才培养模式，把数控中级工的职业资格标准融入教材体系，注重提高学生的实践能力和岗位就业竞争能力。

本书在修订过程中，进一步完善了教材内容和配套资源；进一步优化了项目载体，让项目内容更接近于生产实际，难度更适合高职高专学生，让学生更容易举一反三；补充了更实用的数控编程加工方面的拓展知识，有利于学生更好地实现知识迁移；增加了全书各项目任务总表，方便读者全面了解全书的架构及查找知识点，并以知识点为线索查找相关的工作任务进行学习。

本书由正德职业技术学院马金平任主编，姬旭、冯利任副主编，赵寿宽、王丽、潘红恩、宋强任参编。在本书的编写过程中，南京航空航天大学工程训练中心和南京压缩机股份有限公司数控车间有关技术人员给予了大力支持与帮助，在此一并表示感谢。

由于编者水平所限，本书难免疏漏或错误，敬请读者批评指正。

编　者

目 录

各项目任务总表

项目模块	学习任务	知识点	能力要求
项目1 数控加工 基础知识	任务1.1　认识数控加工技术	数控机床的概念、分类、发展历程，数控加工的特点及适用范围	了解数控加工技术的基本知识
	任务1.2　数控加工编程基础	数控编程的步骤和方法，机床原点、参考点和工件原点，数控加工程序的结构	了解数控机床坐标系；会设置数控车床、铣床的工件原点
项目2 数控车削 编程与 加工	任务2.1　数控车床的基本操作	数控车床操作方法	能够对FANUC数控车床进行基本操作
	任务2.2　阶梯轴零件的编程与加工 	G00、G01、G20、G21、G98、G99、G27、G28、G90、G94 指令的功能与使用	能够用试切法对刀并加工简单轴类零件
	任务2.3　成型曲面的编程与加工 	G02、G03、G41、G42、G40、G71、G72、G73、G70 指令的功能与使用	会分析成形曲面的加工工艺并编写成形曲面的加工程序
	任务2.4　切槽、切断的编程与加工 	G04、G74、G75、M98、M99 指令的功能与使用；切槽刀具和孔加工刀具的选择	能够熟练掌握切槽零件程序的编制

项目模块	学 习 任 务	知 识 点	能 力 要 求
项目2 数控车削 编程与 加工	任务2.5　螺纹车削的编程与加工	G32、G92、G76 指令的功能与使用；螺纹加工切削用量的选择	会用螺纹加工指令编制螺纹加工程序
	任务2.6　套类零件的编程与加工	套类零件常用刀具的选择与使用；套类零件加工工艺	会对简单套类零件进行数控车削编程与加工
	任务2.7　复杂轴类零件的编程与加工	复杂轴类零件的工艺与编程方法	能进行复杂轴类零件的加工工艺分析与程序编制
	任务2.8　宏指令的使用	宏指令的功能及编程方法	利用宏功能指令加工非圆曲线的曲面

项目模块	学 习 任 务	知 识 点	能 力 要 求
项目3 数控铣削 编程与 加工	任务 3.1　数控铣床的基本操作	数控铣床基本操作方法	能够熟练进行数控铣床的基本操作
	任务 3.2　平面直槽的编程与加工 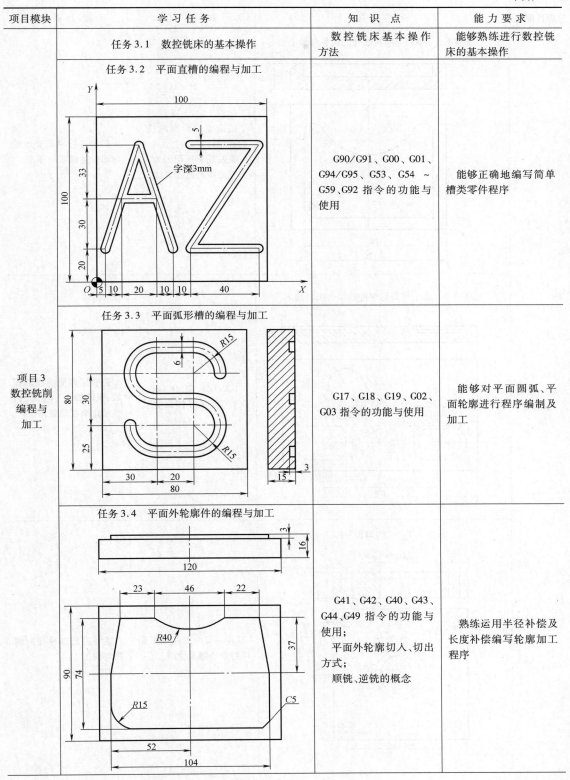	G90/G91、G00、G01、G94/G95、G53、G54 ~ G59、G92 指令的功能与使用	能够正确地编写简单槽类零件程序
	任务 3.3　平面弧形槽的编程与加工	G17、G18、G19、G02、G03 指令的功能与使用	能够对平面圆弧、平面轮廓进行程序编制及加工
	任务 3.4　平面外轮廓件的编程与加工	G41、G42、G40、G43、G44、G49 指令的功能与使用； 平面外轮廓切入、切出方式； 顺铣、逆铣的概念	熟练运用半径补偿及长度补偿编写轮廓加工程序

项目模块	学 习 任 务	知 识 点	能 力 要 求
项目 3 数控铣削 编程与 加工	任务 3.5　平面型腔轮廓件的编程与加工 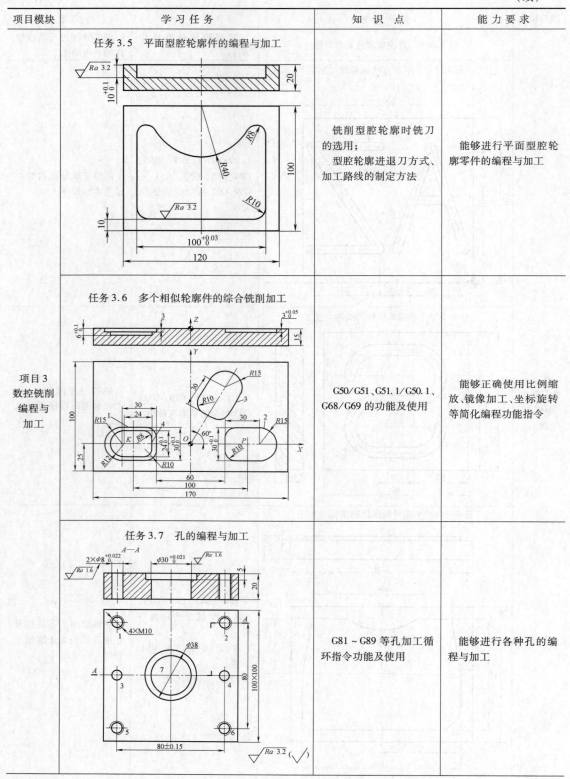	铣削型腔轮廓时铣刀的选用； 型腔轮廓进退刀方式、加工路线的制定方法	能够进行平面型腔轮廓零件的编程与加工
	任务 3.6　多个相似轮廓件的综合铣削加工	G50/G51、G51.1/G50.1、G68/G69 的功能及使用	能够正确使用比例缩放、镜像加工、坐标旋转等简化编程功能指令
	任务 3.7　孔的编程与加工	G81～G89 等孔加工循环指令功能及使用	能够进行各种孔的编程与加工

项目模块	学 习 任 务	知 识 点	能 力 要 求
项目 3 数控铣削 编程与 加工	任务 3.8　宏指令的使用 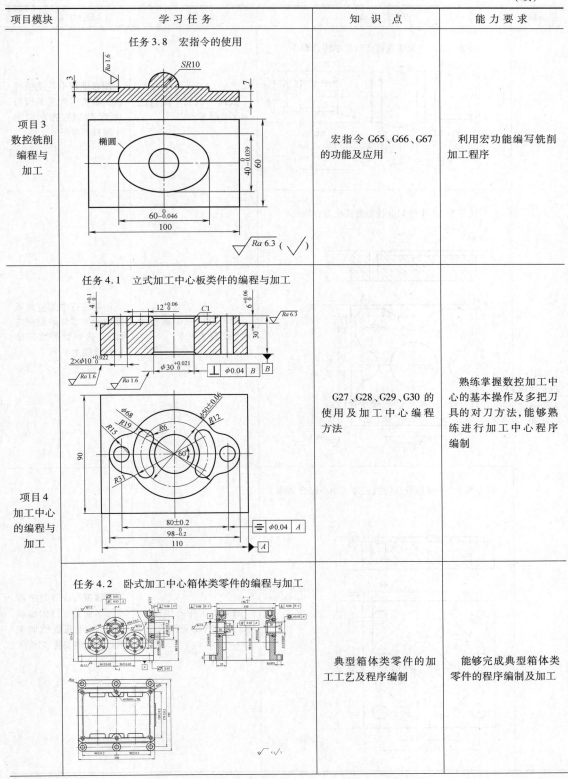	宏指令 G65、G66、G67 的功能及应用	利用宏功能编写铣削 加工程序
项目 4 加工中心 的编程与 加工	任务 4.1　立式加工中心板类件的编程与加工	G27、G28、G29、G30 的 使用及加工中心编程 方法	熟练掌握数控加工中 心的基本操作及多把刀 具的对刀方法,能够熟 练进行加工中心程序 编制
	任务 4.2　卧式加工中心箱体类零件的编程与加工	典型箱体类零件的加 工工艺及程序编制	能够完成典型箱体类 零件的程序编制及加工

（续）

项目模块	学习任务	知识点	能力要求
项目5 职业技能 考核综合 训练	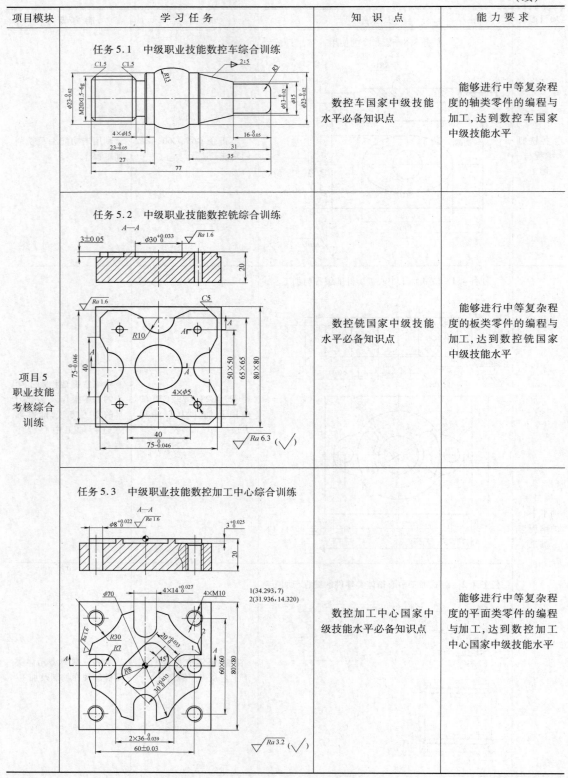	数控车国家中级技能 水平必备知识点	能够进行中等复杂程 度的轴类零件的编程与 加工,达到数控车国家 中级技能水平
		数控铣国家中级技能 水平必备知识点	能够进行中等复杂程 度的板类零件的编程与 加工,达到数控铣国家 中级技能水平
		数控加工中心国家中 级技能水平必备知识点	能够进行中等复杂程 度的平面类零件的编程 与加工,达到数控加工 中心国家中级技能水平

项目1   数控加工基础知识

任务1.1   认识数控加工技术

【学习目标】
- 了解数控机床的概念。
- 了解数控机床的分类。
- 了解数控技术的发展历程。
- 了解数控机床加工的特点及适用范围。
- 了解数控加工技术的发展趋势。
- 理解数控加工原理。

【知识学习】

1. 数控机床概述

（1）基本概念   数控技术是用数字信息对机械运动和工作过程进行控制的技术，该技术覆盖很多领域：机械制造技术，信息处理、加工、传输技术，自动控制技术，伺服驱动技术，传感器技术，软件技术等。

1）数控（NC）——数字控制（Numerical Control）。它是指用数字化信号对机床运动及其加工过程进行控制的一种方法。

2）数控系统（NC System）。数控设备的数据处理和控制电路以及伺服机构等构成的系统称为数控系统。它能逻辑地处理输入到系统中具有特定代码的程序，并将其译码，从而使机床运动并加工零件，它由程序输入与输出设备、计算机数字控制装置、可编程序控制器、主轴进给及驱动装置等组成。

3）计算机数控（Computer Numerical Control，CNC）系统。由装有数控系统程序的专用计算机、输入与输出设备、计算机数字控制装置（CNC 装置）、可编程序控制器（PLC）、主轴驱动装置和进给驱动装置等部分组成，如图 1-1 所示。

4）数控程序（NC Program）。数控程序是指输入数控系统中的，使数控机床执行一个确定加工任务的，具有特定代码和其他符号编码的一系列指令。

5）数控编程。数控编程即将零件的加工信息编制成数控机床能识别的代码。

在数控机床上加工零件时，要把加工零件的全部工艺过程、工艺参数和位移数据，以信息的形式记录在控制介质上，用控制介质上的信息来控制机床，实现零件的全部加工过程。从分析零件图样到获得数控机床所需控制介质的全部过程即称为数控编程。

6）数控机床（NC Machine）。数控机床是一种装有数控系统的高效自动化机床。它综合了计算机、自动控制、精密测量、机床机构设计与制造等方面的最新成果。具体地说，凡是将数控程序经过数控系统的数字运算、处理，并通过高性能的驱动单元控制机床的刀具与工件的相对运动，加工出所需工件的一类机床即为数控机床。

世界上第一台数控机床是 1952 年美国帕森斯（Parsons）公司和麻省理工学院（MIT）合作研制成功的三坐标数控铣床，它用来加工直升机叶片轮廓检查用样板。数控机床的产生使机械制造业的发展进入了一个新的阶段。

与普通机床相比，数控机床取代了手工操作，可由数控系统在程序控制下自动完成，国家数控机床的拥有量反映了这个国家的经济能力和国防实力。

（2）数控机床的分类　通常，数控机床可根据工艺方式、控制系统运动方式、机床运动轨迹、数控系统的功能水平进行分类。

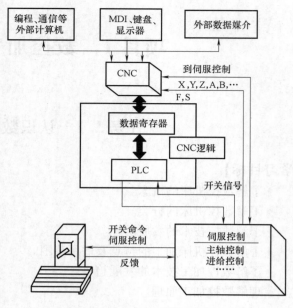

图 1-1　CNC 系统原理

1）按工艺方式分类。按工艺方式分，常用的数控机床可分为以下三类：

① 金属切削类数控机床。这类数控机床有数控车床、数控铣床、数控磨床、数控钻床、数控齿轮加工机床、加工中心等。

② 金属成形类数控机床。这类数控机床有数控折弯机、数控弯管机、数控压力机等。

③ 数控特种加工及其他类型机床。这类数控机床有数控线切割机床、数控火焰切割机、数控三坐标测量机、数控电火花加工机床等。

2）按伺服控制方式分类。按伺服控制方式分，常用的数控机床可分为以下三类：

① 开环数控机床。这类数控机床采用开环伺服系统。其数控装置发出的指令信号是单向的，没有检测反馈装置对运动部件的实际位移量进行检测，不能进行运动误差的校正，因此步进电动机的步距角误差、齿轮和丝杠组成的传动链误差都将直接影响加工零件的精度。

这类机床通常为经济型、中小型机床，具有结构简单、价格低廉、调试方便等优点，但通常输出的转矩值大小受到限制，而且当输入的频率较高时，容易产生失步，难以实现运动部件的控制，因此已不能充分满足数控机床日益提高功率、运动速度和加工精度的控制要求，如图 1-2 所示。

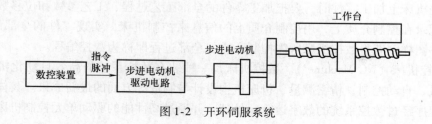

图 1-2　开环伺服系统

② 闭环数控机床。这类机床的位置检测装置安装在进给系统末端的执行部件上，当数控系统发出位移指令后，经过伺服电动机、机械传动装置驱动移动部件，直线位置检测装置把检测到的位移量反馈到位置比较环节，与输入信号进行比较，将误差补偿到控制指令中再去控制伺服电动机。

由图1-3可以看出，系统的精度在很大程度上取决于位置检测装置的精度，因此闭环伺服系统精度高。但是，由于机械传动装置的刚度、摩擦阻尼特性、反向间隙等非线性因素对稳定性有很大影响，造成闭环伺服系统的安装调试比较复杂。再者，直线位置检测装置的价格比较高，因此闭环伺服系统多用于高精度数控机床和大型数控机床上。

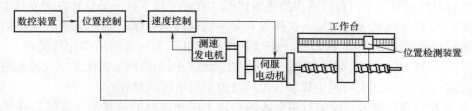

图1-3　闭环伺服系统

③ 半闭环数控机床。这类机床的检测元件装在驱动电动机或传动丝杠的端部，可间接测量执行部件的实际位置或位移。这种系统的闭环环路内不包括机械传动环节，控制系统的调试十分方便，因此可以获得稳定的控制特性。但由于机械传动链的误差无法得到消除或校正，因此它的位移精度比闭环系统的要低。大多数数控机床采用半闭环伺服系统，如图1-4所示。

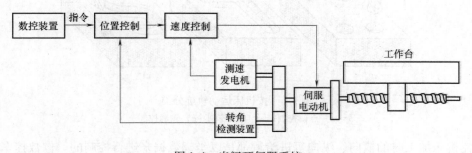

图1-4　半闭环伺服系统

3）按机床运动轨迹进行分类。

① 点位控制数控机床。刀具从某一位置向另一位置移动时，不管中间的轨迹如何，只要刀具最后能正确到达目标位置的控制方式，称为点位控制，又称为点到点控制。在从点到点的移动过程中，只作快速空程的定位运动，因此不能用于加工过程的控制。这类机床有数控钻床、数控坐标镗床、数控压力机等。

图1-5所示的钻孔工作为点位运动，刀具可按①、②、③、④、⑤中的任意一条轨迹运动。点位控制数控机床的运动轨迹如图1-6a所示。

② 直线控制数控机床。也称为直线切削控制或平行切削控制机床。如图1-6b所示，除点到点的准确位置之外，还要保证两点之间移动的轨迹是直线，而且对移动的速度也要进行控制，以便适应随工艺因素变化的不同需要。

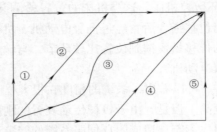

图1-5　点位控制数控机床加工示意图

可控制刀具相对于工作台以适当的进给速度，沿着平行于某一坐标轴方向或与坐标轴成45°的斜线方向作直线轨迹的加工。这种方式是一次同时只有某一轴在运动，或让两轴以相同的速度同时运动以形成45°的斜线，所以其控制难度不大，系统结构比较简单。一般地，都是将点位与直线控制方式结合起来，组成点位直线控制系统用于机床上。简易数控车床与数控镗铣床一般有2～3个可控坐标轴，但同时控制的坐标轴只有一个。

③ 轮廓控制数控机床。能够对两个或两个以上运动坐标的位移及速度进行连续相关的控制，因而可进行曲线或曲面的加工，如图1-6c所示。可控制刀具相对于工件作连续轨迹的运动，能加工任意斜率的直线与任意大小的圆弧，配以自动编程计算，可加工任意形状的曲线和曲面。典型的轮廓控制型机床有数控铣床、功能完善的数控车床、数控磨床、数控电加工机床等。

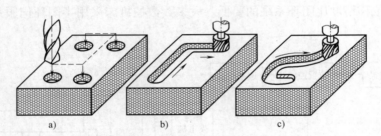

图1-6　按机床运动轨迹分类
a）点位控制　b）直线控制　c）轮廓控制

数控机床加工时的横向、纵向等进给量都是以坐标数据来进行控制的。像数控车床、数控线切割机床等是属于两坐标轴控制，数控铣床则是三坐标轴控制，还有四坐标轴、五坐标轴甚至更多的坐标轴控制的加工中心等。坐标联动加工是指数控机床的几个坐标轴能够同时进行移动，从而获得平面直线、平面圆弧、空间直线、空间螺旋线等复杂加工轨迹的能力。当然也有一些早期的数控机床尽管具有三个坐标轴，但能够同时进行联动控制的可能只是其中两个坐标轴，那就属于两坐标轴联动的三坐标轴机床。像这类机床就不能获得空间直线、空间螺旋线等复杂的加工轨迹。要想加工复杂的曲面，只能采用在某平面内进行联动控制，第三轴作单独周期性进给的"两维半"加工方式。

对于一台数控机床，所谓的几坐标机床是指有几个运动采用了数字控制的机床。例如，两坐标数控车床是两个方向的运动采用了数字控制的数控车床，而三坐标数控铣床是指三个方向的运动采用了数字控制的数控铣床。

数控机床的加工方式根据联动坐标轴的数量不同可分为两轴联动加工、两轴半联动加工、三轴联动加工、四轴联动加工与五轴联动加工等。

两轴联动加工：只能控制任意两坐标轴联动，实现两坐标轴联动加工。

两轴半联动加工：某两坐标轴联动，另一坐标轴周期进给，将立体型面转化为平面轮廓加工，即两坐标轴联动的三坐标机床加工，如图1-7所示。

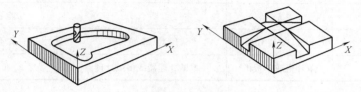

图 1-7   两轴半联动加工

三轴联动加工：指同时控制 X、Y、Z 三个坐标轴，实现三坐标轴联动加工，刀具在空间的任意方向都可移动，如图1-8所示。

四轴联动加工：指同时控制四个坐标轴，即在三个移动坐标轴之外，再加一个旋转坐标轴，如图1-9所示。

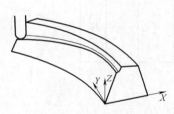

图 1-8   三轴联动加工

图 1-9   四轴联动加工

五轴联动加工：指同时控制五个坐标轴的连续进给运动，即在三个移动坐标轴之外，再加两个旋转坐标轴。

4）按数控系统的功能水平分类。按数控系统的功能水平不同，数控机床可分为低、中、高三档。低、中、高档的界线是相对的，不同时期的划分标准有所不同。就目前的发展水平来看，数控系统可以根据表1-1所列的一些功能和指标进行区分。其中，中、高档一般称为全功能数控系统或标准型数控系统。在我国还有经济型数控系统的说法。经济型数控系统属于低档数控系统，是由单片机和步进电动机组成的数控系统，或是其他功能简单、价格低的数控系统。经济型数控系统主要用于车床、线切割机床以及旧机床数控化改造等。

表 1-1   不同档次数控系统的功能及指标

功能及指标	低档	中档	高档
系统分辨率/μm	10	1	0.1
G00 进给速度/（m/min）	3~8	10~24	24~100
伺服类型	开环及步进电动机	半闭环及直、交流伺服电动机	闭环及直、交流伺服电动机
联动轴数	2~3	2~4	5 轴或 5 轴以上
通信功能	无	RS232 接口、DNC 接口	RS232 接口、MAP 通信 接口、具有联网功能

功能及指标	低档	中档	高档
显示功能	数码管显示	CRT功能齐全、字符图形、人机对话、自诊断	除中档功能外，还可能有三维图形
内装PLC	无	有	功能强大的内装PLC
主CPU	8位、16位CPU	16位、32位CPU	32位、64位CPU
结构	单片机或单板机	单微处理器或多微处理器	分布式多微处理器

2. 数控加工概述

（1）数控加工的工作过程　使用数控机床加工零件时，首先要将零件图样上的几何信息和工艺信息用规定的代码和格式编写成加工程序，并输入到数控系统中；数控系统经过处理运算，向机床各坐标的伺服系统及辅助装置发出指令，驱动机床有序地动作与操作，实现刀具与工件的相对运动，加工出所要求的零件，如图1-10所示。

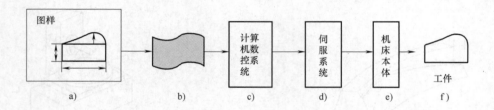

图1-10　数控加工的工作过程
a）图样与工艺文件　b）加工程序　c）数控系统　d）伺服系统　e）机床本体　f）加工后零件

（2）数控加工的特点　与普通机床相比，数控机床加工具有如下特点：

1）适合于复杂零件的加工。数控机床可以完成普通机床难以完成或根本不能加工的复杂零件的加工，因此在航空航天、造船、模具等行业中得到广泛应用。

2）加工精度高，加工稳定可靠。数控机床的传动装置与床身结构具有很高的刚度和热稳定性，而且在传动机构中采取了减小误差的措施，并由控制系统进行补偿，所以数控机床本身的定位精度和重复定位精度都很高，因而具有较高的加工精度；另外，数控机床采用计算机控制，排除了人为误差，零件的加工一致性好，质量稳定可靠。

3）柔性高。加工对象改变时，一般只需要更改数控程序，体现出很好的适应性，可大大节省生产准备时间。在数控机床的基础上，可以组成具有更高柔性的自动化制造系统（FMS）。

4）生产效率高。数控机床本身精度高、刚性大，常常采用大进给量高速强力切削，自动化程度高，装夹定位和过程检验少，因而提高了生产率，一般为普通机床的3～5倍，对某些复杂零件的加工，生产效率可以提高十几倍甚至几十倍。

5）自动化程度高，劳动条件好。数控机床的加工过程是按输入程序自动完成的，一般情况下，操作者只要做装卸工件、更换刀具、关键工序的中间检测以及观察机床运行状况等工作，因此操作人员劳动强度大大降低，工作环境较好。

6）生产准备工作复杂。由于整个加工过程采用程序控制，数控加工的前期准备工作较为复杂，包含工艺确定、程序编制等。

7）有利于实现现代化管理。采用数控机床有利于向计算机控制与管理生产方面发展，为实现生产过程自动化创造了条件。

（3）数控加工的适应范围　从数控机床的加工特点可以看出，数控机床加工的主要对象有：

1）多品种、单件小批量生产的零件或新产品试制中的零件。

2）几何形状复杂的零件。

3）精度及表面粗糙度要求高的零件。

4）加工过程中需要进行多工序加工的零件。

5）用普通机床加工时，需要昂贵的工装设备（刀具、夹具和模具）的零件。

（4）数控加工的发展趋势　现代数控加工正在向高速化、高精度化、高柔性化、高一体化、网络化和智能化等方向发展。

1）高速切削。受高生产率的驱使，高速化已是现代机床技术发展的重要方向之一。高速切削可通过高速运算技术、快速插补运算技术、超高速通信技术和高速主轴等技术来实现。

高主轴转速可减小切削力，减小切削深度，有利于克服机床振动，传入零件中的热量大大减少，排屑加快，热变形减小，加工精度和表面质量得到显著改善。新一代高速数控机床的车削和铣削的切削速度已达到 5000 ~ 8000r/min，主轴转速在 30000r/min 以上（有的高达 100000r/min），数控机床能在极短时间内实现升速和降速，以保持很高的定位精度；工作台的移动速度，在分辨率为 1μm 时，可达 100m/min 以上，在分辨率为 0.1μm 时，可达 240m/min 以上；自动换刀时间在 1s 以内，工作台交换时间在 2.5s 以内，并且高速化的趋势有增无减。因此，经高速加工的工件一般不需要精加工。

2）高精度控制。高精度化一直是数控机床技术发展追求的目标。它包括机床制造的几何精度和机床使用的加工精度控制两方面。

提高机床的加工精度，一般是通过减小数控系统误差，提高数控机床基础大件的结构特性和热稳定性，采用补偿技术和辅助措施来达到的。目前精整加工精度已提高到 0.1μm，并进入了亚微米级，不久超精度加工将进入纳米时代（加工精度达 0.01μm）。

3）高柔性化。柔性是指机床适应加工对象变化的能力。目前，在进一步提高单机柔性自动化加工的同时，数控技术正努力向单元柔性和系统柔性化发展。

数控系统在 21 世纪具有较大限度的柔性，能实现多种用途。具体是指具有开放性体系结构，通过重构和编辑，视需要系统的组成可大可小；功能可专用也可通用，功能价格比可调；可以集成用户的技术经验，形成专家系统。如数控加工中心配有机械手和刀具库，工件一经装夹，数控系统就能控制机床自动地更换刀具，连续对工件的各个加工面自动地完成铣削、镗削、铰孔、扩孔及攻螺纹等多工序加工，从而避免多次装夹所造成的定位误差。这样便减少了设备台数、工装夹具和操作人员，节省了占地面积和加工辅助时间。为了提高效率，新型数控机床在控制系统和机床结构上也有所改革，如采取多系统混合控制方式，用不同的切削方式（车、钻、铣、攻螺纹等）同时加工零件的不同部位等。现代数控系统控制轴多达 15 个，同时联动的轴已达到 6 个。

4）高一体化。CNC系统与加工过程作为一个整体，实现机、电、光、声综合控制，测量造型、加工一体化，加工、实时检测与修正一体化，机床主机设计与数控系统设计一体化。

5）网络化。实现多种通信协议，既能满足单机需要，又能满足FMS（柔性制造系统）、CIMS（计算机集成制造系统）对基层设备的要求。配置网络接口并通过Internet可实现远程监视和控制加工，进行远程检测和诊断，使维修变得简单。建立分布式网络化制造系统，便于形成"全球制造"。

6）智能化。21世纪的CNC系统是一个高度智能化的系统。具体是指系统应在局部或全部实现加工过程的自适应、自诊断和自调整；多媒体人机接口使用户操作简单，智能编程使编程更加直观，编程可使用自然语言；加工数据的自生成及智能数据库；智能监控；采用专家系统以降低对操作者的要求等。新型数控机床还具有故障预报功能、自恢复功能、监控与保护功能。例如，有的系统设有刀具破损检测、行程范围保护和断电保护等功能，以避免损坏机床及报废工件。由于采取了各种有效的可靠性措施，现代数控机床的平均无故障时间MTBF（Mean Time Between Failures）可达到10000～36000h。

【思考与练习】

1. 数控技术经过了哪6代的发展？
2. 什么是CNC？
3. 简述数控加工的工作过程。
4. 在互联网上查询资料，列举国内外几种著名的数控系统。
5. 数控机床主要由哪几部分组成？数控机床与普通机床相比，有何特点？
6. 数控机床是如何进行分类的？
7. 简述开环、闭环、半闭环数控机床的区别。
8. 数控加工的特点有哪些？适合何种类型零件的加工？
9. 简述数控加工技术的发展趋势。

任务1.2　数控加工编程基础

【学习目标】

1. 知识目标

- 了解数控编程的步骤和方法。
- 了解常用的G、M指令。
- 理解进给功能F、主轴转速功能S、刀具功能T。
- 理解模态与非模态指令。
- 掌握机床原点、参考点和工件原点的作用。
- 掌握数控加工程序的结构。

2. 技能目标

- 会确定数控机床坐标系。
- 会设置数控车床、铣床的工件原点。

【知识学习】

1. 数控编程的步骤及方法

（1）数控编程内容与步骤 现代数控机床都是按照事先编制好的零件数控加工程序自动地对工件进行加工的。理想的加工程序不仅应保证加工出符合图样要求的合格零件，同时应能使数控机床的功能得到合理的利用与充分的发挥，以使数控机床能安全可靠且高效地工作。数控程序的编制流程如图 1-11 所示，主要包括如下几个步骤：

1）分析零件图样。要分析零件的材料、形状、尺寸、精度、毛坯形状和热处理要求等，以便确定该零件是否适宜在数控机床上加工，或适宜在哪类数控机床上加工。有时还要确定在某台数控机床上加工该零件的哪些工序或哪几个表面。

2）确定工艺过程。确定零件的加工方法（如采用的工装夹具、装夹定位方法等）和加工路线（如对刀点、走刀路线），并确定加工用量等工艺参数（如切削进给速度、主轴转速、切削宽度和深度等）。

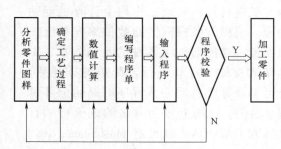

图 1-11 数控程序编制流程

3）数值计算。要进行数学处理，计算运动轨迹的坐标，如：直线起点、终点计算；圆弧的圆心计算；非圆曲线用直线段或圆弧段逼近计算坐标值。根据零件图样和确定的加工路线，算出数控机床所需输入的数据，如零件轮廓相邻几何元素的交点和切点坐标值，用直线或圆弧逼近零件轮廓时相邻几何元素的交点和切点等的坐标值。

4）编写程序单。根据加工路线计算出的数据和已确定的加工用量，结合数控系统的程序段格式编写零件加工程序单。此外，还应填写有关的工艺文件，如数控加工工序卡片、数控刀具卡片、工件安装及零点设定卡片等。

5）程序调试和检验。早年前，一般用笔作为刀具，坐标纸作为工件，空运转画图来调试。现在可通过模拟软件来模拟实际加工过程，或将程序送到机床数控装置后进行空运行，或通过首件加工等多种方式来检验所编制出的程序，发现错误则及时修正，一直到程序能正确执行为止。

（2）数控编程方法 数控编程可以手工完成，即手工编程（Manual Programming），也可以由计算机辅助完成，即计算机辅助数控编程（Computer Aided NC Programming）。

采用计算机辅助数控编程需要一套专用的数控编程软件，现代数控编程软件主要分为以批处理命令方式为主的各种类型的 APT 语言和以 CAD 软件为基础的交互式 CAD/CAM—NC 编程集成系统。

1）手工编程。指编制零件数控加工程序的各个步骤，即从零件图样分析、工艺处理、确定加工路线和工艺参数、几何计算、编写零件的数控加工程序单直至程序的检验，均由人工来完成，如图 1-12 所示。

对于点位加工和几何形状不太复杂的零件，数控编程计算较简单，程序段不多，手工编程即可实现。但对于轮廓形状不是由简单的直线、圆弧组成的复杂的零件，特别是空间曲面复杂的零件，以及几何元素虽不复杂，但程序量很大的零件，计算及编写程序则相当繁琐，工作量大，容易出错，且很难校对，采用手工编程是难以完成的。因此，为了缩短生产周期，提高数控机床的利用率，有效地解决各种模具及复杂零件的加工问题，采用手工编程已不能满足要求，而必须采用自动编程方法。

2）自动编程。自动编程是指在编程过程中，除了分析零件图样和制定工艺方案由人工进行外，其余工作均由计算机辅助完成。编程人员只需借助数控编程系统提供的各种功能对加工零件的几何参数、工艺参数及加工过程进行较简单的描述后，即可由计算机自动完成程序编制的全部过程。目前，市场上较为著名的或流行的自动编程 CAD/CAM 软件有 Mastercam、UG、Pro/E、Cimatron、CAXA 等。

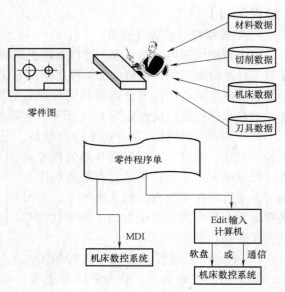

图 1-12　手工编程过程

自动编程可以大大减轻编程人员的劳动强度，将编程效率提高几十倍甚至上百倍。同时解决了手工编程无法解决的复杂零件的编程难题。因此，除了少数情况下采用手工编程外，原则上都采用自动编程。但是手工编程是自动编程的基础，对于数控编程的初学者来说，仍应从学习手工编程入手。

不同的 CAD/CAM 系统其功能指令、用户界面各不相同，编程的具体过程也不尽相同。但从总体上来讲，编程的基本原理及步骤大体上是一致的。归纳起来可分为图 1-13 所示的几个基本步骤。

① 几何造型。利用 CAD 模块的图形构造、编辑修改、曲面和实体特征造型等功能，通过人机交互方式建立被加工零件的三维几何模型，也可以通过三坐标测量机或扫描仪测量被加工零件形体表面，经计算机整理后送 CAD 造型系统进行三维曲面造型。三维几何模型建立后，以相应的图形数据文件进行存储，供后继的 CAM 模块调用。

② 加工工艺分析。编程前，必须分析零件的加工部位，确定工件的定位基准与装夹位置，指定建立工件坐标系，选定刀具类型及其规格参数，输入切削加工工艺参数等。目前，该项工作仍主要通过人机交互方式由编程人员通过用户界面输入系统。

③ 刀具轨迹生成的计算。刀具轨迹生成是面向屏幕上的图形交互进行的，用户可根据屏幕提示，用光标选择相应的图形目标

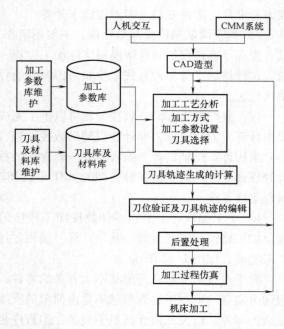

图 1-13　CAD/CAM 系统数控编程原理

10

确定待加工的零件表面及限制边界；用光标或命令输入切削加工的对刀点交互选择切入、切出和走刀方式；软件系统将自动从图形文件中提取所需的零件几何信息，进行分析判断，计算节点数据，自动生成走刀路线，并将其转换为刀具位置数据，存入指定的刀位文件。

④ 刀具验证及刀具轨迹的编辑。刀位文件生成后，可以在计算机屏幕上进行加工过程仿真，以检查验证走刀路线是否正确合理，有无碰撞干涉或过切等现象，并据此对已生成的刀具轨迹进行编辑、修改、优化处理。

⑤ 后置处理。后置处理的目的是形成数控加工程序文件。由于各机床使用的数控系统不同，能够识别的程序代码及格式也不尽相同，所以需要通过后置处理将刀位文件转换成某具体数控机床可用的数控加工程序。

⑥ 数控程序的输出。通过后置处理生成的数控加工程序可使用打印机打印出数控加工程序单作为硬拷贝保存，直接供具有相应驱动器的机床控制系统使用。对于有标准通信接口的机床数控系统，可以直接由计算机将加工程序传送给机床控制系统进行数控加工。

2. 数控机床的坐标系

（1）坐标系及运动方向的规定　数控机床的标准坐标系及运动方向在国际标准中有统一规定。为了确定机床的运动方向和移动距离，需要在机床上建立一个坐标系，这就是机床坐标系。

1）右手笛卡儿直角坐标系。标准机床坐标系中 X、Y、Z 坐标轴的相互关系用右手笛卡儿直角坐标系决定，如图 1-14 所示。右手的大拇指、食指和中指互相垂直时，拇指代表 X 轴，食指代表 Y 轴，中指代表 Z 轴。大拇指指向为 X 轴的正方向，食指指向为 Y 轴的正方向，中指指向为 Z 轴的正方向。分别平行于移动轴 X、Y、Z 的第一组附加轴为 U、V、W，第二组为 P、Q、R。

以 X、Y、Z 轴为中心旋转的运动称为回转运动 A、B、C，A、B、C 的正方向按右手螺旋定律确定，如图 1-14 所示，即当右手紧握螺旋，拇指指向 X、Y、Z 轴的正向时，其余四指所指的方向分别为 $+A$、$+B$、$+C$ 轴的旋转方向。

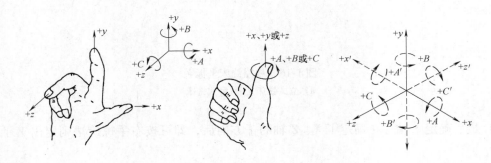

图 1-14　右手笛卡儿直角坐标系

2）刀具运动坐标与工件运动坐标。数控机床的坐标系是机床运动部件进给运动的坐标系。由于进给运动可以是刀具相对工件的运动（如数控车床），也可以是工件相对刀具的运动（如数控铣床），因而统一规定为：工件固定、刀具运动的刀具运动坐标，即刀具相对工件运动的刀具运动坐标；用字母前带"′"的坐标表示工件相对"静止"刀具而运动的工件运动坐标。

3）运动的方向。国标规定使刀具与工件距离增大的方向为运动的正方向，即刀具远离工件的方向；反之，则为负方向。

（2）机床坐标轴的确定

1）先确定 Z 轴。Z 轴为传递切削力的主轴轴线，即平行于主轴轴线的坐标轴，刀具远离工件的方向为正方向。如车床、磨床等转动工件的轴为主轴，如图 1-15 所示；铣床、镗床和攻螺纹机床等转动刀具的轴为主轴，如图 1-16 所示。当机床有几个主轴时，选一个与工件装夹面垂直的主轴为 Z 轴；当机床无主轴时，选与工件装夹面垂直的方向为 Z 轴方向。

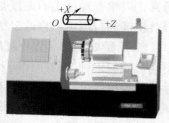

图 1-15　数控车床的坐标系

2）再确定 X 轴。X 轴为水平方向且平行于工件的装夹面。工件旋转类机床，如车床、磨床等，刀具远离工件的方向为正方向。刀具旋转类机床，如铣床等，若 Z 轴水平，观察者沿刀具主轴后端向工件看，向右方向为正方向，如图 1-16b 所示；若 Z 轴垂直，观察者面对刀具主轴向床身立柱看，向右方向为正方向，如图 1-16a 所示。

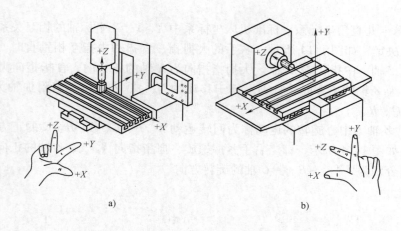

a)　　　　　　　　　　b)

图 1-16　数控铣床坐标系
a）立式铣床　b）卧式铣床

3）最后确定 Y 轴。在确定了 X、Z 轴的正方向后，即可按右手螺旋法则定出 Y 轴的正方向。

（3）机床原点、参考点和工件原点

1）机床原点（Machine Origin）。机床原点就是机床坐标系的原点，是机床的一个基准位置。它是机床上的一个固定的点，由制造厂家确定，其作用是使机床与控制系统同步，建立测量机床运动坐标的起始点。数控车床的机床原点多定在主轴前端面的中心，即卡盘端面与主轴中心线的交点处。数控铣床的机床原点多定在进给行程范围的正极限点处，但也有的设置在机床工作台中心，使用前可查阅机床用户手册。

2）机床参考点（Reference Point）。机床参考点是用于对机床工作台（或滑板）与刀具相对运动的测量系统进行定标与控制的点，一般设定在各坐标轴正向行程极限点的位置上。该位置是在每个轴上用挡块和限位开关精确地预先调整好的，它相对于机床原点的坐标是一个固定值。每次开机起动后，或当机床因意外断电、紧急制动等原因停机而重新启动时，都应该先让各轴回参考点，进行一次位置校准，以消除上次运动所带来的位置误差。图 1-17 描述了数控车床原点、参考点和工件原点的关系。

3）工件原点（Program Origin）。在对零件图形进行编程计算时，为了编程方便，需要在零件图样上的适当位置建立编程坐标系，其坐标原点即为程序原点。而要把程序应用到机床上，则程序原点应该对应工件毛坯的特定位置，该特定位置在机床坐标系中的坐标必须让机床的数控系统知道，这一操作是通过对刀来实现的。编程坐标系在机床上就表现为工件坐标系，坐标原点就称之为工件原点。对刀操作的目的是建立工件坐标系与机床坐标系的关系。

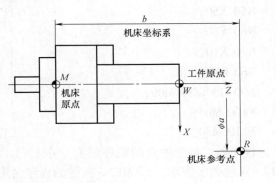

图 1-17 数控车床原点、参考点和工件原点

工件原点一般按如下原则选取：

① 工件原点应选在工件图样的尺寸基准上。这样可以直接用图样标注的尺寸作为编程点的坐标值，减少数据换算的工作量。

② 能方便地装夹、测量和检验工件。

③ 尽量选在尺寸精度较高、表面粗糙度数值较小的工件表面上，这样可以提高工件的加工精度和同一批零件的一致性。

④ 对于有对称几何形状的零件，工件原点最好选在对称中心点上。

车床的工件原点一般设在主轴中心线上，多定在工件的左端面或右端面上。铣床的工件原点一般设在工件外轮廓的某一个角上或工件对称中心处，进刀深度方向上的零点大多取在工件表面上。对于形状较复杂的工件，有时为编程方便可根据需要通过相应的程序指令随时改变新的工件坐标原点；对于在一个工作台上装夹加工多个工件的情况，在机床功能允许的条件下，可分别设定编程原点并独立编程，再通过工件原点预置的方法在机床上分别设定各自的工件坐标系。

对于编程和操作加工采取分开管理机制的生产单位，编程人员只需要将其编程坐标系和程序原点填写在相应的工艺卡片上即可。而操作加工人员则应根据工件装夹情况适当调整程序上建立工件坐标系的程序指令，或采用原点预置的方法调整修改原点预置值，以保证程序原点与工件原点的一致性。

3. 程序结构与程序段

（1）数控程序的结构　一个完整的程序由程序名、程序主体和程序结束指令三部分组成。

下面是一个完整的数控加工程序，该程序的程序名为 O1010，以程序结束指令 M30 结束。

O1010 程序名

N10 G54 G90 G99 S630 M03;

N20 G00 Z50 M08;

N30 X0 Y0;

N40 G81 X10 Y10 Z−15 R5 F90;

N50 X50;

N60 Y30; 程序主体

N70 X10;

N80 G80;

N90 G00 Z30 M09;

N100 M05;

N110 M30 程序结束

程序名：每个独立的程序都有一个自己的程序名。FANUC 系统的程序名由字母 "O" 和 1~4 位数字表示；SIEMENS 系统的程序名用 "%" 和字母或数字混合组成。

程序主体：由若干程序段组成，每个程序段由若干个代码组成，每个代码则由字母（地址符）和数字（有些数字还带有符号）组成。主体的最后程序段一般用 M05 使主轴停止运动。

程序结束：程序结束指令编在程序最后一行，一般用 M02、M30 表示。

程序段末尾的 ";" 为程序段结束符号。一个程序段代表一个完整的加工工步或动作。

（2）程序段格式　程序段是可作为一个单位来处理的连续的字组，是数控加工程序中的一条语句。一个数控加工程序是由若干个程序段组成的。

程序段格式是指程序段中的字、字符和数据的安排形式。现代数控机床广泛采用字地址可变程序段格式，就是程序段的长短是可变的，其格式如下所示：

N_	G_	X_ Y_ Z_	F_	S_	T_	M_	LF（CR）
程序段号	准备功能	坐标尺寸或规格字	进给功能	主轴速度	刀具功能	辅助功能	程序段结束符

例如：

N1	G54	G90	G00	X20.0 Y20.0		M03	;
程序段顺序号	坐标原点位于 G54 中	绝对坐标方式	刀具快速移动点定位	*X*、*Y* 坐标移动的方向和距离		主轴正转	程序段结束符号

（3）字与字的功能

1）字符与代码。字符是用来组织、控制或表示数据的一些符号，如数字、字母、标点符号、数字运算符等。数控系统只能接受二进制信息，用"0"和"1"组合的代码来表达。国际上广泛采用两种标准代码：ISO国际标准化组织标准代码、EIA美国电子工业协会标准代码。这两种标准代码的编码方法不同，但在大多数现代数控机床上都可以使用，只需用系统控制面板上的开关来选择，或用G功能指令来选择。

2）程序字。数控程序中字符的集合称为程序字，简称字。字是由一个英文字母与随后的若干位十进制数字组成的，这个英文字母称为地址符。如："X30"是一个字，"X"为地址符，数字"30"为地址中的内容。

3）程序字的功能。组成程序段的每一个字都有其特定的功能含义，本书主要是以FANUC数控系统的规范为主来介绍的，在实际工作中，请遵照数控机床数控系统说明书来使用各个程序字的功能。

数控程序中所用的程序字，主要有准备功能G指令、辅助功能M指令、进给功能F指令、主轴转速功能S指令、刀具功能T指令等。在数控编程中，用各种G指令和M指令来描述工艺过程的各种操作和运动特征。

① 顺序号字。顺序号又称程序段号或程序段序号，位于程序段之首，由地址符N和1~4位正整数后续数字组成。数控程序中的顺序号实际上是程序段的名称，与程序执行的先后次序无关。数控系统不是按顺序号的次序来执行程序，而是按程序段编写时的排列顺序逐段执行。

顺序号的作用主要是对程序进行校对和检索修改。有顺序号的程序段可以进行复归操作，这是指加工可以从程序的中间开始或回到程序中断处开始。

一般使用方法：编程时将第一程序段冠以N10，以后以间隔10递增的方法设置顺序号，这样在调试程序时，如果需要在N10和N20之间插入程序段时，就可以使用N11、N12等。

② 准备功能字G指令。准备功能字的地址符是G，所以又称G指令，它用来规定刀具和工件相对运动的插补方式、刀具补偿、坐标偏移等。G指令由字母"G"和其后两位数字组成，从G00到G99有100种，见表1-2。G指令是程序的主要内容，一般位于程序段中坐标数字的指令前。

在表1-2中，序号含有a、c~k、i的均为模态指令，字母相同的为一组，同组的指令不能同时出现在一个程序段中。模态指令又称续效指令，在一个程序段出现后，其功能可保持到被相应的指令取消或被同组指令所代替。编写程序时，与上段相同的模态指令可省略不写。不同组模态指令编在同一程序段内，不影响其续效。例如：

N010 G91 G01 X10.0 Y10.0 F0.1;

N020 X20.0 Y20.0;

N030 G90 G00 X0.0 Y0.0;

例中第一段出现两个模态指令，即G91、G01，因它们不同组而均续效，其中G91的功能延续到第三段出现G90时失效；G01的功能在第二段中继续有效，至第三段出现G00时才失效。

表1-2中模态栏标有"－"的指令为非模态指令，又称非续效指令，其功能仅在出现的程序段中有效，如G04。

表 1-2 准备功能字 G 指令

G 指令	模态	功能	G 指令	模态	功能
G00	a	点定位	G50	#(d)	刀具偏置 0/ −
G01	a	直线插补	G51	#(d)	刀具偏置 +/0
G02	a	顺圆弧插补	G52	#(d)	刀具偏置 −/0
G03	a	逆圆弧插补	G53	f	直线偏移注销
G04	—	暂停	G54	f	直线偏移 X
G05	#	不指定	G55	f	直线偏移 Y
G06	a	抛物线插补	G56	f	直线偏移 Z
G07	#	不指定	G57	f	直线偏移 XY
G08		加速	G58	f	直线偏移 XZ
G09	—	减速	G59	f	直线偏移 YZ
G10 ~ G16	#	不指定	G60	h	准确定位 1(精)
G17	c	XY 平面选择	G61	h	准确定位 2(中)
G18	c	ZX 平面选择	G62	h	快速定位(粗)
G19	c	YZ 平面选择	G63	—	攻螺纹
G20 ~ G32	#	不指定	G64 ~ G67	#	不指定
G33	a	螺纹切削,等螺距	G68	#(d)	刀具偏置,内角
G34	a	螺纹切削,增螺距	G69	#(d)	刀具偏置,外角
G35	a	螺纹切削,减螺距	G70 ~ G79	#	不指定
G36 ~ G39	#	永不指定	G80	c	固定循环注销
G40	d	刀尖半径补偿取消	G81 ~ G89	c	固定循环
G41	d	刀尖半径左补偿	G90	j	绝对尺寸
G42	d	刀尖半径右补偿	G91	j	增量尺寸
G43	#(d)	刀具正偏置	G92	—	预置寄存
G44	#(d)	刀具负偏置	G93	k	时间倒数,进给率
G45	#(d)	刀具偏置 +/+	G94	k	每分钟进给
G46	#(d)	刀具偏置 +/−	G95	k	主轴每转进给
G47	#(d)	刀具偏置 −/−	G96	i	恒线速
G48	#(d)	刀具偏置 −/+	G97	i	每分钟转速(主轴)
G49	#(d)	刀具偏置 0/+	G98 ~ G99	#	不指定

注:1. "#" 表示如选作特殊用途,必须在程序格式中说明。

2. 在直线切削控制中没有刀具补偿,则 G43 ~ G52 可指定其他用途。

3. 表中括号内的字母 "d" 表示:可以被同栏中没有括号的字母 "d" 所注销或代替,也可被有括号的字母 "d" 所注销或代替。

4. G45 ~ G52 的功能可用于机床上任意两个预定的坐标。

5. 控制机上没有 G 53 ~ G 59、G 63 功能时,可以指定其他用途。

③ 刀具功能字 T 指令。

格式:T ___;

T 指令为刀具指令，在加工中心机床中，该指令用于自动换刀时选择所需的刀具。

在车床中，常为 T 后跟 4 位数，前两位为刀具号，后两位为刀具补偿号，如 T0101 表示调用 01 号刀具，刀具的偏置量存放在 01 号寄存器中。

在铣床、镗床中，T 后常跟两位数，用于表示刀具号，刀具补偿号则用 D 代码表示。如 T15D17 表示调用 15 号刀具，刀具的偏置量存放在 17 号寄存器中。T、D 控制字可写在同一行，也可分开写。

④ 进给功能字 F 指令。

格式：F __；

F 指令为刀具编程点的进给速度指令，由地址符 F 和 4 位以内的数字组成，表示刀具向工件进给的相对速度。F 指令为续效指令，一经设定后如未被重新指定，则先前所设定的进给速度继续有效。进给速度单位一般有两种表示方法：一种单位为 mm/min；当进给速度与主轴转速有关（如车螺纹）时，单位为 mm/r。

如 F100 表示进给速度是 100mm/min。这种方法较为直观，目前大多数数控机床都采用此方法。

⑤ 主轴功能字 S 指令。

格式：S __；

S 指令为主轴转速指令，用来指定主轴的转速，S 后跟一串数字。该指令有恒线速（单位为 m/min）和恒转速（单位为 r/min）两种指令方式。具体方式由 G 功能字指定。

G96 指定 S 的单位为 m/min。如："G96 S200；"表示恒切削速度为 200m/min。

G97 表示取消恒线速控制。

⑥ 辅助功能字 M 指令。辅助功能指令是用于控制机床开关功能的指令，如指定主轴的起停、正反转、切削液的开关、工件或刀具的夹紧与松开、刀具的更换等。辅助功能由指令地址符 M 和后面的两位数字组成，从 M00 ~ M99 共 100 种。M 指令也有续效指令与非续效指令，如表 1-3 所示。

常用的 M 指令如下：

1）M00——程序停止指令。M00 使程序停止在本段状态，不执行下段。执行完含有 M00 的程序段后，机床的主轴、进给、冷却都自动停止，但全部现存的模态信息保持不变，重按控制面板上的"循环启动"键，便可继续执行后续程序。该指令可用于自动加工过程中停车进行测量工件尺寸、工件调头、手动变速等操作。

2）M01——程序计划停止指令。该指令与 M00 相似，不同的是必须预先在控制面板上按下"任选停止"键，当执行到 M01 时程序才停止；否则，机床仍不停地继续执行后续的程序段。该指令常用于工件尺寸的停机抽样检查等，当检查完成后，可按"启动"键继续执行以后的程序。

3）M02——程序结束指令。此指令使主轴、进给、冷却全部停止，并使机床复位，但不返回到程序开头的位置。M02 必须出现在程序的最后一个程序段中，表示加工程序全部结束。

4）M30——程序结束并返回至开头。完成 M02 相应的内容后，自动返回到程序开头的位置，准备下一个零件的加工。

5）M03、M04、M05——主轴的顺时针方向旋转、逆时针方向旋转、停止。

表 1-3　辅助功能字 M 指令

M 指令	模态	功　　能	M 指令	模态	功　　能
M00	—	程序停止	M36	#	进给范围 1
M01	—	程序计划停止	M37	#	进给范围 2
M02	—	程序结束	M38	#	主轴速度范围 1
M03	*	主轴正转	M39	#	主轴速度范围 2
M04	*	主轴反转	M40 ~ M45	#	不指定
M05	*	主轴停止	M46 ~ M47	#	不指定
M06	—	换刀	M48	*	注销 M49
M07	*	1 号切削液开	M49	#	进给率修正旁路
M08	*	2 号切削液开	M50	#	3 号切削液开
M09	*	切削液关	M51	#	4 号切削液开
M10	*	夹紧	M52 ~ M54	#	不指定
M11	*	松开	M55	#	刀具直线位移,位置 1
M12	#	不指定	M56	#	刀具直线位移,位置 2
M13	*	主轴顺时针方向,切削液开	M57 ~ M59	#	不指定
M14	*	主轴逆时针方向,切削液开	M60		更换工件
M15	—	正运动	M61	*	工件直线位移,位置 1
M16	—	负运动	M62	*	工件直线位移,位置 2
M17 ~ M18	#	不指定	M63 ~ M70	#	不指定
M19	*	主轴定向停止	M71	*	工件角度位移,位置 1
M20 ~ M29	#	永不指定	M72	*	工件角度位移,位置 2
M30	—	纸带结束	M73 ~ M89	#	不指定
M31	—	互锁旁路	M90 ~ M99	#	永不指定
M32 ~ M35	#	不指定			

注: 标有"#"的指令表示如选作特殊用途, 必须在程序中说明。

6) M06——换刀指令。用于具有刀库的数控机床（如加工中心）的换刀功能。

7) M07——1 号切削液开（雾状）。

8) M08——2 号切削液开（液状）。

9) M09——切削液关。

10) M10、M11——运动部件的夹紧、松开。

11) M19——主轴定向停止, 使主轴停在预定的位置上。

一般 M03、M04、M06、M08 为段前执行指令, 即在一个程序段中, 同时有 G 指令和 M 指令时, 先执行 M 指令, 后执行 G 指令。M05、M09 为后执行指令, 即在一个程序段中先执行 G 指令, 后执行 M 指令。M00、M01、M02、M30 一般要求独立编写一个程序段。

常用地址符的含义见表1-4。

表 1-4　常用地址符的含义

机能	地址符	说明(意义)
程序号	O 或 P 或 %	程序编号地址
程序段号	N	程序段顺序编号地址
准备机能	G	指令动作方式
坐标值	X,Y,Z	坐标轴的移动指令
	I,J,K	圆弧中心坐标
	R	圆弧半径
	U,V,W	附加轴的运动
	A,B,C,D,E	描述旋转坐标轴指令
进给速度	F	进给速度指令
主轴机能	S	主轴转速或切削速度
刀具号	T	刀具编号指令
辅助功能	M 或 B	机床开关指令,指定工作台分度等
补偿值	H 或 D	补偿值的地址
暂停	P 或 X	暂停时间指令
重复次数	L	子程序或循环程序等的循环次数

【思考与练习】

1. 数控编程的内容及步骤是什么?

2. 什么是手工编程?什么是自动编程?它们各有何特点?

3. 常用的数控功能指令有哪些类型?(写出 4 个以上,并简述其功能)。

4. 什么叫机床坐标系?如何确定数控车床与数控铣床的机床坐标系?

5. 在数控编程中,如何选择一个合理的编程原点?

6. 试述机床原点、机床参考点和程序原点的区别与联系。

7. 什么是工件坐标系?如何确定工件坐标系?

8. 举例说明程序的基本格式。

9. 简述程序指令的分类。

10. 什么是模态、非模态指令?举例说明。

项目2 数控车削编程与加工

任务2.1 数控车床的基本操作

【技能目标】

- 掌握 FANUC 系统数控车床的基本操作方法。
- 能够熟练地进行数控车床常见刀具的试切法对刀及刀具参数输入。
- 能正确进行程序编辑与输入。
- 能正确进行首件试切与自动加工。
- 熟悉数控车床安全操作规程。

【知识学习】

本任务包含数控车床的基础知识、FANUC 0i 数控车床面板功能介绍、FANUC 0i 数控车床基本操作方法、程序编辑与试切加工等的学习。

1. 数控车床基础知识

（1）数控车床的基本组成　数控车床由床身、主轴箱、刀架进给系统、尾座、液压系统、冷却系统、润滑系统、排屑器等部分组成。数控车床大多采用全封闭或半封闭防护，目的是保护人身安全。图 2-1 所示为典型数控车床的外形结构图。

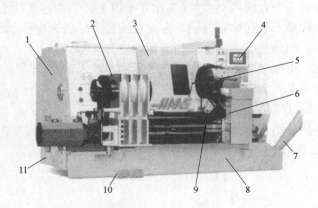

图 2-1　典型数控车床的外形结构图

1—电气箱　2—主轴　3—机床防护　4—操作面板　5—回转刀架　6—尾座

7—排屑器　8—切削液箱　9—滑板　10—卡盘踏板开关　11—床身

（2）数控车床的工作范围　数控车床是金属加工中应用比较广泛的数控机床之一，主要用于精度要求高、表面粗糙度值小、轮廓形状复杂的轴类和盘类等回转体零件的加工。数控车床能够通过程序控制自动完成内外圆柱面、圆锥面、圆弧面、螺纹、非圆曲线回转体面等工序的切削加工，并能完成切槽、钻、扩、铰等加工。数控车削的各种类型零件如图2-2所示。

（3）数控车削的编程特点

1）工件坐标系是指以加工原点为基准所建立的坐标系。工件坐标系的原点应该选在便于测量或对刀的基准位置，一般选取在工件的右端面或左端面的中心。其坐标系的方向与机床坐标系的方向应该一致，X轴对应径向，Z轴对应轴向。主轴的运动方向则从机床尾架向主轴看，逆时针为 $+C$ 向，顺时针为 $-C$ 向，如图2-3所示。

图2-2　数控车削的各种类型零件

2）编写数控车床的加工程序时，可根据系统参数设定来选择直径尺寸编程与半径尺寸编程。但由于车床中被加工零件一般都是以直径的方式标注和测量的，所以编写程序时一般选用直径编程，这样也可以减少编程过程中的计算量。

3）在同一个程序段中，根据图样上标注的尺寸，可以采用绝对坐标编程或相对坐标编程，也可以采用混合编程。

4）在车削加工中常用棒料或锻料作为毛坯，加工余量较大。为简化编程，一般采用数控系统的固定循环指令进行编程，可进行自动重复循环切削，使程序结构简化。

5）编程时，一般认为车刀刀尖是一个点，而实际上为了提高刀具的使用寿命和工件的表面质量，车刀的刀尖常刃磨成一个半径不大的圆弧。为提高工件的加工

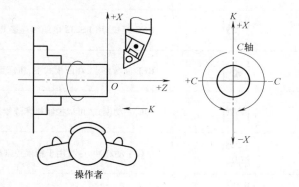

图2-3　数控车床的工件坐标系

质量，需要对刀尖圆弧半径进行补偿，这样就可直接按照工件轮廓尺寸编程。

2. 数控车床面板功能（FUANC 0i 系统）

数控机床的操作是数控加工技术的重要环节。机床操作面板主要由机床控制面板和系统控制面板组成。数控车床的操作是通过 CRT/MDI 操作面板和用户操作面板来完成的。不同类型的数控车床，由于配置的数控系统不同，其面板功能和布局也不尽相同。因此，应根据具体设备，仔细阅读操作说明书。下面介绍 FANUC 0i TA 数控车削系统的操作界面。

（1）数控机床控制面板　机床控制面板主要用于控制机床的运行状态，由模式选择旋钮、数控程序运行控制开关等多个部分组成。面板的制造标准不一，主要由各个机床厂家自行设计。下面以 FANUC 0i 标准机床的控制面板为例进行介绍。机床控制面板如图2-4所示，常用按键的功能说明见表2-1。

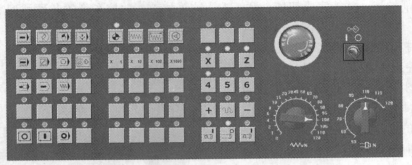

图 2-4 机床控制面板（数控车床）

表 2-1 控制面板常用按键的功能说明

	AUTO 自动加工模式，可执行程序的自动加工
	EDIT 编辑模式，可以进行程序的编辑、修改、插入、删除及各种搜索功能
	MDI 手动数据输入，可以编制单段程序并加以执行
	DNC 模式，用 RS232 电缆线连接 PC 和数控机床，选择程序并传输加工
	REF 回参考点，在此模式下，机床可进行回零操作
	JOG 手动模式，可以控制机床连续进给
	INC 手动脉冲方式，用于精确控制机床运动通常要选择步进量
	HND 手轮进给，对刀及调整机床位置时使用
	单步执行开关，分程序段执行加工程序
	程序段跳读，自动方式按下此键，跳过程序段开头带有"/"的程序
	程序停，在自动方式下，遇有 M00 的程序自动停止
	程序重启键，程序可以从指定的程序段重新启动
	机床锁定开关，数控机床仿真待加工程序时，为安全起见，将机械部分锁住
	机床空运行，加快数控加工程序仿真速度

22

	程序运行开始,模式选择旋钮在＜AUTO＞和＜MDI＞位置时按下有效,其余模式按下无效
	程序运行停止,在程序运行中,按下此按钮停止程序运行
	手动主轴正转
	手动主轴反转
	手动停止主轴
X 1　X 10　X 100　X1000	增量运行步进量选择,每一步的距离:×1 为 0.001mm,×10 为 0.01mm,×100 为 0.1mm,×1000 为 1mm。使用时注意选择的轴、倍率及方向
X　Z + ～ —	该方式可以选择要移动的轴及方向,可连续进给也可选用增量方式,选择手动增量方式可以精确控制位移量(功效同手轮),同时按下 ～ 可以加快移动速度
	进给倍率,可以调节数控程序运行时的进给速度
	主轴倍率,可以调节机床主轴运行时的转速
	紧急停止,机床遇到紧急情况时使用
	程序保护,开关置于 ○ 位置,可进行编辑或修改程序
	手轮,可以精确控制机床某轴的运动

（2）数控系统操作面板　数控系统操作面板如图 2-5 所示,主要由显示屏和编辑区

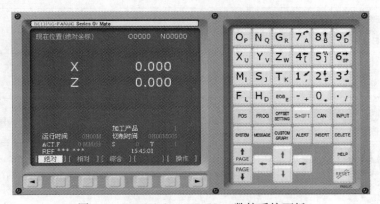

图 2-5　FANUC Series 0i Mate 数控系统面板

23

域组成。其功能是完成人机对话，如坐标显示、程序编辑、参数设置、系统信息显示等。

数控系统操作面板上常用按键及其功能说明见表2-2。

表 2-2　数控系统操作面板上常用按键及其功能说明

名称	功能说明
O_P　N_Q　G_R　7_A　8_B　9_C X_U　Y_V　Z_W　4_↑　5_W　6_SP M_I　S_J　T_K　1_↓　2_#　3_↙ F_L　H_D　EOB_E　-_+　.　,	数字和字母键，用于输入数据到输入区域，系统自动判别取字母还是取数字。字母和数字键通过 < SHIFT > 键切换输入，如：N→Q
POS	坐标显示页面功能键，按该键并结合扩展功能键，可显示各坐标位置的机床坐标、绝对坐标和增量坐标值，以及程序执行过程中坐标轴距指定位置的剩余移动量
PROG	程序显示页面功能键，在编辑模式下，可进行程序的编辑、修改、查找，结合扩展功能键可进行 CNC 系统与外部计算机进行程序传输；在 MDI 模式下，可显示程序内容和指令值
OFFSET SETTING	加工参数设定页面功能键，结合扩展功能键可进行刀具半径补偿值设定，刀具磨损补偿值设定及工件坐标系设定
SHIFT	切换键，键盘上的某些键具有两个功能，按下 < SHIFT > 键可以在这两个功能之间进行切换
CAN	数据取消键，删除写入续存区的字符
INPUT	数据输入键，输入刀具补偿参数值、工件坐标、MDI 指令值、CNC 参数设置值等
SYSTM	系统参数页面
MESSAGE	显示报警信息等
CUSTOM GRAPH	刀具路径图形模拟页面功能键，结合扩展功能键可进入动态刀具路径显示、坐标值显示以及刀具路径模拟有关参数设定页面
ALTER	替换键，用输入的数据替换光标所在的数据
INSERT	插入键，在程序光标指定位置插入字符或数字
DELETE	删除键，删除光标所在的数据，也可删除一个或全部程序
↑PAGE PAGE↓	往前翻页键、往后翻页键，可翻阅当前 CRT 显示资料的上下续页

名称	功能说明
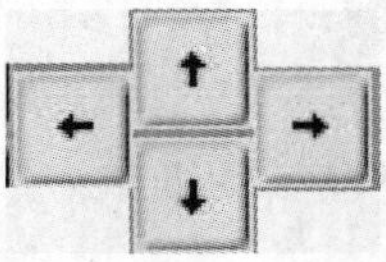	光标移动功能键,在执行数据修改、删除、输入操作时用来指定编辑数据的位置
 HELP	帮助键
 RESET	复位键,终止 CNC 的一切输出指令,CNC 恢复到初始状态
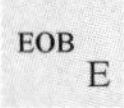 EOB E	回车换行键,结束一行程序的输入并且换行
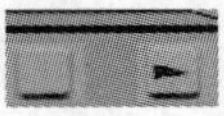	软键,根据不同的画面,软键有不同的功能。软键功能显示在屏幕的底端

3. FANUC 0i 数控车床基本操作

在机床操作前应认真学习机床说明书和安全操作规程,避免因误操作而造成的撞刀事故。一般来说数控机床操作包括以下几项内容:开机操作、回参考点、移动机床坐标(手动或手轮)、MDI 方式基本操作、开关主轴、设定工件坐标系、输入刀具补偿参数、关机操作等。

(1)开机操作

1)检查机床的润滑油罐,油面应在上、下油标线之间,若没有达到,则需要加入机油至达到标准。

2)合上总电源开关。

3)打开机床左侧的电源开关。

4)以顺时针方向转动紧急停止开关,按下"启动"键,此时机床起动完毕。

(2)回参考点

1)置模式旋钮在 位置。

2)选择各轴 X 、 Z 正方向,按住按钮,即回参考点。回参考点(又称回零)是否成功可通过观察机床回零指示灯是否亮或机床机械坐标值是否归零来确定。

注意:回原点时应该先回 X 轴,再回 Z 轴,否则刀架可能与尾座发生碰撞。

即使机床开机之后已经进行回零操作,如出现以下几种情况仍需要重新回参考点:

① 机床关机后马上重新接通电源。

② 机床解除急停状态后。

③ 机床在第一次回参考点过程中出现超程报警并消除报警后。

④ 数控机床在"机械锁定"状态下进行程序的空运行操作后。

(3)移动机床坐标轴 手动移动机床轴的方法有三种。

1)手动方式。

① 置模式在"JOG" 位置。

② 选择某轴，单击方向键 **+**、**-**，机床坐标轴移动，松开则停止移动。

③ 同时按 键，机床轴快速移动，用于较长距离的工作台移动。

2）增量方式。这种方法用于微量调整，如用在对基准操作中。

① 置模式在 ⬛ 位置，选择"×1"、"×10"、"×100"、"×1000"步进量。

② 选择某轴，每按一次，机床轴移动一步。

3）手轮方式。操纵手轮 ⬛，这种方法用于微量调整。在实际生产中，使用手轮可以让操作者容易控制和观察机床移动。

（4）MDI方式基本操作　在MDI方式下可以编制一段程序并加以执行，但不能加工由多个程序段描述的轮廓，主要适用于简单的测试操作。例如输入M03 S800，具体操作步骤如下：

1）选择机床操作面板上的方式选择中的"MDI"模式。

2）单击数控面板上<PRGRM>键。

3）单击显示界面上的功能软键<MDI>，进入程序输入界面。

4）通过操作面板输入程序段"M03 S800;"并单击面板〈INSERT〉键（注意：每个程序段结束时，必须输入";"作为该程序段结束的标志）。

5）按"循环启动"执行输入的程序，完成主轴转速为800r/min的正转。

在MDI状态下，也可实现自动换刀，即按照上述操作方法，在程序输入界面输入"T××××;"。

（5）开、关主轴基本操作。

1）置模式在"JOG"位置 ⬛。

2）按 ⬛ 或 ⬛ 机床主轴分别正、反转（第一次起动时需利用MDI方式），按 ⬛ 主轴停转。

（6）工件坐标系设定及刀具参数输入。

1）试切对刀。对刀对每一个操作者来说极为重要。对刀的目的就是为了建立工件坐标系和机床坐标系的位置关系，方便机床找到工件的坐标位置。比较常用的方法是试切法对刀和对刀仪对刀。试切法对刀只有在手动方式和手轮方式下才可以进行，需要用所选的刀具试切零件的外圆和端面，并测量得到零件外圆和端面的坐标值。下面介绍外圆车刀的对刀方法（假定毛坯为ϕ20mm，外圆车刀为1号刀），具体操作步骤见表2-3。

表2-3　试切对刀及对刀验证步骤

*Z*向对刀 	起动主轴,采用手轮方式让刀具车削端面,然后停止刀具移动

	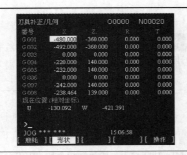	按 OFFSET SET 键进入参数设定页面,选中"形状"项
Z 向对刀		选择 1 号刀具存储位置并在输入区域输入"Z0"
		按 [测量] 软键,工件原点在机床坐标系中的 *Z* 坐标值就自动计算好了
	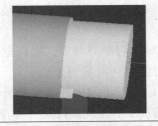	起动主轴,采用手轮方式让刀具车削外圆面
X 向对刀	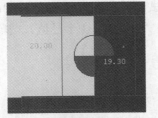	把刀具沿 + *Z* 方向移开,主轴停转之后,测量工件直径,比如 ϕ19.30mm
		按 OFFSET SET 键进入参数设定页面,选中"形状"项。选择 1 号刀具存储位置并在输入区域输入"X19.30"

（续）

X 向对刀		按 [测量] 软键,工件原点在机床坐标系中的 X 坐标值就自动计算好了
对刀验证		利用 MDI 功能输入一段运动指令如:T0101; G00 X21 Z0;
	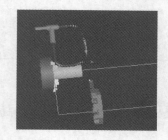	目测观察机床刀具运行位置,如果运行位置正确则对刀操作无误

注意:

① 上面所述的对刀方法中,设置工件坐标系的原点在工件右端面与轴线的交点处,刀具偏置的数值要存储到相应的刀具号里面。

② 切槽刀有三个刀位点:两刀尖及切削中心。对于切槽刀对刀,要根据编制的加工程序,选用正确的刀位点,一般选用切槽刀的左侧的刀位点(前置刀架)。

2)输入刀具补偿参数。根据刀具的实际参数和位置,将刀尖圆弧半径补偿值和刀具几何磨损补偿值输入到与程序对应的存储位置。若试切加工后发现工件尺寸不符合要求,则可根据零件实测尺寸进行刀具偏置的修改。例如测得试切件外圆尺寸偏大 0.02mm,可在刀具"补正/磨耗"界面中,输入该刀具的 X 方向磨耗值 "-0.01"(半径值)。操作过程如下:

① 按 OFFSET/SET 键进入参数设定页面,按 [补正]。

② 按 [磨耗] 选择刀具补偿设置界面。

③ 用 ↓ 和 ↑ 键选择补偿参数的刀具编号。

④ 输入补偿值 "-0.01" 到外圆车刀 X 方向上的磨耗处。

⑤ 按 INPUT 键,把输入的补偿值输入到所指定的位置,如图 2-6 所示。

(7)关机操作 准备关机时要确认机床各个部位不在运行中,并且不在程序和参数写入状态。机床的关机步骤为:

1)将机床各个部位置于正确部位。

2)按下急停按钮。

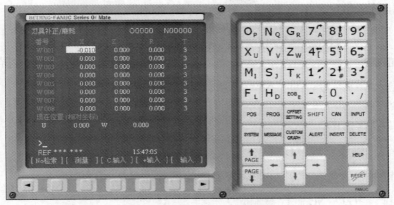

图 2-6　刀具补偿参数的设置

3）关闭数控系统电源。

4）关闭机床电源。

5）关闭总电源。

4. 数控车床程序编辑、试切加工

（1）编辑新 NC 程序。

1）置模式在"EDIT" ⬦。

2）按 PROG 键，再按 ▮ **DIR** ▮ 进入程序页面，输入字母"O"。

3）按 9 输入数字"9"，即输入"O9"程序名（输入的程序名不可以与已有程序名重复）。

4）按 EOB E → INSERT 键，开始程序输入。

5）按 EOB E → INSERT 键换行后再继续输入。

6）按 DELETE 键，删除光标所在的代码。

7）按 INSERT 键，把输入区的内容插入到光标所在代码后面。

8）按 ALTER 键，把输入区的内容替代光标所在的代码。

（2）选择一个程序。

1）按程序号搜索。

① 选择模式"EDIT"。

② 按 PROG 键，输入字母"O"。

③ 按 9 键并输入数字"9"，即输入搜索的号码"O9"。

④ 按"CURSOR" ↓ 开始搜索，找到后，"O9"显示在屏幕右上角程序号位置，"O7"程序内容显示在屏幕上。

2）选择"AUTO" ➡ 模式。

① 按 PROG 键，输入字母"O"。

② 按  键输入数字"9"，即输入搜索的号码"O9"。

③ 按 ■ 操作 → ◄ □ □ □ □ □ ► 【O检索】 "O9" 显示在屏幕上。

④ 也可输入程序段号，如"N30"，按 【 N检索 】搜索程序段。

（3）删除程序。

1）选择模式"EDIT"。

2）按^{PROG}键，输入字母"O"。

3）按^{9}键并输入数字"9"，即输入要删除的程序号码"O9"。

4）按^{DELTE}键，"O9"NC 程序被删除。

5）删除全部程序。在"EDIT"模式下，按^{PROG}键，输入"O-9999"，按^{DELET}键则全部程序被删除。

（4）运行程序。

1）空运行。

① 用上述办法调出所需模拟加工的程序。

② 选择 ➡ 方式。

③ 单击操作面板上"机械锁定"按钮和"空运行"按钮。

④ 单击数控系统面板上$^{CUSTM}_{GRAPH}$功能键，通过数控系统软件选择【 图形 】功能，设置毛坯大小和显示比例，如图 2-7 所示。

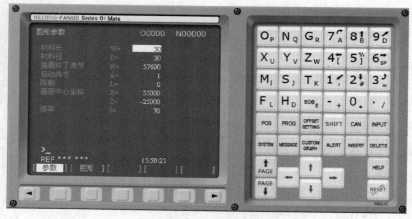

图 2-7　图形参数设置界面

⑤ 单击机床操作面板上 ▣ 键，即可观察数控程序的运行轨迹。

注意：当程序验证无误后，应该及时取消"机械锁定"、"空运行"功能，并使数控机床重新回参考点，以方便程序自动加工。

2）单步运行。

①置单步开关 ➡ 于"ON"位置。

②程序运行过程中，每按一次 ▣ 执行一条指令。

3）启动程序加工零件。

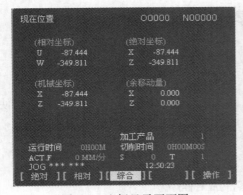

① 置模式旋钮在"AUTO"位置。

② 选择一个程序（参照上面介绍的选择程序的方法）。

③ 按程序启动按钮。

4）运行过程中工件坐标系的显示。在运行过程中可以通过监视器查看机床运行情况，通常显示坐标有以下 3 种方式：

① 绝对坐标系：显示当前坐标。

② 相对坐标系：显示当前相对于前一位置的增量坐标。

③ 综合显示：同时显示相对坐标、绝对坐标、机械坐标和余移动量（图 2-8）。

在自动运行时通常选择检视模式，如图 2-9 所示。在此模式下既可以观察程序又可以查看绝对坐标及余移动量。

图 2-8　坐标显示画面图

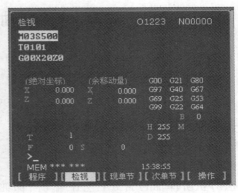

图 2-9　自动加工检视界面

【知识拓展】

➤数控车床安全操作规程如下所示。

1）认真阅读实训指导书，熟悉并了解机床的结构和功能，严格遵循指导老师的安排。

2）开机前，要检查车床自动润滑系统油箱中的润滑油是否充足。

3）按以下顺序开机：打开总电源→打开数控机床电源→旋开"急停"按钮。等自检完毕后等待数控系统的复位。

4）等操作界面显示出来后，选择"回参考点"功能，进行手动回参考点操作。首先返回 +Z 方向，然后返回 +X 方向。返回参考点后应及时退出参考点，先退 X 方向，后退 Z 方向。

5）换刀操作时，X、Z 轴应移动到合适的位置，保证换刀时不发生撞刀事故。

6）工件和刀具必须装夹牢固。选取合适的主轴转速、进给量及进给速度。

7）将编好的程序认真地输入到数控系统的存储器中，并熟记相应的程序名。

8）在自动运行程序前，必须认真检查和调试程序，确保程序的正确性。在操作过程中必须集中注意力，谨慎操作。运行过程中一旦发现问题，应及时按下复位按钮或紧急停止按钮。

9）完成对刀后，要做模拟试验，检验对刀是否正确，以防止正式操作时发生撞坏刀具、工件或设备等事故。

10）在数控车削过程中，必须将防护门关闭。因观察加工过程时间多于操作时间，所以一定要选择好操作者的观察位置，不允许随意离开实训岗位。

11）关闭数控车床前，应使刀具处于安全位置，然后按下"急停"按钮→数控系统断电→机床电源断电→总电源断电。

【思考与练习】

1. 数控系统控制面板上有哪些主要控制功能？

2. 如何进行对刀和对刀验证操作？

3. 如果以工件右端面的中心作为编程原点，应如何对切槽刀（前置刀架）？

4. 如何设置主轴转速为 1200r/min？

任务 2.2　阶梯轴零件的编程与加工

【学习目标】

1. 知识目标

● 掌握 G00、G01、G20、G21、G98、G99、G27、G28、G90、G94 指令的功能与使用。

● 掌握简单程序的编写方法。

2. 技能目标

● 能够进行试切法对刀。

● 会分析阶梯轴的加工工艺并编写阶梯轴零件加工程序。

● 会操作机床空运行和进行单段加工。

【任务导入】

完成图 2-10 所示的阶梯轴的车削加工，材料为硬铝 2A12，毛坯尺寸为 φ32mm×70mm，单件生产。

【任务分析】

如图 2-10 所示，零件材料为硬铝 2A12，切削性能较好，零件结构简单，加工部位由直径为 φ24mm 和 φ30mm 的外圆柱面构成，加工部位无特殊的精度要求，尺寸精度均为未注公差。

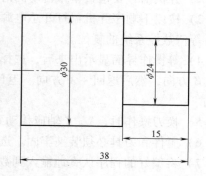

图 2-10　阶梯轴

【知识学习】

本任务包含绝对与相对坐标编程方法、点定位指令、直线插补指令、公制与英制指令、进给速度量纲控制指令、参考点返回指令、内外圆柱与圆锥切削循环指令等的学习。

1. 编程指令

（1）绝对与相对坐标编程　FANUC系统数控车床有两种编程方法：绝对坐标编程和相对坐标编程。绝对坐标编程时移动指令终点的坐标值 X、Z 都是以编程原点为基准来计算的。相对坐标编程时移动指令终点的坐标值 X、Z 都是相对于刀具前一位置来计算的。这两种编程法能够被结合在同一个程序段中。X 和 Z 对应的相对坐标分别是 U 和 W。

如图2-11所示，圆柱面的车削从 A 点至 B 点可有三种编程形式，具体如下。

1）绝对坐标程序：X35 Z－40；

2）相对坐标程序：U0 W－40；

3）混合坐标程序：X35 W－40；或 U0 Z－40；

（2）快速点定位指令G00

1）指令功能。使刀架以厂家设定的最大速度按点位控制方式从当前点快速移动到目标点。它只是快速到位，其运动轨迹则根据具体控制系统的设计，可以是多种多样的。要注意避免碰撞，在快速状态下的碰撞是相当危险的。

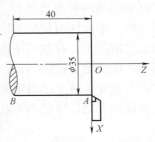

图2-11　绝对/相对坐标编程

2）指令格式。

G00 X（U）＿ Z（W）＿ ；

其中，X（U）＿ Z（W）＿ 表示移动终点（即目标点）的坐标，X 坐标值以直径值输入。当某个方向没有进给时，该方向的坐标可以省略不写。坐标值可以是绝对坐标或相对坐标（增量形式），也可混合编程。

3）举例说明。如图2-12所示，刀具轨迹从 A 点（50，25）移动至 B 点（40，0）的程序为：

G00 X40 Z0；　　　　　　　　（绝对编程）

或 G00 U－10 W－25；　　　　（相对编程）

或 G00 X40 W－25；　　　　　（混合编程）

或 G00 U－10 Z0；　　　　　　（混合编程）

（3）直线插补指令G01

1）指令功能。使刀架以给定的进给速度从当前点以直线的形式移动至目标点。因为数控车床可以两轴联动，因此可以插补任意斜率的直线。

2）指令格式。

G01 X（U）＿ Z（W）＿ F＿ ；

其中，X（U）＿ Z（W）＿ 表示移动终点的坐标，G01程序段中必须含有F指令，如果F的值在前面已给出且不需改变，在本段程序中也可不写。若某一轴向没有运动，则该方向的坐标可以省略不写。

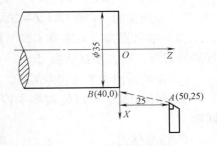

图2-12　G00指令运用

3）举例说明。如图2-13所示，刀具轨迹从当前位置 A 点直线插补到 B 点的程序为：

G01 X30 Z－30 F0.2；　　　　　（绝对编程）

或 G01 U0 W－30 F0.2；　　　　（相对编程）

或 G01 X30 W－30 F0.2；　　　　（混合编程）

或 G01 U0 Z-30 F0.2；　　　　　（混合编程）

（4）公制与英制指令 G21/G20　G21 和 G20 是两个可以互相取代的 G 指令，机床出厂时将根据使用区域设定默认状态，也可按需要重新设定。我国一般使用公制（米制）单位（单位为 mm），所以机床出厂前一般设定默认为 G21。如果一个程序开始用 G20 指令，则表示程序中的数据使用英制单位（单位为 inch，简写为 in）。在同一个程序内，不能同时使用 G20 与 G21 指令，且必须在坐标系确定之前指定。有些机床系统将本指令设置为断电记忆状态，一次指定，持续有效，直到被另一指令取代，即使断电再开也能保持上次设定的状态，因此必须注意在使用前检查该指令功能组的当前状态。公制与英制单位的换算关系为

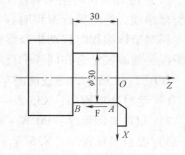

图 2-13　G01 指令运用

$$1\text{mm} \approx 0.0394\text{in}$$

$$1\text{in} \approx 25.4\text{mm}$$

改变 G20 或 G21 后，进给速度值、位移量、偏置量、手摇脉冲发生器的功能单位、步进进给的移动单位都会相应地发生变化。

（5）进给速度量纲控制指令 G98

1）指令功能。控制进给速度为每分钟进给模式（进给速度单位：mm/min）。

2）指令格式。

G98 G01 X（U）＿ Z（W）＿ F＿ ；

3）举例说明。G98 G01 Z-20 F80；表示刀具进给速度为 80mm/min。

（6）进给速度量纲控制指令 G99

1）指令功能。控制进给率为每转进给模式（进给率单位：mm/r）。车削 CNC 系统默认的进给模式是进给率，即每转进给模式。

2）指令格式。

G99 G01 X（U）＿ Z（W）＿ F＿ ；

3）举例说明。G99 G01 Z-20 F0.3；表示进给率为 0.3mm/r。

（7）参考点指令 G28 和 G27　该指令主要用于通过程序指令进行自动回零或使刀架返回到换刀点，以方便自动换刀。

1）自动返回参考点指令 G28。

① 指令功能。可以使被指令控制的轴自动地返回参考点。

② 指令格式。

G28 X（U）＿ Z（W）＿ ；

其中，X（U）＿ Z（W）＿ 表示返回参考点过程中的中间点坐标。

③ 举例说明。程序 G28 X50 Z-10 表示刀具以快速移动的方式从 B 点开始移动，经过中间点 A（50，-10），移动至参考点 R，如图 2-14 所示。

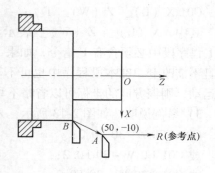

图 2-14　自动返回参考点

2）返回参考点检测 G27。

① 指令功能。刀具以快速移动方式在被指定的位置上定位，若到达的位置是参考点，则返回参考点时灯亮。

② 指令格式。

G27 X（U）_ Z（W）_ ；

其中，X（U）_ Z（W）_ 表示参考点的坐标值。

执行 G27 指令的前提是机床通电后必须手动返回一次参考点。

数控车床在加工一些毛坯余量过大的零件时，刀具往往要执行多次基本相同的动作，这样在程序中就会出现很多基本相同的程序段，而使用上述讲过的 G00、G01 指令进行编程时，程序段将显得非常冗杂。为简化手动编程，FANUC 0i TA 系统提供了固定循环功能。下面介绍两个固定循环指令。

（8）单一切削循环指令 G90

1）指令功能。G90 是单一切削循环指令，该循环主要用于轴类零件的内外圆柱、圆锥面的加工。其刀具轨迹如图 2-15 所示。图中虚线表示快速移动，实线表示按 F 指定的进给速度移动。

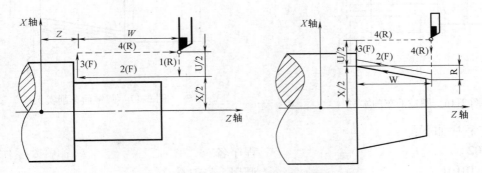

图 2-15　G90 切削路线示意图

2）指令格式。

G90 X（U）_ Z（W）_ R_ F_ ；

其中，X、Z 表示圆柱面切削的终点坐标值；U、W 表示圆柱面切削的终点相对于循环起点的增量坐标；R 表示圆锥面切削的起点相对于终点的半径差。当切削起点的 X 坐标小于终点的 X 坐标时，R 值为负，反之为正。当 R = 0 时，用于圆柱面车削。R 在一些 FANUC 系统的车床上，有时也用"I"来执行。

3）指令应用。

① 用 G90 指令车削图 2-16 所示的零件，材料为铝件，毛坯尺寸 $\phi 45mm \times 80mm$，每次直径方向车削 5mm。

参考程序如下：

O0001	程序名
N10　T0101；	调用 1 号刀具
N20　M03 S600；	主轴正转
N30　G00 X46 Z3；	刀具粗车循环定位

N40　G90 X40 Z-30 F0.1；　　　　刀具轨迹为 $A \rightarrow C \rightarrow G \rightarrow E \rightarrow A$

N50　X35；　　　　　　　　　　刀具轨迹为 $A \rightarrow D \rightarrow H \rightarrow E \rightarrow A$

N60　X30；　　　　　　　　　　刀具轨迹为 $A \rightarrow G \rightarrow I \rightarrow E \rightarrow A$

N70　G00 X100；

N80　Z100；　　　　　　　　　　退刀

N90　M30；　　　　　　　　　　程序结束

② 用 G90 指令车削图 2-17 所示的零件，材料为铝件，毛坯尺寸 $\phi34\text{mm} \times 80\text{mm}$，每次直径方向车削 2mm 余量。

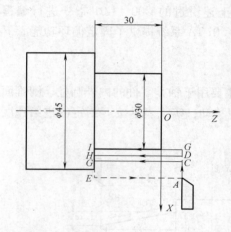

图 2-16　圆柱面车削实例

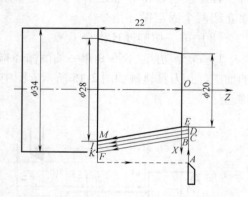

图 2-17　圆锥面车削实例

参考程序如下：

O0002　　　　　　　　　　　　　程序名

N10 T0101；　　　　　　　　　　调用 1 号刀具

N20 M03 S600；　　　　　　　　　主轴正转

N30 G00 X36；　　　　　　　　　刀具粗车循环定位

N40 Z2；

N50 G90 X34 Z-22 R-4.36 F0.1；　　刀具轨迹为 $A \rightarrow B \rightarrow G \rightarrow F \rightarrow A$

N60 X32；　　　　　　　　　　　刀具轨迹为 $A \rightarrow C \rightarrow K \rightarrow F \rightarrow A$

N70 X30；　　　　　　　　　　　刀具轨迹为 $A \rightarrow D \rightarrow I \rightarrow F \rightarrow A$

N80 X28；　　　　　　　　　　　刀具轨迹为 $A \rightarrow E \rightarrow M \rightarrow F \rightarrow A$

N90 G00 X100；　　　　　　　　　退刀

N100 Z100；

N110 M30；　　　　　　　　　　程序结束

（9）端面切削循环指令 G94

1）指令功能。G94 指令用于零件垂直端面或锥形端面上毛坯余量较大时的粗加工，以去除大部分毛坯余量。它既可以加工圆柱面也可加工圆锥面，其循环方式如图 2-18 所示。

2）编程指令格式。

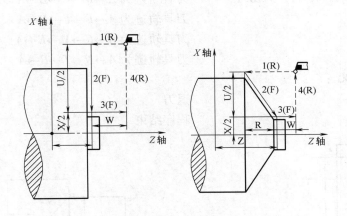

图 2-18　G94 切削路线示意图

G94 X（U）_ Z（W）_ R_ F_ ；

其中，X、Z 表示端面切削的终点坐标值；U、W 表示端面切削的终点相对于循环起点的增量坐标；R 表示端面切削的起点相对于终点在 Z 轴方向的坐标增量。当切削起点 Z 坐标小于终点 Z 坐标时，R 为负，反之为正。当 R＝0 时，为圆柱面车削。

3）举例说明。

① 用 G94 指令车削如图 2-19 所示的零件，材料为铝件，毛坯尺寸为 $\phi80\text{mm} \times 50\text{mm}$，每次 Z 方向上车削最大为 2mm 余量。

参考程序如下：

O0003	程序名
N10 T0101；	调用 1 号刀具
N20 M03 S600；	主轴正转
N30 G00 X82 Z2；	刀具粗车循环定位
N40 G94 X50 Z－2 F0.1；	刀具轨迹为 $A \rightarrow F \rightarrow E \rightarrow B \rightarrow A$
N50 Z－4；	刀具轨迹为 $A \rightarrow T \rightarrow R \rightarrow B \rightarrow A$
N60 Z－5；	刀具轨迹为 $A \rightarrow L \rightarrow U \rightarrow B \rightarrow A$
N70 G00 X100；	退刀
N80 Z100；	
N90 M30；	程序结束

② 用 G94 指令车削如图 2-20 所示的零件，材料为铝件，毛坯尺寸为 $\phi30\text{mm} \times 60\text{mm}$，每次 Z 方向上车削 2mm 余量。

参考程序如下：

O0004	程序名
N10 T0101 ；	调用 1 号刀具
N20 M03 S600；	主轴正转
N30 G00 X32 Z2；	刀具粗车循环定位

N40 G94 X15 Z0 R − 11. 3 F0. 1 ;　　　刀具轨迹为 $A \rightarrow D \rightarrow C \rightarrow B \rightarrow A$

N50 Z − 2 ;　　　　　　　　　　刀具轨迹为 $A \rightarrow E \rightarrow F \rightarrow B \rightarrow A$

N60 Z − 4 ;　　　　　　　　　　刀具轨迹为 $A \rightarrow G \rightarrow M \rightarrow B \rightarrow A$

N70 Z − 6 ;　　　　　　　　　　刀具轨迹为 $A \rightarrow N \rightarrow T \rightarrow B \rightarrow A$

N80 G00 X100 ;

N90 Z100 ;　　　　　　　　　　退刀

N100 M30 ;　　　　　　　　　　程序结束

图 2-19　端面车削循环实例

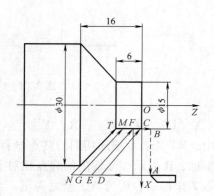

图 2-20　带锥度端面车削循环实例

2. 工艺分析

（1）工、量、刃具选择

1）工具选择。铝棒装夹在自定心卡盘上，用百分表校正并夹紧。其他工具见表 2-4。

2）量具选择。外圆、长度精度要求不高，选用 0 ~ 150mm 游标卡尺测量。

3）刃具选择。该工件的材料为硬铝，切削性能较好，可以选用自行刃磨的 90° 高速钢外圆车刀，置于 T01 号刀位。

表 2-4　任务 2. 2 的工、量、刃具清单

种类	序号	名称	规格	精度	数量
工具	1	自定心卡盘			1
	2	刀架扳手、卡盘扳手			1
	3	铜片			1
量具	1	百分表（及表座）	0 ~ 10mm	0. 01mm	1
	2	游标卡尺	0 ~ 150mm	0. 02mm	1
刃具	1	高速钢车刀	90° 主偏角		1

（2）加工工艺方案

1）加工工艺路线。图 2-10 所示的阶梯轴加工精度低，不分粗、精加工。切削工件之前，刀具定位于轮廓外 A（33，2）处。按照先近后远的原则，先加工靠刀具较近的外径

$\phi24mm$，因余量较大，需分多次车削（每次直径方向上车削2mm）；然后加工外径 $\phi30mm$，因余量不大，可一次走刀加工出来。加工路线如图2-21所示。

2）切削用量的合理选择。加工材料为硬铝，硬度低，切削力小，精度要求不高，可用一把外圆车刀加工至尺寸要求，主轴转速为800r/min，切削速度 $f = 0.1mm/r$。

（3）参考程序编制

1）工件坐标系的建立。此任务中工件坐标系的原点选在工件右端面的中心，遵循基准重合的原则，如图2-21所示的 O 点。

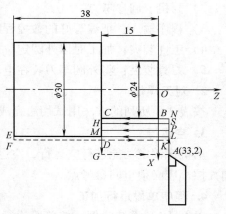

图2-21 任务2.2的加工工艺路线

2）基点坐标的计算。计算工件轮廓上的基点坐标，坐标值见表2-5。

表2-5 任务2.2的基点坐标

O	B	C	D	E
(0,0)	(24,0)	(24,−15)	(30,−15)	(30,−38)

3）参考程序。

O0005	程序名
N10 T0101；	调用1号刀具
N20 M03 S800；	主轴正转
N30 G00 X33 Z2；	刀具粗车循环定位
N40 G90 X30 Z−15 F0.1；	刀具轨迹为 $A \to L \to D \to G \to A$
N50 X28；	刀具轨迹为 $A \to P \to M \to G \to A$
N60 X26；	刀具轨迹为 $A \to S \to H \to G \to A$
N70 X24；	刀具轨迹为 $A \to N \to C \to G \to A$
N80 G00 X30；	刀具定位 $\phi30mm$ 尺寸
N90 G01 Z−38；	刀具轨迹为 $L \to E$
N100 G00 X100；	刀具沿 X 方向安全退出
N110 Z100；	刀具沿 Z 方向安全退出
N120 M05；	主轴停转
N130 M30；	程序结束

在此程序中，由于多数指令都是模态指令，有续效性，程序可简写，当有多段直线插补时，G90指令可只出现一次，后面的G90可省略，进给指令F值相同时也可省略，程序段号N#也可以不写。

【任务实施】

1. 加工准备

1）检查毛坯尺寸。

2）开机、回参考点。

3）程序输入：把编写好的数控程序输入数控系统。

4）工件装夹：加工时以外圆定位，用自定心卡盘夹紧铝棒，伸出 60mm，找正并装夹。

5）刀具装夹：将外圆车刀装在电动刀架的 1 号刀位上。

2. 对刀操作

按表 2-3 所列的方法用试切法完成外圆车刀的对刀操作。

3. 空运行

用机床锁定功能进行空运行，空运行结束后，使空运行按钮复位。注意若要开始加工，则数控车床必须重回参考点。

4. 程序单段运行加工

以 FAUNC 系统为例，按单段运行开关，模式选择旋钮在"AUTO"位置，按下"循环启动"键进行程序加工，按一次加工一个程序段。加工过程中适当调整各个倍率开关，保证加工正常进行。

5. 零件尺寸检测

程序执行完毕后，进行尺寸检测。

6. 加工结束

拆下工件并清理机床。

【编程与操作注意事项】

1）在编写数控加工程序前，要根据被加工零件的材料选择合理的切削用量，根据数控加工工艺分析，注意各个工序在衔接时各切削用量的变化。

2）在选择切削循环指令时，一定要观察清楚所要加工零件的形状特征是否符合循环指令的使用范围，然后合理选用。

3）G90 指令和各参数均是模态的，实际编程中再次调用 G90 指令时只需重新给出改变后的 X 坐标值。

4）G94 指令和各参数均是模态的，实际编程中再次调用 G94 指令时只需重新给出改变后的 Z 坐标值。注意：在选择外圆车刀时，应选择副偏角较大的外圆车刀。

5）工件装夹在自定心卡盘上，要使数控机床的主轴没有明显的跳动，以保证零件的加工精度；也可以在加工之前先粗车外圆轮廓。

6）首次切削时，由于熟练程度不够，一般采用单段运行加工，避免用自动运行方式。

【知识拓展】

➤G01 倒角功能

倒角和倒圆角是零件上常见的情况，FANUC 数控系统中提供了在两相邻轨迹的 G01 程序段之间自动插补倒角或倒圆角的控制功能。

1. 45°倒角

编程格式为 G01 Z（W）＿ I ±i；时，倒角情况如图 2-22a 所示，A 点为起始点。

编程格式为 G01 X（U）＿ K ±k；时，倒角情况如图 2-22b 所示，A 点为起始点。

2. 任意角度倒角

在直线进给程序段尾部加上 C_ ，可自动插入任意角度的倒角。C 的数值是从假设没有倒角的拐角交点距倒角始点或与终点之间的距离，如图 2-23 所示，O 点为起始点。

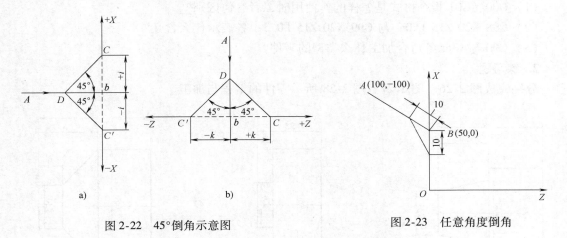

图 2-22　45°倒角示意图　　　　　　　　图 2-23　任意角度倒角

编程指令为：

G01 X50 C10;

X100 Z – 100;

3. 倒圆角

编程格式为 G01 Z（W）_ R±r; 时，圆弧倒角情况如图 2-24a 所示，A 点为起始点。

编程格式为 G01 X（U）_ R±r; 时，圆弧倒角情况如图 2-24b 所示，A 点为起始点。

4. 任意角度倒圆角

在直线进给程序段尾部加上 R_ ，可自动插入任意角度的倒圆角。R 的数值是圆角的半径值，如图 2-25 所示，O 点为起始点。

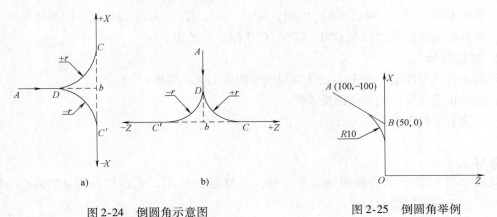

图 2-24　倒圆角示意图　　　　　　　　图 2-25　倒圆角举例

编程指令为：

G01 X50 R10 F0.2;

X100 Z – 100;

【思考与练习】

1. 思考题

（1）G00、G01 指令格式是怎样的？使用时二者有何区别？

（2）G98 X20 Z15 F50；与 G99 X20 Z15 F0.3；各表示什么含义？

（3）G90 与 G94 各适合加工什么类型的零件？

2. 练习题

分别完成图 2-26、图 2-27、图 2-28 所示零件的编程与加工。

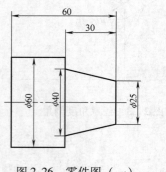

图 2-26　零件图（一）

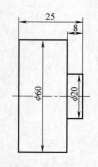

图 2-27　零件图（二）

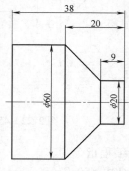

图 2-28　零件图（三）

任务 2.3　成型曲面的编程与加工

【学习目标】

1. 知识目标

- 掌握 G02、G03、G41、G42、G40、G71、G72、G73、G70 指令的功能与使用。
- 掌握恒线速的概念以及 G50、G96、G97 指令的使用。

2. 技能目标

- 会分析成型曲面的加工工艺并编写成型曲面的加工程序。
- 能够正确加工出成型曲面类零件。
- 会建立工件坐标系。

【任务导入】

完成如图 2-29 所示的阶梯轴的车削加工，材料：45 钢，毛坯尺寸为 φ30mm × 75mm，单件生产，工件不用切断。

【任务分析】

如图 2-29 所示，零件材料为 45 钢，切削性能较好，加工部位由直线、圆弧组成的回转面构成。考虑到零件表面粗糙度及尺寸公差的要求，对该零件应该先粗车再精车，才能达到

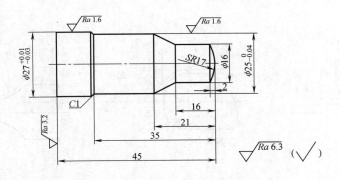

图 2-29　任务 2.3 零件图

加工要求。

【知识学习】

本任务包含圆弧插补指令、刀具半径补偿指令、恒线速与恒转速指令、复合固定循环指令等的学习。

1. 编程指令

（1）圆弧插补指令 G02/G03

1）指令功能。

G02——刀架从当前位置（圆弧起点）沿圆弧顺时针方向移动到指令给出的目标点。

G03——刀架从当前位置（圆弧起点）沿圆弧逆时针方向移动到指令给出的目标点。

圆弧的顺时针、逆时针方向的判断：沿与圆弧所在平面（如 XZ 平面）相垂直的另一坐标轴的负方向（如 $-Y$ 方向）看去，顺时针为 G02，逆时针为 G03，如图 2-30 所示。

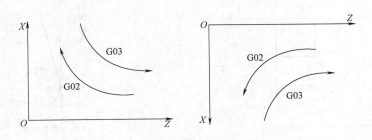

图 2-30　圆弧顺时针、逆时针方向与刀架的关系

2）指令格式。

G02/G03 X（U）_ Z（W）_ I_ K_ F_ ；（圆心编程）

或 G02/G03 X（U）_ Z（W）_ R_ F_ ；（半径编程）

其中，X、Z 为圆弧终点坐标，既可使用绝对坐标也可使用相对坐标，圆弧起点为当前点；R 为圆弧的半径；I、K 分别为圆心坐标相对圆弧起点的 X 和 Z 方向的相对坐标，可能是正值、负值或零。图 2-31 所示为车削圆弧插补指令的参数含义。

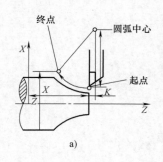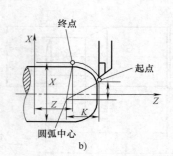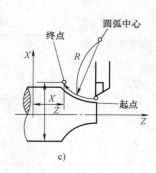

a)   b)   c)

图 2-31 车削圆弧插补指令的参数含义

a) G02 X_ Z_ I_ K_ F_ b) G03 X_ Z_ I_ K_ F_ c) G02 X_ Z_ R_ F_

3）举例说明。刀具轨迹从图 2-32 中的 A 点插补至 B 点的程序为：

G02 X40 Z - 35 I13 K - 5 F0. 2；   （绝对圆心编程）

或 G02 U20 W - 25 R25 F0. 2；   （相对半径编程）

或 G02 X40 Z - 35 R25 F0. 2；   （绝对半径编程）

或 G02 U20 W - 25 I13 K - 5 F0. 2； （相对圆心编程）

（2）刀尖圆弧自动补偿指令 G41/G42

1）指令功能。编程时，通常都将车刀刀尖作为一点来考虑，但实际上刀尖处存在圆角，如图 2-33 所示。当用按理论刀尖点编出的程序进行端面、外圆、内孔等与轴线平行或垂直的表面加工时，是不会产生误差的。但在进行倒角、锥面及圆弧切削时，则会产生少切或过切现象，如图 2-34 所示。具有刀尖圆弧自动补偿功能的数控系统能根据刀尖圆弧半径计算出补偿量，避免少切或过切现象的产生。即执行刀尖半径补偿指令后，刀尖会自动偏离工件轮廓一个刀尖半径值，从而加工出所要求的工件轮廓。

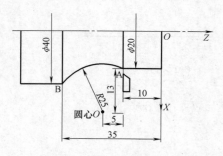

图 2-32 圆弧插补指令运用

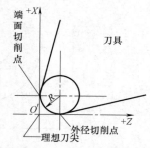

图 2-33 刀尖半径与理想刀尖

2）指令代码。G40 表示取消刀尖半径补偿，按程序路径进给；G41 表示左偏刀尖半径补偿，按程序路径前进方向刀具偏在零件左侧进给；G42 表示右偏刀尖半径补偿，按程序路径前进方向刀具偏在零件右侧进给。

左、右刀补的偏置方向是这样规定的：逆着插补平面的法线方向看插补平面，沿着刀具前进的方向，刀具在工件的左侧为左刀补 G41，刀具在工件的右侧为右刀补 G42。数控车床采用前置刀架和后置刀架时刀尖半径补偿平面不同，补偿方向也不同，如图 2-35、图 2-36 所示。

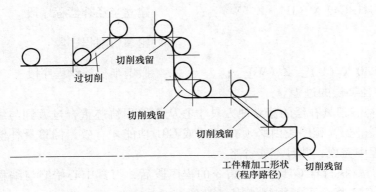

图 2-34　刀尖圆角造成的少切与过切

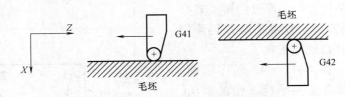

图 2-35　前置刀架刀尖圆弧半径补偿

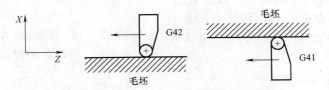

图 2-36　后置刀架刀尖圆弧半径补偿

　　每个刀具补偿号，都有一组对应的刀尖半径补偿量 R 和刀尖方位号 T。在设置刀尖圆弧自动补偿值时，还要设置刀尖圆弧位置编码，刀尖圆弧位置编码定义了刀具刀位点与刀尖圆弧中心的位置关系，其从 0～9 有十个方向，代码 T 表示假想刀尖的方向号，假想刀尖的方向与 T 代码之间的关系如图 2-37、图 2-38 所示，其中 "·" 代表刀具刀位点，"＋" 代表刀尖圆弧圆心 O。

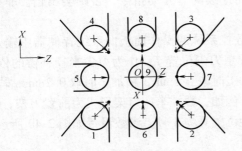

图 2-37　后置刀架的刀尖方位号图

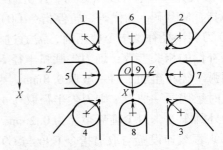

图 2-38　前置刀架的刀尖方位号图

　　3）指令格式。以 FAUNC 系统为例。

```
G00/G01 G41/G42 X（U）_ Z（W）_ ;          建立半径补偿程序段
……
……          轮廓切削程序段
G00/G01 G40 X（U）_ Z（W）_ ;          撤销半径补偿程序段
```

4）刀尖半径补偿的过程。

① 建立刀补。刀具补偿的建立使刀具中心从与编程轨迹重合过渡到与编程轨迹偏离一个刀尖圆弧半径。刀补程序段内必须有 G00 或 G01 功能才有效，偏移量补偿必须在一个程序段的执行过程中完成，并且不能省略。

② 刀补进行。执行含 G41、G42 指令的程序段后，刀具中心始终与编程轨迹相距一个偏移量。G41、G42 指令不能重复使用，即在前面使用了 G41 或 G42 指令之后，不能再紧接着使用 G42 或 G41 指令。若想使用，则必须先用 G40 指令解除原补偿状态后，再使用 G42 或 G41，否则补偿就不正常了。

③ 取消刀补。在 G41、G42 程序后面，加入 G40 程序段即是刀尖半径补偿的取消。图 2-39 所示表示刀尖半径补偿建立与取消的过程。G40 刀尖半径补偿取消程序段执行前，刀尖圆弧中心停留在前一程序段终点的垂直位置上，G40 程序段是刀具由终点退出的动作。

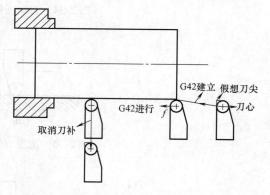

图 2-39　数控车床刀尖半径补偿的建立与取消的过程

5）刀尖半径补偿注意事项。

① 刀尖半径补偿建立与取消程序段，只能在 G00 或 G01 移动指令模式下才有效。

② 为保证刀补建立与刀补取消时刀具与工件的安全，通常采用 G01 运动方式来建立或取消刀补。如果采用 G00 运动方式来建立或取消刀补，则要确定刀具不与工件发生碰撞。

③ 为了避免过切或欠切，建立刀尖半径补偿或取消刀尖半径补偿的程序段，最好在工件轮廓线以外，且移动距离应大于一个刀尖半径值。

④ 使用 G41、G42 后，必须要用 G40 取消原补偿状态，才能再次使用 G41、G42。

⑤ 在使用 G41、G42 指令时，不允许有两句连续的非移动指令，否则会出错。非移动指令包括：M 代码、S 代码、暂停指令 G04 等。

⑥ 刀尖半径补偿指令使用前，需通过机床数控系统的操作面板向系统存储器中输入刀尖半径补偿的相关参数，即刀尖圆弧半径 R 和假想刀尖位置 T，作为刀尖半径补偿的依据。刀尖圆弧半径在粗加工时一般取 0.8mm，半精加工时取 0.4mm，精加工时取 0.2mm。若粗、精加工时采用同一把刀，则刀尖半径取 0.4mm。例如，数控车床刀架形式为前置刀架，1 号刀位为外圆车刀，刀尖圆弧半径为 0.2mm，刀尖位置号为 3 号，参数设置如图 2-40 所示。

（3）恒线速设置与取消指令 G96 与 G97

1）最高转速限制指令 G50。

① 指令功能。当使用恒线速功能车削轴类或盘类零件时，随着直径数值的变化，可能会出现主轴转速过高使工件从卡盘飞出的危险。使用 G50 指令就可以限制最高转速。

② 指令格式。

G50 S_ ；

其中，S 后面的数字表示控制主轴的最高转速，单位为 r/min，其数值可以查阅数控机床参数说明书中主轴设定的最高转速。例如：G50 S3000 表示主轴最高转速为 3000r/min。

③ 适用范围。主要用于数控车削编程中设置恒线速切削之前。

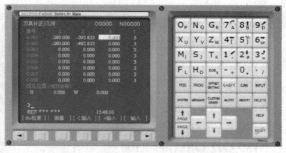

图 2-40　刀尖半径补偿的参数设置

2）恒线速指令 G96。

① 指令功能。可以实现轴类或盘类零件各个表面最佳恒线速的切削加工，保证加工表面的粗糙度均匀一致。

② 指令格式。

G96 S_ ；

其中，S 后面的数字表示控制主轴恒定的线速度，单位为 m/min。例如：G96 S120；表示切削点线速度控制在 120m/min。

③ 适用范围。主要用于数控车削加工中的精加工工序。

3）取消恒线速指令 G97。

① 指令功能。可以实现在车削轴类或盘类零件各个表面时主轴转速恒定。

② 指令格式。

G97 S_ ；

其中，G97 表示取消恒线速；S 后面的数字表示控制主轴恒定的转速，单位为 r/min。例如：G97 S120；表示取消恒线速并控制切削主轴转速在 120r/min。

③ 适用范围。主要适用于数控车削加工中车螺纹、切槽、切断、钻孔工序。

注意：G96 与 G97 指令功能能够相互取消。

4）举例说明。利用上述讲解的指令，编写图 2-41 所示零件的精加工程序。工件已经完成粗加工，单边仅 0.2mm 的余量。

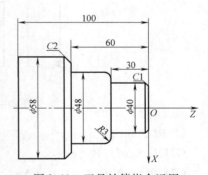

图 2-41　刀具补偿指令运用

参考程序如下：

O00006	程序名
N10 G50 S3500；	限制最高转速 3500r/min
N20 M03 G96 S110；	主轴正转,恒切削速度 110m/min
N30 M08；	开切削液
N40 T0101；	调用 1 号刀具，补偿号 01
N50 G00 X38 Z10；	刀具定位至起点
N60 G42 G01 Z0 F0.1；	建立刀尖半径右补偿
N70 X40 Z－1；	

N80 Z – 30;

N90 X42;

N100 G03 X48 Z – 33 R3;

N110 G01 Z – 60;

N120 X54;

N130 X58 Z – 62;

N140 Z – 100;

N150 G97 G40 G00 X100;　　　　　　取消刀尖半径补偿

N160 Z100;　　　　　　　　　　　　退刀

N170 M09;　　　　　　　　　　　　切削液关闭

N180 M30;　　　　　　　　　　　　程序结束

（4）复合固定循环　使用复合固定循环，在对零件的轮廓定义之后，即可完成从粗加工到精加工的全过程，使程序得到进一步简化。

1）粗切循环指令 G71。

① 指令功能。粗切循环是一种复合固定循环，适用于内外圆柱面需多次走刀才能完成的粗加工。图 2-42 所示为外圆粗切循环走刀路线。

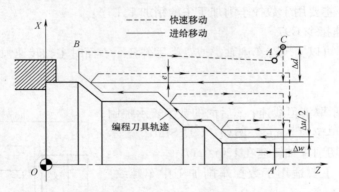

图 2-42　外圆粗切循环 G71 走刀路线

② 指令格式。

G71 U（Δd）R（e）;

G71 P（ns）Q（nf）U（Δu）W（Δw）F（f）S（s）T（t）;

其中，Δd 表示背吃刀量，径向车削深度（半径值），无正负号，是模态值；e 表示退刀量，无正负号，是模态值；ns 表示精加工轮廓程序段中开始程序段的段号；nf 表示精加工轮廓程序段中结束程序段的段号；Δu 表示 X 方向精加工余量（直径值），有正负号；Δw 表示 Z 方向精加工余量，有正负号；f、s、t 表示粗加工时的 F、S、T 值。

③ 使用注意事项。

a. ns→nf 程序段中的 F、S、T 功能，即使被指定也对粗车循环无效（仅对后续精加工有效）。

b. 零件轮廓必须符合在 X 轴、Z 轴方向上同时单调增大或单调减少。

c. 从 A 到 A′ 的刀具轨迹必须在 P 程序段（首段）中用 G00 或 G01 指定，且首段的刀具移动必须垂直于 Z 轴。如：G00/G01 X_ ；

d. Δu 和 Δw 的符号规定法则：沿刀具轨迹移动时，X 坐标值单调增大，则 Δu 为正，否则为负；Z 坐标值单调减小，则 Δw 为正，否则为负。

④ 举例说明。编写如图 2-43 所示零件的粗车外圆切削循环程序。毛坯尺寸ϕ32mm×65mm。

参考程序如下：

O0007	程序名
N10 T0101 ；	调用 1 号刀具，补偿号 01
N20 M03 S600 ；	主轴正转，恒转速 600r/min
N30 M08 ；	开切削液
N40 G00 X32 Z2 ；	刀具定位至起点
N50 G71 U1 R1 ；	外圆粗车循环
N60 G71 P70 Q150 U0. 2 W0. 1 F0. 1 ；	
N70 G00 X0 ；	
N80 G01 Z0 ；	
N90 G03 X10 Z − 5 R5 ；	
N100 G01 Z − 12 ；	
N110 X20 ；	
N120 Z − 25 ；	
N130 X25 ；	
N140 X30 Z − 28 ；	
N150 Z − 40 ；	
N160 G00 X100 ；	退刀
N170 Z100 ；	
N180 M30 ；	程序结束

2）端面粗切循环指令 G72。

① 指令功能。端面粗切循环是一种复合固定循环。端面粗切循环适于 Z 向余量小，X 向余量大的棒料粗加工，如图 2-44 所示。

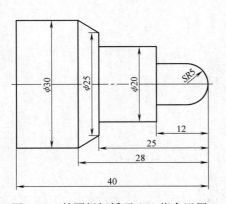

图 2-43　外圆粗切循环 G71 指令运用

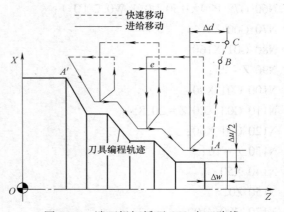

图 2-44　端面粗切循环 G72 走刀路线

49

② 指令格式。

G72 W（Δd）R（e）；

G72 P（ns）Q（nf）U（Δu）W（Δw）F（f）S（s）T（t）；

其中，Δd 表示背吃刀量，无正负号，是模态值；e 表示退刀量，无正负号，是模态值；ns 表示精加工轮廓程序段中开始程序段的段号；nf 表示精加工轮廓程序段中结束程序段的段号；Δu 表示 X 方向精加工余量（直径值），有正负号；Δw 表示 Z 方向精加工余量，有正负号；f、s、t 表示粗加工时的 F、S、T 值。

③ 使用注意事项。

a. ns→nf 程序段中的 F、S、T 功能，即使被指定也对粗车循环无效（仅对后续精加工有效）。

b. 零件轮廓必须符合在 X 轴、Z 轴方向上同时单调增大或单调减少。

c. 从 A 到 A′的刀具轨迹必须在 P 程序段（首段）中用 G00 或 G01 指定，且必须垂直于 X 轴，如：G00/G01 Z_ ；

d. Δu 和 Δw 的符号规定法则：沿刀具轨迹移动时，X 坐标值单调减小，则 Δu 为正，否则为负；Z 坐标值单调增大，则 Δw 为正，否则为负。

④ 举例说明。编写如图 2-45 所示零件的粗车外圆切削循环程序，毛坯尺寸 φ165mm×80mm，工件不用切断。注意：应该选择副偏角较大的外圆车刀。

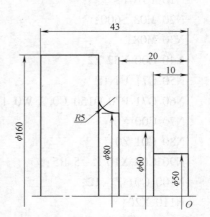

图 2-45　外圆粗切循环 G72 指令运用

参考程序如下：

O0008	程序名
N10 T0101 ；	调用 1 号刀具,补偿号 01
N20 M03 S600；	主轴正转,恒转速 600r/min
N30 M08；	开切削液
N40 G00 X166 Z2 ；	刀具定位至起点
N50 G72 W1 R1；	外圆粗车循环
N60 G72 P70 Q150 U0. 1 W0. 2 F0. 1；	
N70 G00 Z −43 ；	
N80 G01 X160；	
N90 Z −25 ；	
N100 G01 X90；	
N110 G03 X80 Z −20 R5；	
N120 G01 X60；	
N130 Z −10；	
N140 X50；	
N150 Z0；	
N170 G00 Z100；	退刀

N180 M30 ;   程序结束

3）封闭切削循环指令 G73。

① 指令功能。封闭切削循环适于对铸、锻毛坯切削，并且毛坯轮廓形状与零件轮廓基本接近，对零件轮廓的单调性则没有要求，如图 2-46 所示。

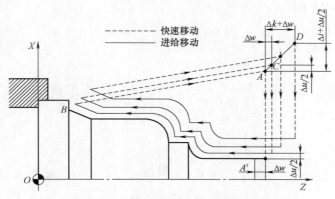

图 2-46   封闭切削循环 G73 走刀路线

② 指令格式。

G73 U（Δi） W（Δk） R（Δd）；

G73 P（ns） Q（nf） U（Δu） W（Δw） F（f） S（s） T（t）；

其中，Δi 表示 X 轴方向的退刀距离（半径值）；Δk 表示 Z 轴方向的退刀距离；Δd 表示分割次数，即粗车重复次数；ns 表示精加工轮廓程序段中开始程序段的段号；nf 表示精加工轮廓程序段中结束程序段的段号；Δu 表示 X 方向精车预留量的距离和方向，有正负号；Δw 表示 Z 方向精车预留量的距离和方向，有正负号；f、s、t 表示粗加工时的 F、S、T 值。

③ 使用注意事项。

a. $ns \rightarrow nf$ 程序段中的 F、S、T 功能，即使被指定也对粗车循环无效，（仅对后续精加工有效）。

b. 从 A 到 A' 的刀具轨迹必须在 P 程序段（首段）中用 G00 或 G01 指定。

c. Δu 和 Δw 的符号规定法则：沿刀具轨迹移动时，X 坐标值单调增大，则 Δu 为正，否则为负。Z 坐标值单调减小，则 Δw 为正，否则为负。

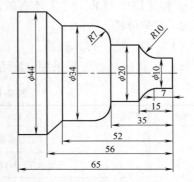

④ 举例说明。编写图 2-47 所示零件的粗车外圆切削循环程序，毛坯尺寸 $\phi46\text{mm} \times 85\text{mm}$，工件不用切断。

图 2-47   外圆粗切循环 G73 指令运用

参考程序如下：

O00009	程序名
N10 T0101 ;	调用 1 号刀具，补偿号 01
N20 M03 S600 ;	主轴正转，恒转速 600r/min
N30 M08 ;	开切削液
N40 G00 X46 Z2 ;	刀具定位至起点

N50 G73 U1 W1 R6；

N60 G73 P70 Q150 U0.2 W0.1 F0.1；

N70 G00 X10 Z2；

N80 G01 Z−7；

N90 G02 X20 Z−15 R10；

N100 G01 Z−35；

N110 G03 X34 Z−42 R7；

N120 G01 Z−52；

N130 X44 Z−56；

N140 Z−65；

N150 X46；

N160 G00 X100；

N170 Z100；　　　　　　　　　　　退刀

N180 M09；

N190 M30；　　　　　　　　　　　程序结束

4）精加工循环指令 G70。

① 指令功能。由 G71、G72、G73 指令完成粗加工后，可以用 G70 进行零件精加工。

② 指令格式。

G70 P（ns）Q（nf）F_ S_ T_ ；

其中，ns 表示精加工轮廓程序段中开始程序段的段号，nf 表示精加工轮廓程序段中结束程序段的段号。

③ 使用注意事项。精加工时，G71、G72、G73 程序段中的 F、S、T 指令无效，只有在 ns→nf 程序段中的 F、S、T 才有效。

2. 工艺分析

（1）工、量、刃具选择。

1）工具选择。工具采用自定心卡盘装夹，用百分表找正，其他工具见表2-6。

表2-6　任务2.3 工、量、刃具清单

种类	序号	名称	规格	精度	数量
工具	1	自定心卡盘			1
	2	刀架扳手、卡盘扳手			1
	3	铜片			1
量具	1	百分表（及表座）	0～10mm	0.01mm	1
	2	外径千分尺	0～25mm	0.01mm	1
	3	游标卡尺	0～150mm	0.02mm	1
	4	游标万能角度尺	0～320°	2°	1
	5	表面粗糙度样板			
刃具	1	硬质合金刀	YT15		1

2）量具选择。由于外圆尺寸有公差要求，选用外径千分尺测量；长度尺寸选用游标卡尺测量；圆弧面用半径样板检测，圆锥面选用游标万能角度尺测量，表面粗糙度用表面粗糙度样板比对。

3）刀具选择。该工件的材料为45钢，切削性能较好，由于任务要求只加工外圆轮廓，所以选用外圆车刀装在电动刀架的1号刀位上。可以选用YT15硬质合金90°可转位刀片的偏刀。考虑到工件图素中有圆弧，为防止刀具副后角产生干涉，故选用副偏角较大的车刀来满足工艺要求。

（2）加工工艺方案　各工序切削用量的选择见表2-7。

表2-7　任务2.3加工工序卡

工步号	工步内容	刀具号	切削用量		
			背吃刀量 a_p/mm	进给速度 f/(mm/r)	主轴转速 n/(r/min)
1	车右端面	T01	1~2	0.2	600
2	粗加工外轮廓,留0.2mm精车余量	T01	1~2	0.2	600
3	精加工外轮廓至尺寸	T01	0.1	0.1	

（3）参考程序编制。

1）工件坐标系的建立。此任务中工件坐标系的原点选在工件右端面与工件轴线交点上，如图2-48所示的 O 点。

2）基点坐标的计算。工件轮廓上从右向左各基点如图2-48所示。

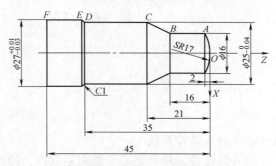

图2-48　零件轮廓基点示意图

各个基点的坐标值见表2-8。

表2-8　基点坐标

O	A	B	C	D	E	F
(0,0)	(16,-2)	(16,-16)	(24.98,-21)	(24.98,-35)	(26.99,-36)	(26.99,-45)

3）参考程序

O0010	程序名
N10 T0101；	调用1号刀具,补偿号01
N20 M03 S600；	主轴正转,恒转速600r/min
N30 M08；	开切削液

N40 G00 X31 Z0；　　　　　　　　　　　　刀具定位至起点

N50 G01 X0 F0.2；　　　　　　　　　　　　车端面

N60 G00 X30 Z3；　　　　　　　　　　　　粗车循环定位

N70 G71 U1 R1；

N80 G71 P90 Q170 U0.2 W0.1 F0.2；

N90 G42 G00 X0；

N100 G01 Z0；

N110 G03 X16 Z－2 R17；

N120 G01 Z－16；

N130 X24.98 Z－21；

N140 G01 Z－35；

N150 X26.99 Z－36；

N160 Z－45；

N170 X30；

N180 G50 S3000；

N190 G96 S140；　　　　　　　　　　　　恒线速 140m/min

N200 G70 P90 Q170 F0.1；　　　　　　　　精车循环

N210 G40 G00 X100；　　　　　　　　　　退刀

N220 Z100；

N230 M05；

N240 M30；　　　　　　　　　　　　　　程序结束

【任务实施】

1. 加工准备

1）检查毛坯尺寸。

2）开机，回参考点。

3）程序输入：把数控程序输入数控系统。

4）工件装夹：加工时以外圆定位，用自定心卡盘夹紧钢件，伸出 60mm。

5）刀具装夹：将外圆车刀装在电动刀架 1 号刀位上。

2. 对刀操作

按表 2-3 所列的方法用试切法完成外圆车刀的对刀操作。

3. 空运行

用机床锁定功能进行空运行，空运行结束后，使空运行按钮复位。注意若要开始加工，则数控机床必须重回参考点。

4. 零件自动加工及尺寸控制

加工时粗、精加工轮廓都用同一把外圆车刀，轮廓半径方向上留 0.1mm 进行精加工，直至达到尺寸要求。

5. 零件尺寸检测

程序执行完毕后，进行尺寸检测。

6. 加工结束

拆下工件并清理机床。

【编程与操作注意事项】

1）在选择圆弧插补指令时，要根据圆弧走向正确判断并选择圆弧插补指令。

2）若采用刀尖半径补偿指令，在加工前应通过操作面板设置好补偿值。

3）在选用恒转速和恒线速切削指令时，要注意各自使用的范围，并在合适的时候进行相互取消。

4）要根据被加工零件的特征，合理地选择粗切循环指令 G71、G72、G73，尽量做到刀具路径最短，以节省加工时间，提高加工效率。

5）首件加工都是采用"试测法"控制零件尺寸，故加工时应及时测量工件尺寸和修改数控机床中刀尖半径补偿值、刀具长度（或磨损）补偿值等。首件加工合格后，就不再需要调整补偿值，除非有新的磨损产生。

【知识拓展】

➢工件坐标系的设定和选取

G50 指令除具有设定主轴最高转速的功能外，还可实现工件坐标系的设定与平移。

指令格式：G50 X_ Z_ ；

坐标值 X、Z 为刀具起刀点至工件原点的距离。如图 2-49 所示，假设刀尖的起始点距工件原点的 Z 向尺寸和 X 向尺寸分别为 L 和 ϕD，则执行程序段 G50 XD ZL 后，系统内部即对 (D, L) 进行记忆，系统内就建立了一个以工件原点为坐标原点的工件坐标系 $X_p O_p Z_p$。起刀点的设置应保证换刀时刀具与工件、夹具之间没有干涉。该指令是一个非运动指令，一般作为第一条指令放在整个程序的前面。

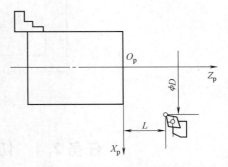

图 2-49 工件坐标系的设定

由图 2-49 可见，若起刀点相同，当 D、L 取值不同时，所设定出的工件坐标系的工件原点位置也不同。因此在执行程序段 G50 X_ Z_ ；前，必须先进行对刀，以确定起刀点相对工件原点的位置。

实际设定中最常用且最有效的对刀方法为试切对刀。

【思考与练习】

1. 思考题

（1）轴类零件中圆弧的顺、逆时针方向如何判断？

（2）什么是刀具半径补偿？使用刀具半径补偿指令应注意哪些问题？

（3）G71、G72、G73 指令分别适合加工哪种类型的轴类零件？

2. 练习题

选用合适的指令编写如图 2-50、图 2-51、图 2-52 所示零件的数控加工程序。

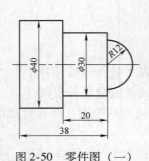

图 2-50　零件图（一）

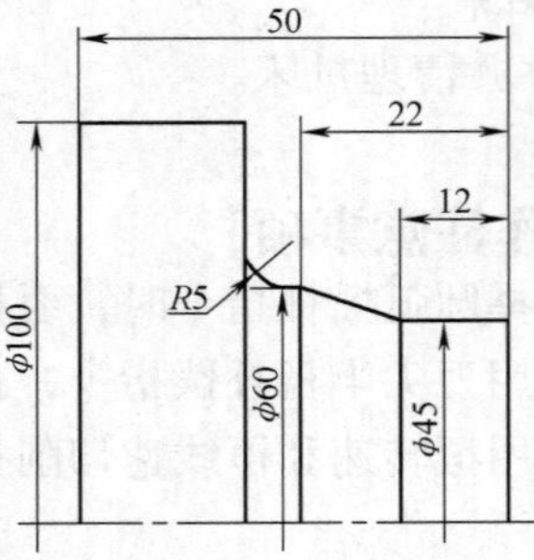

图 2-51　零件图（二）

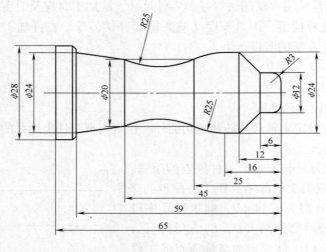

图 2-52　零件图（三）

任务 2.4　切槽、切断的编程与加工

【学习目标】

1. 知识目标

- 掌握 G04 指令和子程序的使用。
- 掌握复合循环 G74、G75 指令的功能与使用。
- 掌握切槽刀具和钻头的选择及切削用量的选择。

2. 技能目标

- 能够熟练掌握切槽程序的编程。
- 会进行钻头及切槽刀的试切法对刀。
- 会加工结构上有相同加工内容的零件。

【任务导入】

加工图 2-53 所示的零件，材料为硬铝 2A12，工件直径为 $\phi30\text{mm}$，不用切断。

【任务分析】

如图 2-53 所示，零件材料为硬铝 2A12，切削性能较好，零件结构简单，加工内容有直径为 $\phi20mm$ 的宽槽和 $\phi25mm$ 的窄槽及 $\phi12mm$ 的深孔，加工部位无特殊的精度要求，均为未注公差。

【知识学习】

本任务包含暂停指令、子程序指令、深孔钻削循环指令、外径切槽循环指令等的学习。

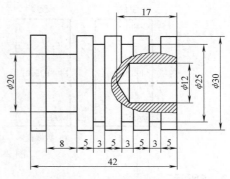

图 2-53　任务 2.4 零件图

1. 编程指令

（1）暂停指令 G04

1）指令功能。使刀具作短时间的停顿，以实现光整加工（X、Z 轴同时停），在切槽或钻孔时常用。

2）指令格式。

① 格式 1：G04 P_ ；

其中，P 表示暂停时间，单位为 ms，其后数值要带小数点，否则以数值的千分之一计算，如 G04 P2000 表示暂停 2s。

② 格式 2：G04 X_ ；

其中，X 表示暂停时间，单位为 s，不允许使用小数点，如 G04X2 表示暂停 2s。

（2）子程序指令

1）应用。在一个加工程序的若干位置上，如果包含有一连串在写法上完全相同或相似的内容，为了简化编程可以把这些重复的程序段单独抽出，并按一定的格式编写成子程序，然后单独存储到程序存储区中。调用子程序的程序称为主程序。主程序在执行过程中如果需要执行某一子程序，可以通过子程序调用指令来调用该子程序，待子程序执行完成后再返回到主程序，继续执行后面的程序段。

2）结构。子程序的结构与主程序的结构相似。子程序用 M99 结束，并返回至调用它的程序中调用指令的下一程序段继续运行。

3）子程序调用指令。

① 指令格式。

M98 P□□□□◇◇◇◇

其中，P 后可指定 8 位数字，前四位□□□□为子程序调用次数，后四位◇◇◇◇表示子程序号。

② 程序重复调用次数。如果要求多次连续地执行某一子程序，则在地址 P 后写入调用次数，最大次数可以为 9999（P1 ~ P9999）。

③ 嵌套深度。子程序不仅可以被主程序调用，也可以被其他子程序调用，这个过程称为子程序的嵌套。子程序的嵌套深度可以为三层，也就是四级程序界面（包括主程序界面），如图 2-54 所示。

（3）端面深孔钻循环指令 G74

1）指令功能。主要适用于深孔钻削加工，在循环过程中可处理断屑。钻削路线如

57

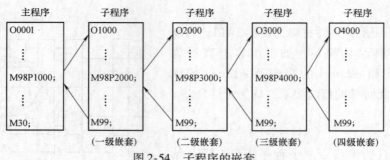

图 2-54　子程序的嵌套

图 2-55 所示。

2) 指令格式。

G74 R (e);

G74 Z (W) Q (Δk) F (f);

其中，e 表示退刀量；Z (W) 表示钻削深度；Δk 表示每次钻削长度（无符号，单位：μm）。

3) 举例说明。如图 2-56 所示，要在工件上钻 ϕ12mm、深 30mm 的孔，使用 G74 指令编程。

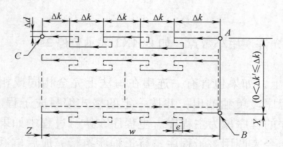

图 2-55　G74 端面深孔钻削循环指令的运动轨迹

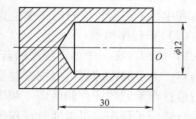

图 2-56　端面钻孔循环指令 G74 举例

参考程序如下：

O0011	程序名
N10 T0101 ；	调用 1 号刀具，补偿号 01，ϕ12mm 钻头
N20 M03 S600；	主轴正转，恒转速 600r/min
N30 M08；	开切削液
N40 G00 X0 Z5；	刀具定位至起点
N50 G74 R0.3；	
N60 G74 Z – 30 Q12000 F0.1；	
N70 G00 Z100；	退刀
N80 M30；	程序结束

(4) 外径切槽循环指令 G75

1) 指令功能。外径切削循环功能适合于在外圆面上切削沟槽或切断加工。切削轨迹如图 2-57 所示。

2) 指令格式。

G75 R（e）；

G75 X（U）Z（W）P（Δi）Q（Δk）R（Δd）F（f）；

其中，e 表示退刀量；X（U）、Z（W）表示切削终点的坐标；Δi 表示 X 方向每次循环切削量（无符号，单位：μm）；Δk 表示每完成一次径向切削后，Z 方向的偏移量（无符号，单位：μm）；Δd 表示刀具在切槽底部的 Z 向偏移量。

注：程序段中，Δi、Δk 值不能输入小数点。

3）举例说明。试编写加工图 2-58 所示零件的切槽加工程序。切槽刀宽为 3mm。

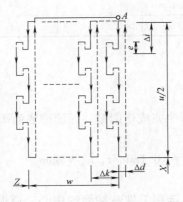

图 2-57 G75 外径切槽循环指令的运动轨迹

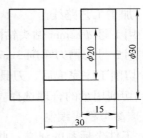

图 2-58 零件图

参考程序如下：

O0012	程序名
N10 T0101；	调用 1 号刀具切槽刀,补偿号 01
N20 M03 S600；	主轴正转,主轴转速为 600r/min
N30 M08；	开切削液
N40 G00 X31 Z–18；	刀具定位至起点
N50 G75 R0.3；	
N60 G75 X20 Z–30 P1500 Q1500 F0.08；	
N70 G00 X100；	退刀
N80 Z100；	
N90 M30；	程序结束

2. 工艺分析

（1）工、量、刃具选择

1）工具选择。工具采用自定心卡盘装夹。其他工具见表 2-9。

2）量具选择。由于表面尺寸和表面质量无特殊要求，轮廓尺寸用游标卡尺测量，另用百分表校正主轴跳动。

3）刃具选择。该工件的材料为硬铝，切削性能较好，选用自行刃磨的 3mm 宽的高速钢切槽刀，即可满足工艺要求。

（2）加工工艺方案

1）确定装夹方案。采用自定心卡盘夹紧外圆轮廓并进行加工。棒料伸出卡盘外

59

表 2-9　任务 2.4 工、量、刃具清单

种类	序号	名称	规格	精度	数量
工具	1	自定心卡盘			1
	2	刀架扳手、卡盘扳手			1
	3	铜片			1
量具	1	百分表（及表座）	0～10mm	0.01mm	1
	2	外径千分尺	0～25mm	0.02mm	1
刀具	1	钻头	高速钢 ϕ12mm		1
	2	切槽刀	刀宽3mm		1

约 70mm。

2）加工工艺路线。

① 用 1 号 ϕ12mm 钻头钻削 17mm 深的内孔。

② 用 2 号切槽刀车削 3mm 宽槽，采用子程序调用指令完成切削槽，保证槽底面平整。

③ 切削工序完成后，刀具移至安全位置。

3）切削用量的合理选择。车削外切槽时，进给速度 $f=0.1$mm/r，$a_p=3$mm。

（3）参考程序编制

1）工件坐标系的建立。此任务中工件坐标系的原点选在工件右端面的中心，遵循基准重合的原则。

2）参考程序。

主程序：

O0013

N10 T0101；

N20 M03 S350；

N30 G00 X0 Z5；　　　　　　刀具定位至起点

N40 G74 R0.3；

N50 G74 Z－17 Q12000 F0.1；

N60 G00 Z100；　　　　　　快速定位至加工点

N70 T0202；

N80 G00 X31 Z0；

N90 M98 P030014；

N100 G00 Z－32；

N110 G75 R0.3；

N120 G75 X20 Z－37 P1500 Q1500 F0.08；

N130 G00 X100 M09；

N140 Z100；

N150 M05；

N160 M30；

子程序：

O0014

N10 G00 W – 8；

N20 G01 U – 6 F0. 1；

N30 G04 X3；

N40 G00 U6；

N50 M99；

【任务实施】

1. 加工准备

1）检查毛坯尺寸。

2）开机，回参考点。

3）程序输入：把数控程序输入数控系统。

4）工件装夹：加工时以外圆定位，用自定心卡盘夹紧铝棒，伸出 70mm。

5）刀具装夹：将钻头装在电动刀架 1 号刀位上，切槽刀装在电动刀架 2 号刀位上。

2. 对刀操作

用试切法完成钻头及切槽刀的对刀操作。

3. 空运行

用机床锁定功能进行空运行，空运行结束后，使空运行按钮复位。注意若要开始加工，则数控机床必须重回参考点。

4. 零件自动加工

数控机床按程序对零件进行自动加工。

5. 零件尺寸检测

程序执行完毕后，进行尺寸检测。

6. 加工结束

拆下工件并清理机床。

【编程与操作注意事项】

1）在切槽工序中，一般在槽底停留几秒钟保证槽底的表面粗糙度。

2）在钻孔切削工序中，应该注意钻削过程的平稳性，防止钻头引偏，引起崩刃。

3）调用子程序加工相同结构的加工内容可以简化编程。

4）在选定切槽加工进给速度时，一定要略小些。

【知识拓展】

➤宽槽的编程与加工

根据沟槽宽度不同，槽有窄槽和宽槽两种。对于窄槽的编程与加工，在前面的学习内容中已经介绍过，下面重点介绍一下宽槽的编程加工方法。

1. 宽槽的定义

宽度大于切槽刀头宽度的沟槽称为宽槽。

2. 宽槽的加工方法

如图 2-59a 所示，粗加工宽槽要分几次进刀，每次车削轨迹在宽度上应略有重叠，并要留精加工余量。最后需要精车槽侧和槽底，如图 2-59b 所示。

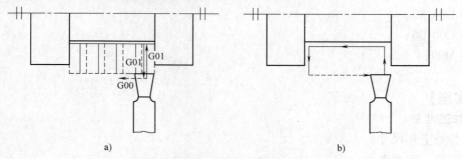

图 2-59　宽槽的加工方法

3. 举例说明

加工图 2-60 所示的零件，外径尺寸已经加工合格，只要完成切槽加工即可。切槽刀刀尖宽度为 4mm，刀位点为切槽刀的左端刀尖。

参考程序如下：

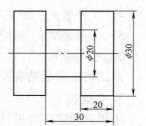

图 2-60　宽槽加工实例

O0020	程序名
N10 M03 S400；	主轴正转 400r/min
N20 T0101；	1 号切槽刀
N30 G00 X31 Z－30；	刀具定位在槽的左侧上方位置
N40 G01 X20.1 F0.1；	横向进给至 ϕ20.1mm 尺寸
N50 G04 X3；	暂停 3s
N60 G00 X31；	刀具退至工件外
N70 Z－27；	刀具定位
N80 G01 X20.1 F0.1；	横向进给至 ϕ20.1mm 尺寸
N90 G04 X3；	暂停 3s
N100 G00 X31；	刀具退至工件外
N110 Z－24；	刀具定位槽的右侧
N120 G01 X20 F0.1；	横向进给至 ϕ20mm 尺寸
N130 Z－30 F0.05；	纵向进给至槽右侧
N140 G00 X100；	刀具沿 X 方向安全退出
N150 Z100；	刀具沿 Z 方向安全退出
N160 M05；	主轴停转
N170 M30；	程序暂停

注意：在精加工宽槽之后，若零件槽侧精度要求较高，则在刀具退出时应采用 G01 指令，以保证槽侧的表面粗糙度。

【思考与练习】

1. 思考题

（1）暂停指令的指令格式是什么？一般适用于什么场合？

（2）子程序调用指令的格式是什么？请解释其中参数的含义。

（3）切槽加工过程中应该注意哪些事项？

2. 练习题

完成图 2-61 所示的零件加工，工件外径尺寸已加工完毕，槽宽为 3mm。

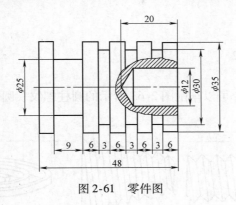

图 2-61　零件图

任务 2.5　螺纹车削的编程与加工

【学习目标】

1. 知识目标

- 掌握 G32、G92、G76 指令的功能与使用。
- 掌握螺纹加工切削用量的选择。

2. 技能目标

- 会用数控车床加工螺纹。
- 学会提高螺纹加工精度和表面粗糙度的技巧。
- 会螺纹刀对刀。

【任务导入】

完成图 2-62 所示螺纹杆的加工，零件材料为硬铝 2A12，毛坯为 $\phi22mm \times 100mm$ 的铝棒，单件小批量生产。

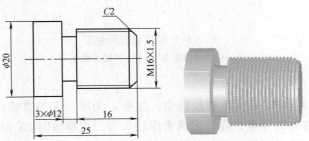

图 2-62　螺纹杆

【任务分析】

如图 2-62 所示，零件材料为硬铝 2A12，切削性能较好，加工部位由 $\phi20mm$ 外圆柱、$3mm \times \phi12mm$ 的退刀槽及 M16 $\times 1.5$ 的外螺纹组成。

【知识学习】

1. 编程指令

（1）螺纹切削指令 G32

1）指令功能。

使用 G32 螺纹切削指令可以车削图 2-63 所示的圆柱螺纹、圆锥螺纹和端面螺纹。

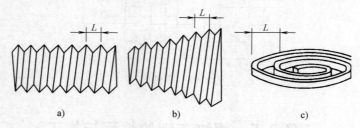

图 2-63　G32 可加工螺纹种类

a）圆柱螺纹　b）圆锥螺纹　c）端面螺纹

2）指令格式。

G32 X（U）_ Z（W）_ F_；

其中，X（U）、Z（W）为螺纹终点坐标，F 取值为螺纹导程。

若默认 X 值，则为加工圆柱螺纹；默认 Z 值，则为加工端面螺纹；若都不是默认值，则为加工锥螺纹。

车削锥螺纹的运动轨迹如图 2-64 所示。

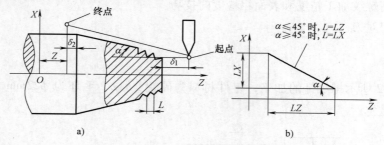

图 2-64　螺纹切削示意图

a）螺纹切削参数　b）锥螺纹螺距

几点说明：

① 图中 L 为螺纹导程，α 为锥螺纹锥角，如果 α 为零，则为直螺纹；LX、LZ 分别为锥螺纹在 X 方向和 Z 方向的导程，应指定两者中较大者，直螺纹时 $LX = 0$。

② 为保证切削正确的螺距，不能使用表面恒线速控制 G96 指令。

③ 车螺纹期间的进给速度倍率、主轴速度倍率无效（固定 100%）。

④ δ_1 为引入长度、δ_2 为超越长度。为避免因车刀自动加减速而影响螺距的稳定性，车

螺纹时，螺纹切削应注意在两端设置足够的升速进刀段（引入长度）δ_1 和降速进刀段（超越长度）δ_2。δ_1 一般可取 2 ~ 5mm，δ_2 一般取螺距的 1/4 左右。因为有超越长度，应预先设计退刀槽（加工时，先加工退刀槽），如图 2-65 所示。若螺纹收尾处没有退刀槽，则一般按 45°退刀收尾。

⑤ 螺纹车削时主轴转速 S 不能过高，此时主轴转速与进给速度是关联的推荐转速。$n \leqslant 1200/P - k$。其中 P 为螺纹导程（螺距）；k 为安全系数，一般为 80。

⑥ 为保证与内螺纹的配合，车削螺纹之前，车削顶径外圆的尺寸要小于螺纹的公称尺寸 0.1 ~ 0.2mm，以保证内外螺纹结合的互换性。

⑦ 切削深度等于 0.6495P（P 为螺距）。

⑧ 进刀方式：螺纹加工通常不能一次成型，需要多次走刀才能完成。

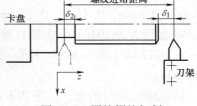

图 2-65　圆柱螺纹切削

螺纹切削常用的进给次数与背吃刀量的关系见表 2-10。

表 2-10　螺纹切削常用的进给次数与背吃刀量的关系（双边）

米制螺纹　牙深 = 0.6495P（P 为螺距）							
螺纹		1.0	1.5	2.0	2.5	3.0	3.5	4.0
牙深		0.649	0.974	1.299	1.624	1.949	2.273	2.598
进给次数及背吃刀量	1 次	0.7	0.8	0.9	1.0	1.2	1.5	1.5
	2 次	0.4	0.6	0.6	0.7	0.7	0.7	0.8
	3 次	0.2	0.4	0.6	0.6	0.6	0.6	0.6
	4 次		0.16	0.4	0.4	0.4	0.6	0.6
	5 次			0.1	0.4	0.4	0.4	0.4
	6 次				0.15	0.4	0.4	0.4
	7 次					0.2	0.2	0.4
	8 次						0.15	0.3
	9 次							0.2

英制螺纹							
牙/英寸		24	18	16	14	12	10	8
牙深		0.678	0.904	1.016	1.162	1.355	1.626	2.033
进给次数及背吃刀量	1 次	0.8	0.8	0.8	0.8	0.9	1.0	1.2
	2 次	0.4	0.6	0.6	0.6	0.6	0.7	0.7
	3 次	0.16	0.3	0.5	0.5	0.6	0.6	0.6
	4 次		0.11	0.14	0.3	0.4	0.4	0.5
	5 次				0.13	0.21	0.4	0.5
	6 次						0.16	0.4
	7 次							0.17

注：表中背吃刀量为直径值（若背吃刀量没有特别说明，则默认为单边半径值），走刀次数和背吃刀量根据工件材料及刀具的不同可酌情增减。

3）举例说明。如图 2-66 所示，用 G32 进行圆柱螺纹切削。

从图 2-66 和表 2-10 得知，毛坯直径为 35mm，螺距 $L = 1.5$mm，螺纹高度 = 0.974mm，$\delta_1 = 2$mm，$\delta_2 = 2$mm。分 4 次进给，对应的背吃刀量（直径值）依次为：0.8mm，0.6mm，0.4mm，0.16mm。因此螺纹牙底直径为 28.04mm。主轴转速 $n \le 1200/P - k = 1200/1.5 - 80 = 720$，选取 $n = 675$r/min。

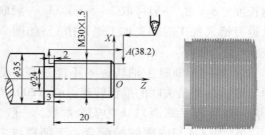

图 2-66　圆柱螺纹切削编程举例

切削螺纹部分的加工程序如下：

O0101

N10 G00 X40 Z2；

N20 M03 S675；

N30 T0101；

N40 G00 X29.2；

N50 G32 Z – 22 F1.5；　　　　　　第一次车螺纹，背吃刀量为 0.8mm

N60 G00 X38；

N70 Z2；

N80 G00 X28.6；

N90 G32 Z – 22 F1.5；　　　　　　第二次车螺纹，背吃刀量为 0.6mm

N100 G00 X38；

N110 Z2；

N120 G00 X28.2；

N130 G32 Z – 22 F1.5；　　　　　　第三次车螺纹，背吃刀量为 0.4mm

N140 G00 X38；

N150 Z2；

N160 G00 X28.04；

N170 G32 Z – 22 F1.5；　　　　　　第四次车螺纹，背吃刀量为 0.16mm

N180 G00 X50；

N190 Z50；

N200 M05；

N210 M30；

（2）螺纹切削循环指令 G92

1）指令功能。

对螺纹进行循环加工，循环中包括了进刀和退刀路线。螺纹切削循环指令把"切入—螺纹切削—退刀—返回"四个动作作为一个循环，除螺纹切削一段为进给移动外，其余均为快速移动，如图 2-67、图 2-68 所示。

2）指令格式。

直螺纹：G92 X（U）_ Z（W）_ F_ ；

锥螺纹：G92 X（U）_ Z（W）_ R_ F_ ；

其中，X（U）、Z（W）为螺纹终点坐标；F值取螺纹导程；R为锥螺纹起点半径与终点半径的差值，锥面起点坐标大于终点坐标时为正，反之为负。

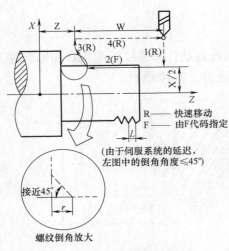

图 2-67　G92 直螺纹切削循环

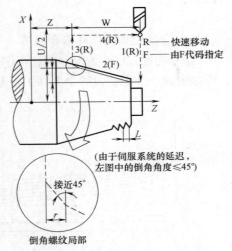

图 2-68　G92 锥螺纹切削循环

3）举例说明。

① 如图 2-66 所示，用 G92 进行圆柱螺纹切削。

解：设循环起点在（38，2），切削螺纹部分的加工程序如下。

……

G00 X38.0 Z2；	刀具定位到循环起点
G92 X29.2 Z－22 F1.5；	第一次车螺纹
X28.6；	第二次车螺纹
X28.2；	第三次车螺纹
X28.04；	第四次车螺纹
G00 X50.0；	
Z50；	

……

由此可知，采用 G92 比采用 G32 编写程序简单了。

② 如图 2-69 所示，用 G92 进行锥螺纹切削。毛坯直径为 50mm，锥螺纹高度为 2mm，要求分 4 次车削螺纹，每次车削深度为 0.5mm，螺距 L=3.5mm。

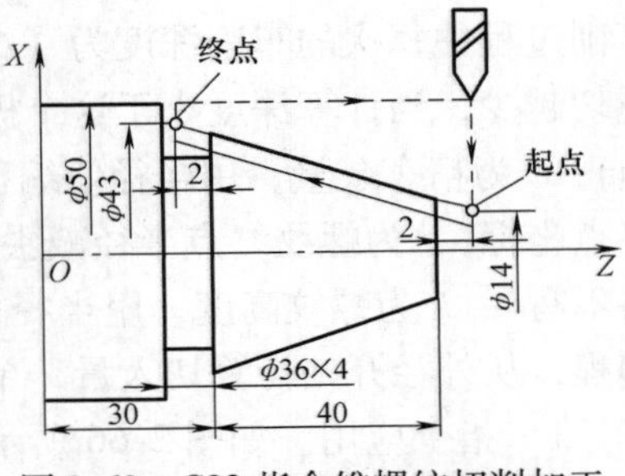

解：切削锥螺纹部分的加工程序如下。

图 2-69　G92 指令锥螺纹切削加工

……

G00 X50 Z72；	刀具定位到循环起点
G92 X42 Z28 R－14.5 F3.5；	第一次螺纹车削
X41；	第二次螺纹车削

| X40；| 第三次螺纹车削 |
| X39；| 第四次螺纹车削 |

G00 X100；

Z150；

⋮

（3）复合螺纹车削循环指令 G76

1）指令功能。G76 为复合螺纹车削循环指令，系统自动计算螺纹切削次数和每次进刀量，可以完成一个螺纹段的全部加工任务，其运动轨迹如图 2-70 所示。

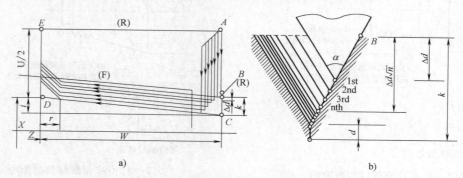

图 2-70　螺纹切削多次循环 G76 指令

a）切削轨迹　b）进刀方式

2）指令格式：

G76 P（m）（r）（α）Q（$\Delta d_{\min}$）R（d）；

G76 X（U）_ Z（W）_ R（i）P（k）Q（Δd）F（L）；

其中，m 为精车重复次数，从 1-99，该参数为模态量；r 为螺纹尾端倒角值，该值可设置在 0-9.9L 之间，以 0.1L 为一单位，L 为螺距，r 应使用 00-99 之间的两位整数来表示，该参数为模态量，可加工没有退刀槽的螺纹；α 为刀具角度，从 80°、60°、55°、30°、29°、0°六个角度中选择，a 应用 2 位整数表示，该参数为模态量；m、r、a 用地址 P 同时指定，例如：$m = 2$，$r = 1.2L$，$a = 60°$，表示为 P021260；$\Delta d_{\min}$ 为最小车削深度，用半径值指定，车削过程中每次的车削深度为（$\Delta d \sqrt{n} - \Delta d \sqrt{n-1}$），螺纹半径方向的车削量随次数增加而越切越少，当计算深度小于这个极限值时，车削深度锁定在这个值，该参数为模态量，单位 μm；d 为精车余量，用半径值编程，该参数为模态量，单位 μm；X（U）、Z（W）为螺纹终点坐标；i 为螺纹终点半径减去起点半径的差值，有正负号，R = 0 时，为直螺纹（可省略不写）；k 为螺纹高度，用半径值编程，单位 μm；Δd 为螺纹第 1 次车削深度，用半径值编程，从外径开始计算切入量，单位 μm；L 为螺距。

3）指令应用。如图 2-66 所示为零件轴上的一段直螺纹（外螺纹），螺距为 1.5mm，螺纹高度为 0.974mm。螺纹尾端改倒角为 1.1L，刀尖角为 60°，第一次车削深度为 0.4mm，最小车削深度为 0.08mm，精车余量为 0.2mm，精车削次数为 1 次。

则用 G76 指令编写的切削螺纹的加工程序为：

⋮

G00 X38 Z2；　　　　　刀具定位到循环起点

G76 P011160 Q80 R200；

G76 X28.04 Z－22 P974 Q400 F1.5；

G00 X50；

Z50；

    ⋮

可见采用 G76 编写相同的螺纹加工程序比 G92 和 G32 更加简单。

2. 工艺分析

（1）零件图工艺分析　该零件表面由外圆柱面、退刀槽、外螺纹等组成，零件材料为硬铝，切削加工性能较好，无热处理和硬度要求。右端面为多个尺寸的设计基准，相应工序加工前，应该先将右端面车出来。

（2）确定装夹方案　加工时以外圆定位，用自定心卡盘夹紧。

（3）量具选择　由于表面尺寸和表面质量无特殊要求，轮廓尺寸用游标卡尺或千分尺测量，螺纹用螺纹环规测量。

（4）刀具选择　根据加工要求，选用 3 把刀，将所选定的刀具参数填入表 2-11 中，以便于编程和操作管理。

表 2-11　螺纹杆数控加工刀具卡片

产品名称或代号				零件名称	螺纹杆	零件图号	
序号	刀具号	刀具规格名称	数量	加工表面		刀尖半径/mm	备注
1	T01	45°高速钢车刀	1	车端面、外圆柱面		0.5	
2	T02	割刀刀宽 3mm	1	车 3mm×ϕ12mm 退刀槽、割断			
3	T03	60°外螺纹车刀	1	车 M16 螺纹		0.1	
编制		审核		批准		年 月 日	共 页	第 页

（5）确定加工顺序及走刀路线　加工顺序按由粗到精、由近到远的原则确定，一次装夹尽可能加工出所有加工表面。本零件工步顺序如下：

1）车端面。

2）粗、精车外圆 ϕ16mm 和 ϕ30mm。

3）切退刀槽 3mm×ϕ12mm。

4）车削螺纹 M16×1.5。

5）割断。

（6）切削用量选择　根据被加工表面质量要求、刀具和工件的材料特性，切削用量见表 2-12，螺纹主轴转速按公式 $n \leqslant 1200/P-k$ 计算，计算结果填入螺纹杆数控加工工艺卡中。取 $\delta_1 = 2$mm，$\delta_2 = 2$mm。

（7）数控加工工艺卡片拟订　将前面的内容综合成表 2-12，此表是编制加工程序的主要依据和操作人员进行数控加工的指导性文件。

（8）确定工件坐标系　以工件右端面与轴心线的交点为工件原点，建立工件坐标系。

（9）编程　G76 指令相比 G32 和 G92 指令省去了大量的中间切削路径坐标的计算，但指令中的参数设置较多，较繁琐。G92 螺纹切削循环指令因包含了进刀和退刀路线，其程序的编写比使用 G32 指令要简洁，因此此处使用 G92 指令加工螺纹。

表 2-12　螺纹杆数控加工工艺卡

工步号	工步作业内容	刀具号	刀具规格	主轴转速/(r/min)	进给速度/(mm/r)	背吃刀量/mm	备注
1	用自定心卡盘夹紧 φ22mm 左端						手动
2	车端面	T01	25mm×25mm	600	0.1	1	自动
3	轮廓粗加工（除 3mm×φ12mm）	T01	25mm×25mm	600	0.1	1	自动
4	轮廓精加工至图样要求尺寸	T01	25mm×25mm	800	0.05	0.1	自动
5	割槽 3mm×φ12mm	T02	3mm×18mm	500	0.05	3	自动
6	车 M16 螺纹	T03	60°	675	1.5	0.4、0.3、0.2、0.08	自动
7	切断	T02	3mm×18mm	500	0.05	3	自动
编制		审核	批准		年　月　日	共　页	第　页

O0102

N10 S600 T0101 M08 M03；

N20 G00 X25.0；

N30 Z0.0；

N40 G01 X－1 F0.1；　　　　　车端面

N50 G00Z2；

N60 X24；

N70 G90 X20.2 Z－28 F0.1；　　　粗车外轮廓

N80 X18.2 Z－19；

N90 X16.2；

N100 S800；　　　　　　　　　　精车

N110 G00 X8；

N120 G01 X16 Z－2 F0.05；

N130 Z－19；

N140 X20；

N150 Z－28；

N160 G00 X22：

N170 Z100；

N180 S500 T0202；　　　　　　　换2号刀

N190 Z－19；

N200 G01 X12；　　　　　　　　切退刀槽

N210 G04 X5.0；

N220 G00 X25；

N230 Z100；

N240 T0303 S675；　　　　　　　换3号刀

N250 G00 X18 Z2；　　　　　　　刀具定位到循环起点

N260 G92 X15. 2 Z – 18 F1. 5；　　　　　第一次螺纹车削

N270 X14. 6；　　　　　　　　　　　　第二次螺纹车削

N280 X14. 2；　　　　　　　　　　　　第三次螺纹车削

N290 X14. 04；　　　　　　　　　　　　第四次螺纹车削

N300 G00 X25；

N310 Z100；

N320 S500 T0202；　　　　　　　　　　换 2 号刀

N330 G00 X22；

N340 Z – 28；

N350 G01 X – 1F0. 05；　　　　　　　　切断

N360 G00 X25；

N370 Z150；

N380 M09 M05；

N390 M30；

【任务实施】

1. 加工准备

1）检查毛坯尺寸。

2）开机，回参考点。

3）程序输入：把数控程序输入数控系统。

4）工件装夹：加工时以外圆定位，用自定心卡盘夹紧铝棒，伸出 70mm。

5）刀具装夹：共采用 1 把外圆车刀、1 把割刀和 1 把螺纹刀。把三把刀分别装在自动刀架的 1、2、3 号刀位上。

2. 对刀操作

1）用试切法完成外圆车刀、割刀的对刀。

2）螺纹刀的对刀。X 方向上对刀与外圆车刀对刀一样。Z 方向上对刀时，只要将刀尖对齐端面，按表 2-3 所列的方法输入"Z0"即可。

3. 空运行

用机床锁定功能进行空运行，空运行结束后，使空运行按钮复位。注意若要开始加工，则数控机床必须重回参考点。

4. 零件自动加工及尺寸控制

加工时粗、精加工轮廓都用同一把外圆车刀，轮廓半径方向上留 0.1mm 进行精加工，直至达到尺寸要求。螺纹加工分 4 次进给，以保证轮廓尺寸符合图样要求。

5. 零件尺寸检测

程序执行完毕后，进行尺寸检测。

6. 加工结束

拆下工件并清理机床。

【编程与操作注意事项】

1）加工螺纹时车刀必须锋利，刀具后刀面必须光洁，这样才能减小螺纹的表面粗糙度值。

2）螺纹进退刀时必须留一定的进退刀距离，否则车削螺纹时会乱扣。

【知识拓展】

螺纹检测要求通规进，止规不进。如果通规不进，用下列三种方法调节螺纹参数。

1）减小螺纹外径。如 M16 设置外径为 15.9 ~ 15.8mm。

2）适当增加螺纹深度。如螺纹深度 0.974mm 可调为 1mm 等逐步试验，直至加工合格。

3）修改机床中磨耗修补值，然后重新运行程序，以保证轮廓尺寸符合图样要求。

【思考与练习】

完成图 2-71 所示轴类零件的车削加工，零件材料为硬铝 2A12，毛坯为 $\phi30\text{mm} \times 100\text{mm}$ 的铝棒，单件小批量生产。

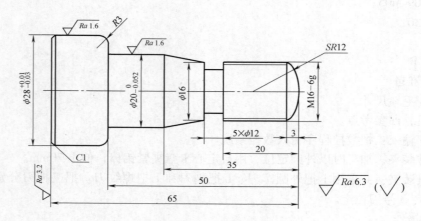

图 2-71 零件图

任务 2.6 套类零件的编程与加工

【学习目标】

1. 知识目标

● 了解加工套类零件的常用刀具。

● 掌握套类零件加工工艺的制定。

2. 技能目标

● 会对简单套类零件进行数控车削工艺分析。

● 会选择加工套类零件的刀具。

● 学会测量内孔尺寸和控制内孔的尺寸精度。

【任务导入】

完成图 2-72 所示套类零件的加工，零件材料为硬铝 2A12，毛坯为 $\phi80\text{mm}$ 的棒料，单件小批量生产。

【任务分析】

如图 2-72 所示，加工部位由 $\phi74mm$ 和 $\phi78mm$ 外圆柱、$\phi48mm$ 和 $\phi50mm$ 内孔及 $3mm \times \phi54mm$ 的内孔槽组成。零件材料为硬铝 2A12，切削加工性能较好，无热处理和硬度要求。

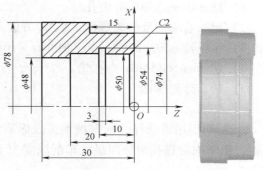

图 2-72　定位套零件图

【工艺分析与编程】

在数控车床上车削内表面时，车刀刀杆应与被车削工件的轴线平行，车削时刀具轨迹数控程序的编写与外圆车削类似。

（1）零件图工艺分析　该零件由外圆柱面、内孔、内孔槽等组成。从零件图上可以看出设计基准在右端面。为保证在进行数控加工时工件能可靠定位，可在数控加工前粗车右端面和 $\phi79mm$ 外圆，并预钻 $\phi45mm$ 孔。

（2）确定装夹方案　加工时以外圆定位，用自定心卡盘夹紧 $\phi80mm$ 外圆。

（3）量具选择　由于表面尺寸和表面质量无特殊要求，轮廓尺寸用游标卡尺或千分尺测量，深度尺寸用深度游标卡尺测量。

（4）刀具选择　根据加工要求，确认该零件加工需要 5 把刀具。将所选定的刀具参数填入表 2-13 中，以便于编程和操作管理。

表 2-13　定位套数控加工刀具卡片

产品名称或代号				零件名称	定位套	零件图号	
序号	刀具号	刀具规格名称	数量	加工表面		刀尖半径/mm	备注
1	T01	$\phi45mm$ 钻头	1	$\phi48mm$ 的预加工孔			
2	T02	外圆车刀	1	端面、$\phi74mm$ 和 $\phi78mm$ 外圆		0.5	
3	T03	内孔镗刀	1	$\phi48mm$、$\phi50mm$ 孔、$C2$ 倒角		0.2	
4	T04	3mm 内割刀	1	$3mm \times \phi54mm$ 的内槽			
5	T05	3mm 割刀	1	切断			
编制		审核		批准	年　月　日	共　页	第　页

（5）确定加工顺序及走刀路线　加工顺序按由粗到精、由内到外的原则确定，一次装夹尽可能加工出所有加工表面。本零件外轮廓表面和内孔加工走刀路线如图 2-73 所示。

钻孔时钻头起点确定：X 方向在工件中心，Z 方向靠近工件右端面。钻孔长度 = 孔深 + 0.5D，D 为钻头直径。

镗孔完成后先向工件中心 X 方向退刀，再向 Z 正方向退刀。

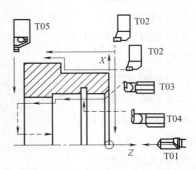

图 2-73　外轮廓和内孔加工走刀路线

工步顺序如下：

1）钻 $\phi45mm \times 30mm$ 内孔。

2）粗车右端面及外轮廓面，X、Z 方向上单边留精车余量 0.3mm。

3）粗精镗 $\phi50mm \times 20mm$、$\phi48mm \times 10mm$ 内孔及倒角。

4）切 $3mm \times \phi54mm$ 内孔槽。

5）精车外轮廓面。

6）切断。

（6）切削用量选择　根据被加工表面质量要求、刀具和工件材料特性，切削用量见表 2-14，粗车内阶梯孔时径向最大车削深度为 1.5mm，切 $3mm \times \phi54mm$ 内孔槽时底部进给暂停 2s。

（7）数控加工工艺卡片拟订　将前面的内容综合成表 2-14，此表是编制加工程序的主要依据和操作人员进行数控加工的指导性文件。

表 2-14　定位套数控加工工艺卡

工步号	工步作业内容	刀具号	刀具规格	主轴转速 /（r/min）	进给速度 /（mm/r）	背吃刀量 /mm	备注
1	用自定心卡盘夹紧 $\phi80mm$ 外圆左端						手动
2	钻 $\phi45mm \times 30mm$ 外圆内孔	T01	$\phi45mm$	300	0.1		手动
3	粗车右端面及外轮廓面	T02	$25mm \times 25mm$	600	0.1	1.5	自动
4	粗镗内孔	T03	$25mm \times 25mm$	600	0.1	1.5	自动
5	精镗内孔及倒角	T03	$25mm \times 25mm$	800	0.05	0.3	自动
6	切 $3mm \times \phi54mm$ 内孔槽	T04	$3mm \times 18mm$	400	0.1	3	自动
7	精车外轮廓面	T02	$25mm \times 25mm$	800	0.05	0.3	自动
8	切断	T05	$3mm \times 18mm$	400	0.05	3	自动
编制		审核	批准	年　月　日		共　页	第　页

（8）确定工件坐标系　以工件右端面与轴心线的交点为工件原点，建立工件坐标系。

（9）编程

O0103

N10 S600 T0202 M03；

N20 G00 X82；

N30 Z0.3；

N40 G01 X－1 F0.1；　　　　　　　　　　　　　粗车右端面

N50 Z2；

N60 G00 X82；

N70 G90 X78.6 Z－33 F0.1；　　　　　　　　　粗车外轮廓面

N80 X75.6 Z－15；

N90 X74.6；

N100 G00 X100；

N110 Z150；

74

N120 T0303 S600;　　　　　　　　　　　　　粗镗内孔

N130 G00 X47.4;

N140 Z1.0;

N150 G01 Z-30 F0.1;

N160 G00 X0;

N170 Z1.0;

N180 X56;

N190 S800;

N200 G01 X50 Z-2 F0.05;　　　　　　　　精镗内孔及倒角

N210 G01 Z-20.0;

N220 X48;

N230 Z-30;

N240 G00 X0;

N250 Z3.0;

N260 Z100;

N270 X100;

N280 T0404 S400;　　　　　　　　　　　切3mm×φ54mm内孔槽

N290 G00 X48.0;

N300 Z3.0;

N310 Z-10.0;

N320 G01 X54.0 F0.1;

N330 G04 X2.0;

N340 G00 X0.0;

N350 Z3.0;

N360 Z100;

N370 X100;

N380 S800 T0202;　　　　　　　　　　　精车外轮廓面

N390 G00 X82.0;

N400 Z0;

N410 G01 X46 F0.05;

N420 G00 Z2.0;

N430 X74;

N440 G01 Z-15 F0.05;

N450 X78.0;

N460 Z-30.0;

N470 G00 X100;

N480 Z100;

N490 T0505 S400;　　　　　　　　　　　切断

N500 G00 X82.0;

N510 Z -33；

N520 G01 X47.0 F0.05；

N530 G00 X100；

N540 Z100 M05；

N550 M30；

【任务实施】

1. 加工准备

1）检查毛坯尺寸。

2）开机，回参考点。

3）程序输入：把数控程序输入数控系统。

4）工件装夹：加工时以外圆定位，用自定心卡盘夹紧。

5）刀具装夹：共采用 5 把刀。把 5 把刀装在相应的刀架上。

2. 对刀操作

采用试切法对刀，并将偏置值输入系统。

3. 空运行

用机床锁定功能进行空运行，空运行结束后，使空运行按钮复位。注意若要开始加工，则数控机床必须重回参考点。

4. 零件自动加工及尺寸控制

加工时轮廓半径方向上留 0.3mm 进行精加工，待精加工程序完成后，根据实测尺寸再修改机床中的磨耗修补值，然后重新运行程序，以保证轮廓尺寸符合图样要求。

5. 零件尺寸检测

程序执行完毕后，进行尺寸检测。

6. 加工结束

拆下工件并清理机床。

【编程与操作注意事项】

1）钻孔应预留镗孔余量。

2）镗孔完成后先向工件中心 X 方向退刀，再向 Z 正方向退刀。

3）镗刀刀杆尺寸应小于预钻孔径。

【知识拓展】

本例中的外轮廓和内孔可以使用 G71 指令进行加工，使用 G71 指令进行内孔加工时，注意 Δu 取负号。

本例中 X 方向上精车余量 Δu 为 -0.6mm，其余参数意义与外轮廓一样。读者可以用此方法进行更简单的编程。

【思考与练习】

1. 如图 2-74 所示，已知毛坯直径为 $\phi 82mm$，请先进行加工工艺分析，然后使用 G71 指令编写该零件的数控加工程序。

2. 完成图 2-75 所示零件的编程与加工。

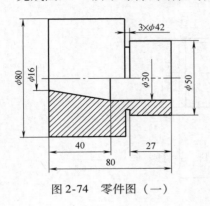

图 2-74　零件图（一）

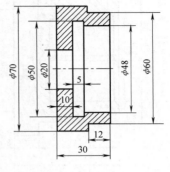

图 2-75　零件图（二）

任务 2.7　复杂轴类零件的编程与加工

【学习目标】

1. 知识目标
- 复习巩固数控车削编程指令。
- 掌握复杂轴类零件的编程方法。

2. 技能目标
- 能进行复杂轴类零件的加工工艺分析及程序编制。

【任务导入】

完成如图 2-76 所示复杂轴类零件的加工，毛坯为 $\phi46$mm $\times90$mm 的 45 钢，单件生产。

【任务分析】

如图 2-76 所示，零件材料为 45 钢，切削加工性能较好，加工部位由 $\phi36_{-0.04}^{\ 0}$mm、$\phi44_{-0.04}^{\ 0}$mm、$\phi30_{-0.05}^{\ 0}$mm、$\phi16$mm 外圆柱面、$\phi24_{\ 0}^{+0.04}$mm 内圆柱面、锥度为 1:2 的外圆锥面、$R1$ 圆弧及 M20×1.5 外螺纹等表面组成。

【工艺分析与编程】

（1）零件图工艺分析　该零件加工部位由内外圆柱面、外圆锥面、圆弧及外螺纹等表面组成，其中多个直径尺寸与轴向尺寸有较高的尺寸精度和表面粗糙度要求。零件材料为 45 钢，切削加工性能较好，无热处理和硬度要求。

通过以上分析，采取以下工艺措施：

1）零件图样上带公差的尺寸，为保证加工零件的合格性，编程时取其平均值。

2）左右端面均为多个尺寸的设计基准，相应工序加工前，应该先将左右端面车出来，将 $\phi24$mm 内孔预钻到 $\phi20$mm。

3）加工内孔及 $\phi44_{-0.04}^{\ 0}$mm、$\phi30_{-0.05}^{\ 0}$mm 外圆柱面时需调头装夹。

77

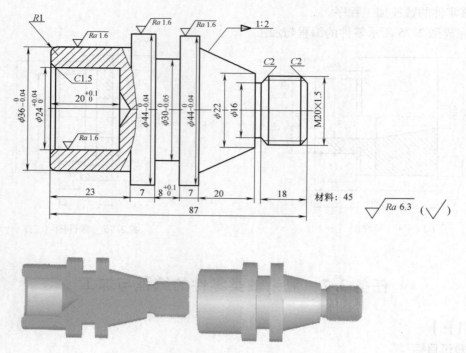

图 2-76　任务 2.7 零件图

锥面大端直径 D 计算：$(D-22):20=1:2$，得 $D=32\text{mm}$。

（2）确定装夹方案　加工左端面时以 $\phi46\text{mm}$ 外圆定位，用自定心卡盘夹紧外圆。调头加工右端面时以 $\phi36\text{mm}$ 外圆定位，用自定心卡盘夹紧外圆。

（3）量具选择　由于表面尺寸和表面质量无特殊要求，轮廓尺寸用游标卡尺或千分尺测量，深度尺寸用深度游标卡尺测量，螺纹用螺纹环规测量。

（4）刀具选择　根据加工要求，确认该零件加工需要 5 把刀具。将所选定的刀具参数填入表 2-15 中，以便于编程和操作管理。

表 2-15　数控加工刀具卡片

产品名称或代号				零件名称		零件图号	
序号	刀具号	刀具规格名称	数量	加工表面	刀尖半径 /mm	备注	
1	T01	93°硬质合金外圆车刀	1	端面、$\phi36\text{mm}$、$\phi44\text{mm}$ 外圆柱面、锥面、圆弧	0.2		
2	T02	$\phi20\text{mm}$ 钻头	1	$\phi24\text{mm}$ 孔的预加工孔			
3	T03	93°硬质合金内孔镗刀	1	$\phi24^{+0.04}_{\ 0}\text{mm}$ 内圆柱面 $C1.5$ 的倒角	0.2		
4	T04	4mm 硬质合金外切槽刀	1	$\phi30^{\ 0}_{-0.05}\text{mm}$、$\phi16\text{mm}$ 槽			
5	T05	60°硬质合金三角螺纹车刀	1	M20×1.5 外螺纹			
编制		审核		批准		年 月 日	共 页　第 页

（5）确定加工顺序及走刀路线　加工顺序按由粗到精、由内到外的原则确定，一次装

夹尽可能加工出较多的加工表面。本零件工步顺序见表2-16。

（6）切削用量选择　根据被加工表面质量要求、刀具和工件材料特性，通过查表计算，切削用量见表2-16，粗车外轮廓时单边余量为0.2mm。

（7）数控加工工序卡片拟订　将前面的内容综合成表2-16，此表是编制加工程序的主要依据和操作人员进行数控加工的指导性文件。

表2-16　数控加工工序卡

工步号	工步作业内容	刀具号	刀具规格	主轴转速 /(r/min)	进给速度 /(mm/r)	背吃刀量 /mm	备注
1	用自定心卡盘夹紧 ϕ46mm 右端						手动
2	钻 ϕ20mm × 20mm 内孔	T02	ϕ20mm	300		10	手动
3	车左端面	T01	25mm × 25mm	500	0.05	0.5	自动
4	粗车左外轮廓	T01	25mm × 25mm	500	0.1	1.5	自动
5	精车左外轮廓	T01	25mm × 25mm	1000	0.05	0.2	自动
6	切 ϕ30mm 外槽	T04	4mm × 25mm	400	0.05	4	自动
7	粗镗内孔	T03	16mm × 16mm	400	0.1	1	自动
8	精镗内孔	T03	16mm × 16mm	800	0.05	0.2	自动
9	用自定心卡盘夹紧 ϕ36mm 外轮廓						手动
10	车右端面	T01	25mm × 25mm	500	0.05		自动
11	粗车右外轮廓	T01	25mm × 25mm	500	0.1	1.5	自动
12	精车右外轮廓	T01	25mm × 25mm	1000	0.05	0.2	自动
13	切退刀槽	T04	4mm × 25mm	400	0.05	4	自动
14	车削外螺纹	T05	25mm × 25mm	500		0.4、0.3、0.2、0.08	自动
编制		审核		批准		年　月　日	共　页	第　页

（8）确定工件坐标系　以工件端面与轴心线的交点为工件原点，建立工件坐标系。

（9）编程

加工左侧：

O0104；

N10 S500 T0101 M03；

N20 G00 X50；

N30 Z0；

N40 G01 X – 1 F0.05；　　　　　　　　　车左端面

N50 Z2；

N60 G00 X50；

N70 G90 X44.4 Z – 46 F0.1；　　　　　粗车左外轮廓面

N80 X41.4 Z – 23；

N90 X38.4；

N100 X36.4；

N110 S1000；　　　　　　　　　　　　精车左外轮廓面

N120 G00 X0；

N130 G01 Z0 F0.05；

N140 X33.98；

N150 G03 X35. 98 Z – 1 R1;

N160 G01 Z – 23;

N170 X43. 98;

N180 Z – 46;

N190 G00 X100;

N200 Z100;

N210 T0404 S400;   切 φ30mm 外槽

N220 G00 X50;

N230 Z – 38.05;

N240 G01 X29. 975 F0. 05;

N250 G04 X2;

N260 G00 X50;

N270 Z – 34.05;

N280 G01 X29. 975；

N290 G04 X2;

N300 G01 Z – 38.05;

N310 G00 X50;

N320 Z100;

N330 T0303 S400;   粗镗内孔

N340 G00 X18;

N350 Z1. 0;

N360 G90 X22 Z – 20.05 F0.1；

N370 X23.98;

N380 S800;   精镗内孔

N390 G00 X29;

N400 Z1;

N410 G01 X24.02 Z – 1.5 F0.05;

N420 Z – 20.05;

N430 X0;

N440 W100;

N450 U100;

N460 M05;

N470 M30;

加工右侧:

O0105;

N10 S500 T0101 M03;

N20 G00 X50;

N30 Z0;

N40 G01 X – 1 F0. 05;   车右端面

N50 Z2；

N60 G00 X50；

N70 G71 U1.0 R1.0；

N80 G71 P90 Q160 U0.4 W0.2 F0.1 S500；

N90 G00 X0；

N100 G01 Z0 F0.05；

N110 X16；

N120 X20 Z-2；

N130 Z-22；

N140 X22；

N150 X32 Z-42；

N160 X46；

N170 S800；　　　　　　　　　　　　　　精车外轮廓面

N180 G70 P90 Q160；

N190 G00 U100；

N200 W100；

N210 T0404 S500；　　　　　　　　　　　切退刀槽

N220 G00 X22；

N230 Z-22；

N240 G01 X16 F0.05；

N250 G04 X2；

N260 G01 X20 Z-20；

N270 G00 U100；

N280 W100；

N290 T0505 S400 F0.05；　　　　　　　　车削外螺纹

N300 G00 X20；

N310 Z2；

N320 G92 X19.2 Z-20 F1.5；

N330 X18.6；

N340 X18.2；

N350 X18.04；

N360 G00 U100；

N370 W100 M05；

N380 M30；

N450

【任务实施】

1. 加工准备

1）检查毛坯尺寸。

81

2）开机，回参考点。

3）程序输入：把数控程序输入数控系统。

4）工件装夹：加工左端面时以 $\phi 46mm$ 外圆定位，用自定心卡盘夹紧外圆。调头加工右端面时以 $\phi 36mm$ 外圆定位，用自定心卡盘夹紧外圆。

5）刀具装夹：共采用 5 把刀，把 5 把刀装在相应的刀架上。

2. 对刀操作

采用试切法对刀，并将偏置值输入系统。

3. 空运行

用机床锁定功能进行空运行，空运行结束后，使空运行按钮复位。注意若要开始加工，则数控机床必须重回参考点。

4. 零件自动加工及尺寸控制

加工时轮廓半径方向上留 0.2mm 进行精加工，待精加工程序完成后，根据实测尺寸再修改机床中的磨耗修补值，然后重新运行程序，以保证轮廓尺寸符合图样要求。

5. 零件尺寸检测

程序执行完毕后，进行尺寸检测。

6. 加工结束

拆下工件并清理机床。

【编程与操作注意事项】

1）加工工件时，刀具和工件必须夹紧，否则会发生事故。

2）调头加工右端面时，以 $\phi 36mm$ 外圆定位，而因其表面粗糙度要求较高，故夹紧时需垫铜皮加以保护。

3）在加工中发现尺寸精度不合格时，可以通过修改程序或刀具补偿来提高精度。

【思考与练习】

完成如图 2-77 所示复杂轴类零件的加工，毛坯为 $\phi 46mm \times 85mm$ 的 45 钢，单件生产。

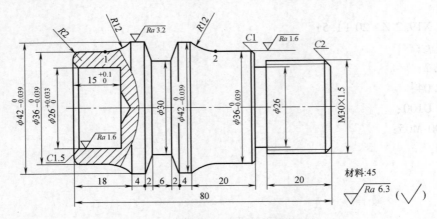

图 2-77　复杂轴类零件图

说明：以左端面中心为编程原点时，基点坐标 1 为（36，-10.036）。以右端面中心为编程原点时，基点坐标 2 为（36，-44.305）。

任务 2.8　宏指令的使用

【学习目标】

1. 知识目标

- 掌握宏变量的类型及功能。
- 掌握宏变量的算术运算法则及格式。
- 掌握宏变量的关系运算法则及运算符。
- 掌握宏变量的条件转移和循环语句。
- 掌握参数方程法并完成椭圆轮廓插补的编程。

2. 技能目标

- 解决非圆轮廓曲线的数学逼近算法。
- 会进行机床刀具磨损补偿量的调整。

【任务导入】

完成如图 2-78 所示右端为椭圆轮廓的短轴零件的车削加工，材料：硬铝 2A12，零件已完成粗加工，现需对其进行精加工，单件生产。

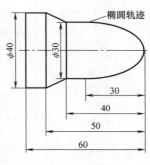

图 2-78　零件图

【任务分析】

如图 2-78 所示，零件材料为硬铝 2A12，切削性能较好，走刀轨迹由 1/4 椭圆和 3 段直线构成，零件外轮廓已事先完成粗加工。由于轮廓中含有椭圆且一般数控系统均不提供直接的椭圆插补指令，因此必须结合宏指令完成零件的精加工编程。

【知识学习】

1. 编程指令

（1）宏指令编程的概念　如图 2-78 所示，由于一般数控系统均不提供直接的非圆轮廓曲线（如椭圆）的插补指令，因此采用手工编程完成非圆轮廓的插补必须借助于高等数学中的积分概念，将非圆轮廓处理为大量的微小直线段来逼近其理论轮廓。由于宏指令允许使用变量、算术和逻辑运算及条件转移，因此使得上述的逼近算法在数控编程中得以实现。现代的自动编程软件也是利用了逼近算法直接生成含有大量 G01 指令的数控加工程序，具有操作过程简单、可靠性高的优点，但相比利用宏指令编写的数控加工程序其程序容量较大，可读性差。

（2）宏指令介绍

1）宏变量的类型。在 FANUC 数控系统中，宏变量用变量符号"#"和后面的变量号（数字）指定，如"#1"代表系统的局部变量。宏变量根据变量号可分为四种类型，见表 2-17。

表 2-17　宏变量的类型

变量号	变量类型	功　能
#0	空变量	该变量总是空，没有值能赋给该变量
#1 ~ #33	局部变量	局部变量只能用在宏程序中存储数据，例如运算结果。当断电时，局部变量被初始化为空。调用宏程序时，自变量对局部变量赋值
#100 ~ #199 #500 ~ #999	公共变量	公共变量在不同的宏程序中的意义相同。当断电时，变量#100-#199 初始化为空，变量#500 ~ #999 的数据保存，即使断电也不丢失
#1000 ~	系统变量	系统变量用于读和写 CNC 运行时的各种数据，例如，刀具的当前位置和补偿值

2）宏变量的算术运算法则。以 FAUNC 系统为例，其常见的算术运算法则见表 2-18。

表 2-18　宏变量的算术运算法则

功能	格式	备注
定义	$\#i = \#j$	
加法 减法 乘法 除法	$\#i = \#j + \#k$ $\#i = \#j - \#k$ $\#i = \#j \times \#k$ $\#i = \#j/\#k$	
正弦 余弦 正切	$\#i = \mathrm{SIN}[\#j]$ $\#i = \mathrm{COS}[\#j]$ $\#i = \mathrm{TAN}[\#j]$	角度以度指定。如:90°30′表示为 90.5°
平方根 绝对值	$\#i = \mathrm{SQRT}[\#j]$ $\#i = \mathrm{ABS}[\#j]$	

宏变量的算术运算法则使用举例如下：

定义变量#1 = 100，#2 = 200，#3 = 0.2，编程 G01 X#1 Z#2 F#3；，其功能等同于常规指令 G01 X100 Z200 F0.2；。

3）宏变量的关系运算法则。以 FAUNC 系统为例，其常见的关系运算法则见表 2-19。

表 2-19　宏变量的关系运算法则

表达式	含义	英文
$\#j$ EQ $\#k$	$\#j = \#k$	Equal
$\#j$ NE $\#k$	$\#j \neq \#k$	Not Equal
$\#j$ GT $\#k$	$\#j > \#k$	Greater Than
$\#j$ LT $\#k$	$\#j < \#k$	Less Than
$\#j$ GE $\#k$	$\#j \geqslant \#k$	Greater or Equal
$\#j$ LE $\#k$	$\#j \leqslant \#k$	Less or Equal

宏变量的关系运算法则使用举例如下：

要表达变量#1 ≥ #2，则应编程为#1 GE #2。

4）宏变量的条件转移和循环语句。使用条件转移和循环语句可以控制程序的流向，一般常用的有三种。

① 条件转移（IF 语句）。

格式：IF［＜条件表达式＞］GOTO n；

若满足＜条件表达式＞，下步操作转移到顺序号为 n 的程序段去。若不满足，执行 IF 语句下面的语句。

格式：IF［＜条件表达式＞］THEN …；

若满足＜条件表达式＞，执行 THEN 后的宏程序语句，只执行一个语句。

② 循环（WHILE 语句）。

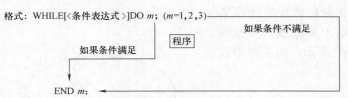

格式：WHILE[＜条件表达式＞]DO m；（$m=1,2,3$）

若满足＜条件表达式＞，执行从 DO 到 END 之间的程序；否则，转到 END 后的程序段。必须注意的是 DO m；和 END m；必须成对使用，并以其中的 m 作为识别号相互识别。m 的范围为 1、2、3，可以根据需要多次使用，但不可交叉使用。

2. 工艺分析

（1）工、量、刃具选择

1）工具选择。毛坯采用自定心卡盘装夹。其他工具见表 2-20。

2）量具选择。由于表面质量无特殊要求，轮廓尺寸用外径千分尺测量，长度尺寸用游标卡尺测量，另用百分表校正圆周的跳动度。

3）刃具选择。该工件的材料为硬铝，切削性能较好，选用高速钢外圆精车刀即可满足工艺要求。

表 2-20 任务 2.8 工、量、刃具清单

种类	序号	名称	规格	精度	数量
工具	1	自定心卡盘	300mm		1
	2	扳手			1
	3	铜皮			1
量具	1	百分表（及表座）	0～10mm	0.01mm	1
	2	游标卡尺	0～150mm	0.02mm	1
	3	外径千分尺	25～50mm	0.01mm	1
刃具	1	高速钢外圆精车刀			1

（2）加工工艺方案

1）加工工艺路线。刀具由换刀点快速运动至接近位置 O 点，由 O 点以切削进给速度运行至 A 点，然后按 $A—B—C—D—E$ 的走刀顺序车削加工，最后由 E 点垂直切出工件后，再返回至换刀点，如图 2-79 所示。

2）切削用量的合理选择。加工材料为硬铝，硬度低，切削力小，精车时采用恒线速切削，线速度 $v=60\text{m/min}$，

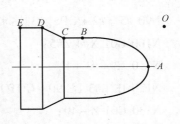

图 2-79 加工工艺路线

进给速度 $f = 0.05 \mathrm{mm/r}$。

（3）参考程序编制

1）工件坐标系的建立。此任务工件坐标系的原点选在工件右端面的中心，遵循基准重合的原则。

2）椭圆轮廓的坐标值计算。轮廓 AB 为 1/4 椭圆，必须采用宏指令通过插补大量的微小直线段来实现加工。在构建椭圆插补算法上采用参数方程的方法，其椭圆的坐标系如图 2-80 所示，由椭圆参数方程可得动点 M 的坐标为：

$$X = b\sin\theta$$
$$Z = a\cos\theta$$

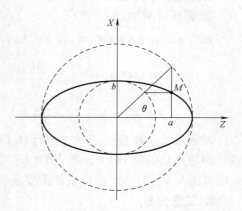

图 2-80　椭圆参数方程坐标系

其中 a 为椭圆长半轴长度，b 为椭圆短半轴长度，θ 为离心角。由于数控车床一般采用直径编程，所以 X 坐标算式应在原有的基础上乘以 2。由于编程原点设置在零件的右端面中心，即图 2-79 中的 A 点，因此需对图 2-80 中的坐标系进行平移，在平移后的坐标系中动点 A 的坐标为：

$$X = 2b\sin\theta$$
$$Z = a\cos\theta - a$$

3）参考程序。

O0004	程序名
%	程序起始符号
N10 G50 S2500;	设置主轴最高限制转速
N20 G96 S60 M03 T0202;	设置恒线速度,起动主轴,换 2 号刀并设置刀具补偿为 2 号补偿
N30 G00 X44 Z2;	快速运动至 O 点,接近工件
N40 G01 X0 Z0 F0.05;	切削至椭圆起点 A
N50 #1 = 15;	定义宏变量,即椭圆短轴
N60 #2 = 30;	定义宏变量,即椭圆长轴
N70 #3 = 1;	定义宏变量,即初始增量角度
N80 #4 = 2 * #1 * SIN[#3];	计算 X 轴坐标数据
N90 #5 = #2 * COS[#3] - #2;	计算 Z 轴坐标数据
N100 G01 X#4 Z#5;	通过插补直线拟合椭圆轮廓
N110 #3 = #3 + 1;	增量角度递增
N120 IF [#3 LE 90] GOTO 80;	判定是否走完椭圆
N130 G01 Z - 40;	插补直线轮廓 BC
N140 X40 Z - 50;	插补直线轮廓 CD

N150 Z –60;	插补直线轮廓 *DE*
N160 X42;	由 E 点垂直切出零件
N170 G00 X100 Z100;	快速返回至换刀点
N180 M05;	主轴停转
N190 M30;	程序结束
%	程序结束符号

在此程序中，采用微小直线段插补椭圆轮廓时宏变量#3（即 θ 角）每次递增 1°，整个椭圆将由 90 个微小直线段构成。从高等数学的极限角度出发，θ 角每次递增量越小，椭圆将越逼近其真实形状。但从数控加工的角度出发，如果 θ 角递增量过小，微小直线段的数量则会过大，将影响轮廓加工的效率，如果 θ 角递增量过大则会影响轮廓加工的质量。经过加工试验知，θ 角递增值为 1°时既能满足数控加工对效率的要求也能满足其对质量的要求。

【任务实施】

1. 加工准备

1）检查毛坯尺寸。

2）开机，回参考点。

3）程序输入：把数控加工程序输入数控系统。

4）工件装夹：将毛坯用自定心卡盘夹至预紧，并用百分表校正圆周的跳动度，待调整完毕后再将毛坯完全夹紧。

5）刀具装夹：将准备好的高速钢外圆车刀安装至刀架上并夹紧，通过试切校正并调整其中心高。

2. 对刀操作

采用试切法对刀，并将偏置值输入系统。

3. 机床刀具磨损量的调整

在对零件精加工之前，机床中的刀具磨损量应作相应调整。下面以 FANUC 0i 数控车床为例，进行刀具磨损量的设置介绍。

磨损量设置可按如下步骤进行：

1）进入参数设定界面，先按 **补正** ，再按 **磨耗** ，出现图 2-81 所示的系统画面。

2）把光标移到所用刀具号的 X 和 Z 处，输入刀具磨损量值，按输入键即可。

磨损量的计算：应根据零件加工后相关尺寸的测量值与尺寸编程值比较的结果，并考虑预留的余量，计算出刀具的磨损量。该磨损量不仅包括了刀具的磨损，同时也包括了先前对刀过程中可能产生的误差。

4. 空运行

用机床锁定功能进行空运行，空运行结束后，使空运行按钮复位。注意若要开始加工，则数控机床必须重回参考点。

图 2-81　FANUC 系统画面

5. 零件自动加工及尺寸控制

设置机床为自动模式，完成零件的精加工。

6. 零件尺寸检测

程序执行完毕后，进行尺寸检测。

7. 加工结束

拆下工件并清理机床。

【编程与操作注意事项】

1）加工前应设置好机床中刀具补正的形状值和磨耗值，否则刀具将不能正确加工甚至有撞刀的危险。

2）首件加工都是采用"试测法"控制轮廓尺寸，故加工时应及时测量工件尺寸和修改数控机床中的刀具磨耗值。首件加工合格后，就不需调整该参数，除非刀具在加工过程中有新的磨损。

3）尽量避免在切削过程中途停顿，以减少因切削力突然变化造成弹性变形而留下的刀痕。

4）工件装夹在卡盘上应校正圆周的跳动度，否则加工时会因工件的跳动而影响加工的尺寸精度，也可在加工前粗车工件的外圆以去除跳动。

【知识拓展】

➤椭圆轮廓的粗加工编程

数控车削加工中，粗加工阶段由于切削量较多，轮廓需多次车削才能完成，因此一般使用轮廓多次车削循环指令进行编程，如 FANUC 数控系统中的 G71 指令。但是本任务中的零件由于包含椭圆轮廓，而 G71 指令所调用的精车程序是不允许出现宏程序的，因此零件的粗加工编程需要对待加工的椭圆轮廓做一定的几何处理。

为了简化计算，可以用一条长度为 15mm 的水平直线和半径为 15mm 的 1/4 圆弧近似地替代该椭圆轮廓，如图 2-82 所示。由于替代的轮廓可以通过基本的 G 指令编程构建 G71 外圆轮廓多次车削循环，这使得零件的粗加工编程得以简化。当然，和原始图形比较可以看出，零件的椭圆轮廓部分粗切后个别位置会余量分布不均。在有条件的情况下也可以借助坐标纸或 CAD 软件，通过若干条直线或圆弧轮廓更加逼近椭圆，然后再利用可知的直线或圆弧轮廓进行 G71 编程，这样可使得粗加工后的轮廓余量分布更为均匀。

【思考与练习】

1. 思考题

（1）宏变量中什么是局部变量和公共变量？使用时应注意哪些问题？

（2）椭圆轮廓在精加工编程时应采用怎样的方法实现？

（3）椭圆轮廓在粗加工编程时应如何才能实现 G71 编程？

（4）当车削过程中通过测量尺寸发现刀具出现磨损时，应如何解决？

2. 练习题

完成图 2-83 所示零件的编程与加工（零件右端为椭圆轮廓）。

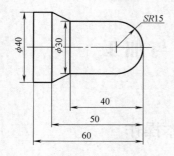

图 2-82 近似替代椭圆
后的零件图

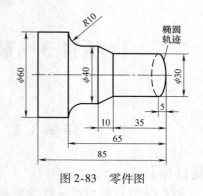

图 2-83 零件图

项目 3　数控铣削编程与加工

任务 3.1　数控铣床的基本操作

【技能目标】

- 掌握 FANUC 数控系统数控铣床的基本操作方法。
- 能够熟练进行手动试切对刀及刀具参数输入。
- 能正确进行程序编辑与输入。
- 能正确进行首件试切与自动加工。
- 熟悉数控铣床的安全操作规程，了解工件与刀具装夹方法。

【知识学习】

本任务包含数控铣床的基础知识、FANUC 0i 数控铣床面板功能介绍、FANUC 0i 数控铣床基本操作方法、程序编辑与试切加工等的学习。

1. 数控铣床基础知识

（1）数控铣床的基本组成　数控铣床通常由工作台、主轴箱、数控系统、电气柜、床身、冷却系统、立柱等装置组成。数控铣床主要结构形式通常有立式、卧式和龙门式三种。立式铣床主轴处于垂直位置，而卧式铣床主轴处于水平位置，龙门式主要用于加工特大型零件。图 3-1 所示为立式（左）与卧式（右）数控铣床。

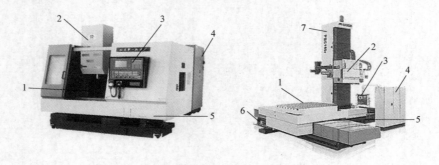

图 3-1　立式（左）与卧式（右）数控铣床
1—工作台　2—主轴箱　3—数控系统　4—电气柜　5—床身　6—冷却系统　7—立柱

（2）数控铣床的工艺范围　铣削加工是机械加工中最常用的方法之一，加工的尺寸精度一般可达 IT7 ~ IT8，表面粗糙度 Ra 为 1.6 ~ 3.2μm。加工对象包括平面铣削和轮廓铣削，也可以对零件进行钻孔、扩孔、铰孔、攻螺纹等加工。图 3-2 所示为数控铣削的各种加工类型。

数控铣床（加工中心）在运动过程中能实现多坐标联动功能，能够实现普通机床难以完成的空间曲线、曲面等复杂形状特征的零件加工，工程上主要用于加工平面、曲面、箱体等重要零件。图 3-3 所示为数控铣床加工的一些零件。

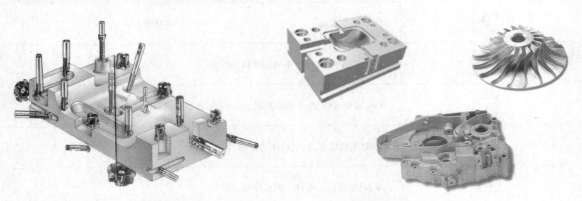

图 3-2　数控铣削的各种加工类型　　　　　图 3-3　数控铣床加工的零件

2. 数控铣床面板功能（FANUC 0i 系统）

机床操作面板主要由机床控制面板和系统控制面板组成。

（1）数控机床控制面板　数控机床控制面板主要用于控制机床的运行状态，由模式选择旋钮、数控程序运行控制开关等多个部分组成。面板标准不一，主要由各个机床厂家自行设计。下面以 FANUC 0i 数控铣床标准控制面板为例进行介绍。

如图 3-4 所示，机床控制面板上安装有各种按钮，各种按钮都具备各自的功能，具体见表 3-1。

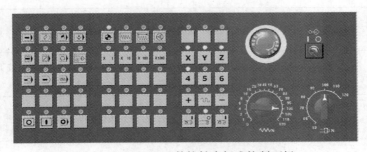

图 3-4　FANUC 0i 数控铣床标准控制面板

表 3-1　控制面板常用按键功能说明

按　键	功　能　说　明
	AUTO 自动加工模式
	EDIT 编辑模式
	MDI 手动数据输入
	DNC 模式，用 RS232 电缆线连接 PC 和数控机床，选择程序并传输加工

按　　键	功　能　说　明
	REF 回参考点
	JOG 手动模式,用于手动连续移动机床
	INC 增量进给,用于精确控制机床运动,通常要选择步进量
	HND 手轮模式,移动机床功能同增量
	单步执行开关,每按一次程序启动执行
	程序段跳读,自动方式按下此键,跳过程序段开头带有"/"的程序
	程序停,在自动方式下,遇有 M00 的程序自动停止
	程序重启键,由于刀具破损等原因自动停止后,程序可以从指定的程序段重新启动
	机床锁定开关,按下此键后机床各轴被锁住,只能程序运行
	机床空运行,按下此键后各轴以固定的速度运动
	程序运行开始,模式选择旋钮在"AUTO"和"MDI"位置时按下有效,其余时间按下无效
	程序运行停止,在程序运行中,按下此按钮停止程序运行
	手动主轴正转
	手动主轴反转
	手动停止主轴
X 1　X 10　X 100　X1000	增量运行步进量选择,每一步的距离:×1 为 0.001mm,×10 为 0.01mm,×100 为 0.1mm,×1000 为 1mm。使用时注意选择的轴、倍率及方向
X　Y　Z +　　－	该方式可以选择要移动的轴及方向,可连续进给也可选用增量方式,选择手动增量方式可以精确控制位移量(功效同手轮), 同时按下为快速

按　键	功能说明
	进给倍率,在机床自动进给时,可以改变实际进给速度
	主轴倍率,在机床主轴运行时可以更改转速
	紧急停止,在将要或已经发生危险情况时使用
	程序编辑锁定开关置于⬤位置,可编辑或修改程序
	手轮,一般为机床可选附件。使用手轮可以精确控制机床某轴的运动,可以选择轴及步进量。顺时针方向摇为正,功效同增量方式

（2）数控系统控制面板　数控系统控制面板如图 3-5 所示,主要由显示屏和编辑区域组成。其功能是完成人机对话,如坐标显示、程序编辑、参数设置、系统信息显示等。

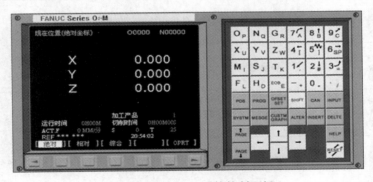

图 3-5　FANUC 0i 系统控制面板

数控系统控制面板上各种按键及其功能见表 3-2。

表 3-2　数控系统控制面板常用按键功能说明

名　称	功能说明
	数字和字母键,用于输入数据到输入区域,系统自动判别取字母还是取数字。字母和数字键通过＜SHIFT＞键切换输入,如:O→P,7→A

名　称	功能说明
POS	位置显示,有三种方式,用 < PAGE > 键选择
PROG	程序显示与编辑页面
OFSET SET	参数输入,进入坐标系设置页面或进入刀具补偿参数页面
SHIFT	切换键,键盘上的某些键具有两个功能,按下 < SHIFT > 键可以在这两个功能之间进行切换
CAN	取消键,消除输入区内的数据
INPUT	输入键,当按下一个字母键或者数字键时,再按该键,则数据被输入到缓冲区并显示在屏幕上
SYSTM	系统参数页面
MESGE	显示报警信息等
CUSTM GRAPH	图形参数设置页面,使用该功能可以进行图形模拟
ALTER	替换键,用输入的数据替换光标所在的数据
INSERT	插入键,把输入区的数据插入到当前光标之后的位置
DELTE	删除键,删除光标所在位置的数据,或者删除一个或全部程序
PAGE ↑ PAGE ↓	往前翻页键 往后翻页键
↑ ← → ↓	光标移动键
HELP	帮助键

名　称	功能说明
RESET	复位键，按下这个键可以使 CNC 复位或者取消报警等
EOB E	回车换行键，结束一行程序的输入并且换行
（软键图标）	软键，根据不同的画面，软键有不同的功能。软键功能显示在屏幕的底端

3. FANUC 0i 数控铣床基本操作

在机床操作前应认真学习机床说明书和安全操作规程，避免因误操作而造成撞刀事故。一般来说数控机床操作包括以下几项内容：开机、回参考点、移动机床坐标轴（手动或手轮）、开关主轴、设定工件坐标系、输入刀具补偿参数等。

（1）开机操作。

1）检查机床的润滑油罐，油面应在上、下油标线之间，若没有达到，则需要加入机油至达到标准。

2）合上总电源开关。

3）打开机床左侧的电源开关。

4）以顺时针方向转动解除紧急停止开关，按下"启动"键，此时机床起动完毕。

（2）回参考点。

1）置模式旋钮在 ⊙ 位置。

2）选择各轴 X 、 Y 、 Z 正方向，按住按钮，即回参考点（又称回零）。回零是否成功可通过观察机床回零指示灯亮否或机床机械坐标值是否归零来确定。

所有轴回参考点后，即建立了机床坐标系。

注意：

① 在每次电源接通后，必须先完成各轴的返回参考点操作，然后再进入其他运行方式，以保证各轴坐标的正确性。

② 回参考点时应确保安全，在机床运行方向上不会发生碰撞，一般应选择 Z 轴先回参考点，将刀具抬起。

③ 在回参考点的过程中，如出现超程，需按住控制面板上的"超程解除"按键，向相反方向手动移动该轴使其退出超程状态。

（3）移动机床坐标轴。手动移动机床各坐标轴的方法有三种。

1）手动方式。

① 置模式在"JOG" ⋙ 位置。

② 选择某轴，单击方向键 + 或 − ，机床坐标轴正向或负向移动，松开则停止移动。

③ 同时按 ⌁ 键，机床轴快速移动，用于较长距离的工作台移动。

2）增量方式。这种方法用于微量调整，如用在对基准操作中。

① 置模式在 位置，选择 ⊠ ⊠ ⊠ ⊠ 步进量。

② 选择某轴，每按一次，机床轴移动一步。

3）手轮方式。操纵手轮 ⊙，这种方法用于微量调整。在实际生产中，使用手轮可以让操作者容易控制和观察机床移动。

（4）开、关主轴。

1）置模式在"JOG"位置 ⊠。

2）按 ⊠ 或 ⊠ 机床主轴分别正、反转（第一次起动时需利用 MDI 方式），按 ⊠ 主轴停转。

（5）工件坐标系设定及刀具参数输入。

1）对刀原理。对刀对每一个操作者来说极为重要。机床开机回零的主要目的是为了建立机床坐标系（或称为机械坐标系）。对刀的目的就是确定工件坐标系与机床坐标系之间的空间位置关系，通过对刀，求出工件原点在机床坐标系中的坐标值，并将此数据输入数控系统相应的存储器中（G54～G59）。之后机床就以程序中调用的 G54～G59 中的任一有效工件坐标系的原点为加工原点执行程序。

对刀方法：试切对刀、寻边器对刀、机内对刀仪对刀、自动对刀等。

对刀工具：X、Y 轴对刀的工具有偏心式寻边器和光电式寻边器等，Z 轴对刀的工具有 Z 轴设定器，分别如图 3-6 所示。

偏心式寻边器　　　光电式寻边器　　　Z 轴设定器

图 3-6　常用对刀工具

2）试切对刀。

① 方法一。如图 3-7 所示，刀具在 X 方向与工件左侧面贴合时，机床显示的刀具中心的 X 向机械坐标值为 −250.400，根据图中尺寸可以得出工件原点的 X 向机械坐标值就为 −250.400 + 5 + 50 即 −195.400。计算好后，直接将 −195.400 输入 G54 中的 X 位置。Y 方向刀具与工件前侧面贴合时，机床显示的刀具中心的 Y 向机械坐标值为 −100.500，可以得出工件原点的 Y 向机械坐标值就为 −100.500 + 5 + 40 即 −55.500。计算好后，将 −55.500 输入 G54 中的 Y 位置。在 Z 方向刀具与工件贴合时直接记录 Z 向机械坐标值

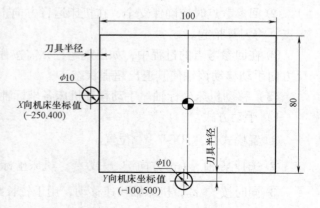

图 3-7　X、Y 轴试切对刀图

（如 – 120.000），然后将该值直接输入 G54 中的 Z 位置 。输完之后使用 MDI 方式验证一次。

② 方法二。使用上述方法需要手动推算数据，容易产生错误。使用数控系统提供的 [测量] 功能可以方便、准确地计算出工件原点在机床坐标系中的坐标值。该方法的主要原理是：刀具与工件贴合时，根据工件及刀具尺寸可以得出目前刀位点在工件坐标系中的坐标位置，然后将该位置告诉数控系统，数控系统通过 [测量] 功能就可以自动计算出工件原点在机床坐标系中的坐标值。如：刀具半径值为 5mm，工件原点取在左上角，对刀具体操作步骤见表 3-3。

表 3-3　试切对刀及对刀验证步骤

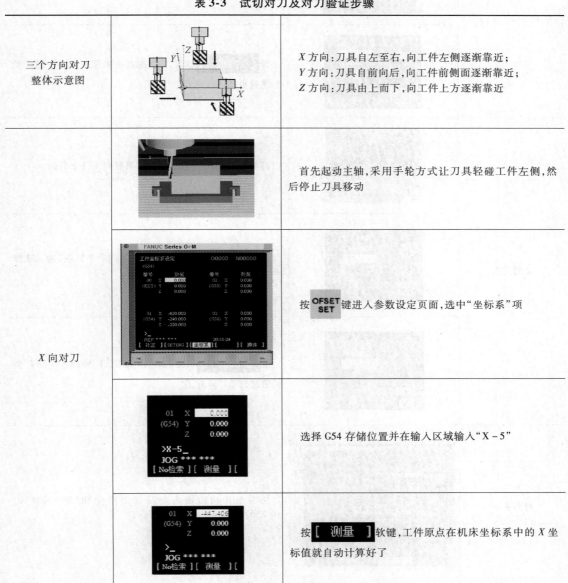

三个方向对刀整体示意图		X 方向：刀具自左至右，向工件左侧逐渐靠近；Y 方向：刀具自前向后，向工件前侧面逐渐靠近；Z 方向：刀具由上而下，向工件上方逐渐靠近
X 向对刀		首先起动主轴，采用手轮方式让刀具轻碰工件左侧，然后停止刀具移动
		按 OFSET SET 键进入参数设定页面，选中"坐标系"项
		选择 G54 存储位置并在输入区域输入"X – 5"
		按 [测量] 软键，工件原点在机床坐标系中的 *X* 坐标值就自动计算好了

97

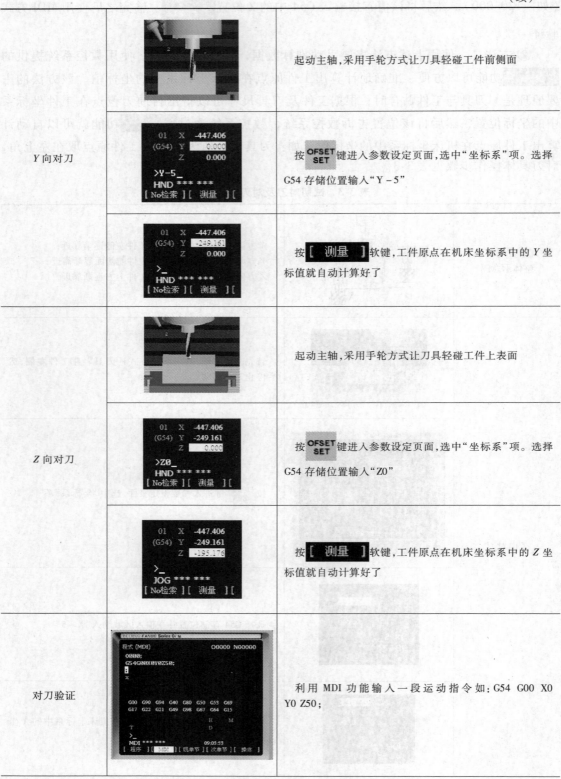

		起动主轴,采用手轮方式让刀具轻碰工件前侧面
Y 向对刀		按 **OFSET SET** 键进入参数设定页面,选中"坐标系"项。选择 G54 存储位置输入"Y−5"
		按 **[测量]** 软键,工件原点在机床坐标系中的 Y 坐标值就自动计算好了
		起动主轴,采用手轮方式让刀具轻碰工件上表面
Z 向对刀		按 **OFSET SET** 键进入参数设定页面,选中"坐标系"项。选择 G54 存储位置输入"Z0"
		按 **[测量]** 软键,工件原点在机床坐标系中的 Z 坐标值就自动计算好了
对刀验证		利用 MDI 功能输入一段运动指令如:G54 G00 X0 Y0 Z50;

对刀验证		目测观察机床刀具运行位置。如果运行位置正确则对刀操作无误

3）输入刀具补偿参数。

① 按 OFSET SET 键进入参数设定页面，选中 补正 。

② 用 PAGE↓ 和 PAGE↑ 键选择长度补偿、半径补偿。

③ 用 ↓ 和 ↑ 键，选择补偿参数编号。

④ 输入补偿值到长度补偿 H 和半径补偿 D（铣床一般只用一把刀，通常将长度补偿值 H 置 0，D 输入刀具半径值），当尺寸需要修正时使用磨耗 H 和磨耗 D。

⑤ 按 INPUT 键，把输入的补偿值输入到所指定的位置，如图 3-8 所示。

4. 数控铣床程序编辑、试切加工

（1）编辑新 NC 程序。

1）置模式在"EDIT" ⊘ 。

2）按 PROG 键，再按 DIR 进入程序页面，输入字母"O"。

3）按 7↗A 输入数字"7"，即输入"O7"程序名（输入的程序名不可以与已有程序名重复）。

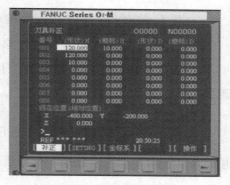

图 3-8　刀具补偿设置界面

4）按 EOB E → INSERT 键，开始程序输入。

5）按 EOB E → INSERT 键换行后再继续输入。

6）按 DELTE 键，删除光标所在位置的代码。

7）按 INSERT 键，把输入区的内容插入到光标所在位置代码后面。

8）按 ALTER 键，把输入区的内容替代光标所在位置的代码。

（2）选择一个程序。

1）按程序号搜索。

① 选择模式"EDIT"。

② 按 PROG 键，输入字母"O"。

③ 按 7↗A 键输入数字"7"，即输入搜索的号码"O7"。

④ 按 "CURSOR" → ↓ 开始搜索，找到后，"O7" 显示在屏幕右上角程序号位置，"O7" 程序内容显示在屏幕上。

2）选择 "AUTO" ▇▶ 模式。

① 按 PROG 键，输入字母 "O"。

② 按 7 A 键输入数字 "7"，即输入搜索的号码 "O7"。

③ 按 ▇操作▇ ────► [O检索]，"O7" 显示在屏幕上。

④ 也可输入程序段号，如 "N30"，按 ▇ N检索 ▇ 搜索程序段。

（3）删除程序。

1）选择模式 "EDIT"。

2）按 PROG 键，输入字母 "O"。

3）按 7 A 键输入数字 "7"，即输入要删除程序的号码 "O7"。

4）按 DELTE "O7"，NC 程序被删除。

5）删除全部程序。在 "EDIT" 模式下，按 PROG，输入 "O9999"，按 DELTE 则全部程序被删除。

（4）运行程序。

1）空运行。该功能通常结合图形模拟功能综合检查程序。把坐标系偏移中的 Z 方向值变为 "+50" 即 ▇ ，打开程序，选择自动工作模式，按下空运行按钮和程序启动按钮，观察程序运行及加工情况；或用机床锁定功能进行空运行。空运行结束后，使空运行按钮复位。注意空运行取消后，正常加工偏移值 Z 清 "0"。

2）单步运行。

① 置单步开关 ▇▶ 于 "ON" 位置。

② 程序运行过程中，每按一次 ▇ 执行一条指令。

3）启动程序，加工零件。

① 置模式在 "AUTO" 位置 ▇▶。

② 选择一个程序（参照上面介绍的选择程序的方法）。

③ 按程序启动按钮 ▇。

4）运行过程中工件坐标系的显示。

在运行过程中可以通过监视器查看机床运行情况，通常显示坐标有以下 3 种：

① 绝对坐标系：显示当前坐标。

② 相对坐标系：显示当前相对于前一位置的增量坐标。

③ 综合显示：同时显示相对坐标、绝对坐标、机械坐标和余移动量（图 3-9）。

自动运行时通常选择检视模式，如图 3-10 所示。在此模式下既可以观察程序又可以

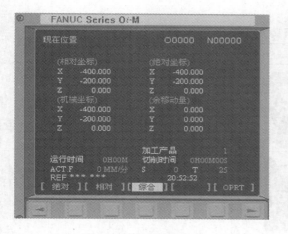

图 3-9　坐标显示界面　　　　　图 3-10　自动加工检视界面

查看绝对坐标及余移动量。

【知识拓展】

➢工件与刀具装夹

1）工件装夹步骤见表 3-4。

表 3-4　工件装夹步骤

序号	步　骤	示　意　图	说　　明
1	校正机用虎钳		在装夹零件之前，用百分表校正机用虎钳钳口是否与 X 轴平行（将坐标轴选择波段开关置于"X"，慢慢转动手轮，使百分表活动测量头从机用虎钳固定钳口一端移动至另一端。根据表盘指针指数变化，判断工件被测表面是否平行于 X 轴，平行后，锁紧机用虎钳角度调节螺钉）
2	准备毛坯		根据图样确定毛坯尺寸。毛坯应有基准角和基准边作为粗基准用
3	锁紧机用虎钳		毛坯件下放置垫铁，保证工件高度的 2/3 以上处于夹持状态，用机用虎钳夹紧后，用木锤或铜棒敲实毛坯，然后松开机用虎钳角度调节螺钉

2）刀具装夹步骤见表3-5。

表3-5 刀具装夹步骤

序号	步骤	示意图	说明
1	准备锁刀座		在放刀具时,需将刀柄上的键槽对准锁刀座上的键
2	松(紧)夹头螺母		左手握住刀柄螺母处,右手用勾头扳手放松或锁紧螺母
3	选择合适的刀具及夹头		选择合适直径的刀具与夹头,此夹头仅适合夹持直柄刀具
4	装刀	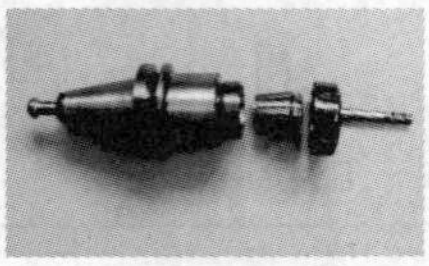	按照安装顺序将夹头螺母与刀具装夹牢固
		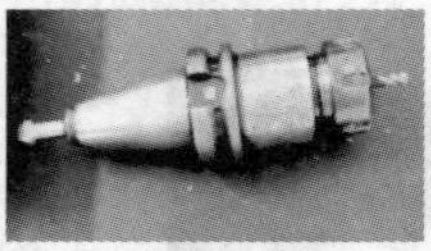	在锁紧刀具之前,注意刀具的伸出长度,并用卡尺测量刀头长度
5	刀具装入主轴	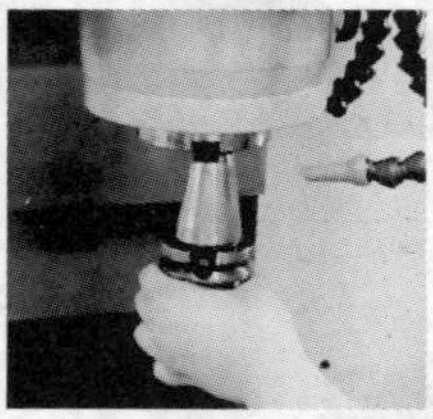	将刀具装入主轴之前一定注意将刀柄键槽与主轴上的键对齐
			按下松刀或收刀按钮,将刀具装入主轴

➤数控铣床安全操作规程

1）机床通电后首先检查电压、气压、油压以及机械和电气部分等有无异常。

2）开机进行回参考点操作,先回 Z 轴随后回 X 和 Y 轴,若处于超程位置,则返回手动模式先向负方向移动一段距离后重新回零。

3）开机后应使机床空运行 5min 以上，使机床处于热平衡状态。

4）在进行机床操作时一定要按照老师的要求，单人操作，注意观察机床的运动并准确判断方向。

5）工件、刀具应装夹牢固，刀具伸出长度合理，保证运行过程中始终与夹具不会发生碰撞。

6）机床在试运行前必须认真检查程序，进行图形模拟加工，避免因程序错误产生撞刀事故。

7）首件加工采用单段试切方式，密切观察机床运行状态，若发现不正常切削则应立即停止或急停。

8）运行过程中应关闭机床防护门，以保障操作者安全。

9）刀具或工件更换后要重新对刀。

10）加工零件过程中一定要提高警惕，将机床安全防护门关闭，将手放在"急停"按钮上，如遇到紧急情况，迅速按下"急停"按钮，防止意外事故发生。

11）停机时应将 Z 轴抬起，其余各轴位于中间位置。

12）加工结束后，将切屑按照要求放到指定地点，并将机床打扫干净，进行加油等维护保养，工、量具摆放整齐并通过老师验收后方可下课。加工完的工件及刀具、量具等不允许带出车间。

【思考与练习】

1. 数控系统控制面板上有哪些主要控制功能？

2. 如何进行对刀和对刀验证操作？

3. 操作一台数控铣床有哪些注意事项？

4. 简述工件装夹步骤。

5. 简述刀具装夹步骤。

任务 3.2　平面直槽的编程与加工

【学习目标】

1. 知识目标

- 掌握 G90/G91、G00、G01、G94/G95、G53、G54～G59、G92 指令的功能与使用。
- 掌握数控铣床简单程序的编写。

2. 技能目标

- 能够进行数控铣床试切法对刀。
- 能够正确地编写数控铣床加工的简单程序。
- 会操作数控铣床空运行和进行单段加工。

【任务导入】

完成图 3-11 所示的板件表面字母加工，材料：硬铝 2A12，毛坯尺寸为 100mm×100mm×20mm，单件生产。

【任务分析】

如图 3-11 所示，该零件结构简单，只需在零件的上表面加工深为 3mm 的英文字母 "A" 和 "Z"，两字母都由直线段构成，加工部位无特殊的精度要求，零件适于在数控铣床上加工。

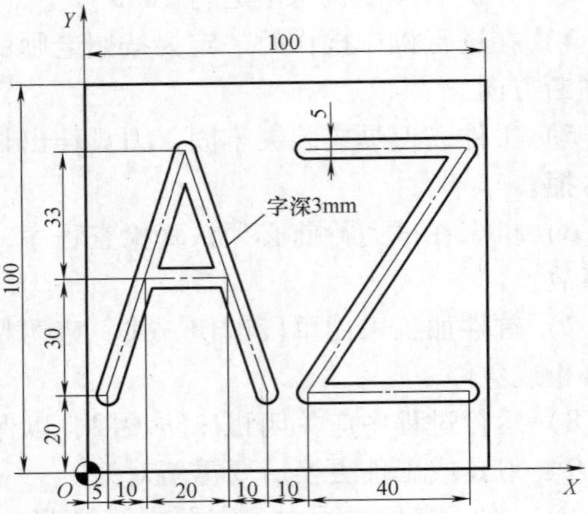

【知识学习】

本任务包含绝对和相对坐标，点定位和直线插补、进给速度单位设定、加工坐标系选择等指令的学习。

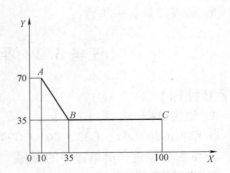

图 3-11　零件图

1. 编程指令

（1）绝对/相对坐标指令 G90/G91。

1）指令功能。数控铣床有两种方式指定刀具的位置，即绝对坐标方式和相对坐标方式。G90 指令按绝对坐标方式设定刀具位置，即移动指令终点的坐标值 X、Y、Z 都是以编程原点为基准来计算的。G91 指令按相对坐标方式设定刀具位置，即移动指令终点的坐标值 X、Y、Z 都是相对前一点的坐标增量。

① 机床刚开机时，系统默认 G90 状态，G91 和 G90 是一组模态指令，可以相互取代。

② FANUC 系统中还可以用 U、V、W 表示相对坐标，X、Y、Z 表示绝对坐标，在这种情况下可以用绝对和相对坐标混合编程，但使用 G90 和 G91 时无混合编程。

2）指令代码。

G90——绝对坐标指令。

G91——相对坐标指令。

3）举例说明。如图 3-12 所示，已知刀具中心轨迹为 "A→B→C"，使用绝对坐标方式 G90 编程时，A、B、C 三点的坐标分别为（10，70）、（35，35）、（100，35）；使用增量坐标方式 G91 编程时，从 A 到 B 的增量坐标为（25，−35），从 B 到 C 的增量坐标为（65，0）。

（2）快速点位定位指令 G00。

1）指令功能。刀具以点位控制方式，快速从当前点移动到目标点。使用 G00 指令时，刀具运动轨迹由各轴快速移动速度共同决定，如图 3-13a 所示，从 A 点以 G00 的方式快速移动到 B 点，刀具沿着各个坐标方向同时按参数设定的速度移动，最后减速到达终点。但多数情况下刀具的实际运动路线并不一定是一条直线，因机床的数控系统而异。如图 3-13b 所示，在 FANUC 系统中，运动总是先沿着 45°角的直线运动，最后再在某一轴单向移动至目标点位置。

2）指令格式。

G00 X_ Y_ Z_;

图 3-12　绝对坐标与相对坐标

其中，X、Y、Z 的值是快速点定位的终点坐标值。

如图 3-14 所示，刀具在空间快速运动至 P 点（45，30，6），程序为：G00 X45 Y30 Z6；

3）指令说明。

① G00 指令一般不对工件进行切削加工，适用于空行程。

② G00 为模态指令，可被同组的其他 G 指令（G01、G02、G03 等）取代。

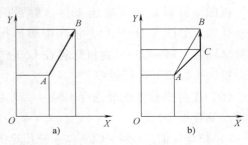

图 3-13　G00 功能指令

③ 向下运动时，不能以 G00 方式切入工件，一般应离工件有 5～10mm 的安全距离，不能在移动过程中碰到机床、夹具等，如图 3-15 所示。

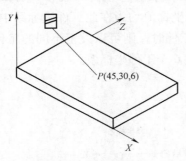

图 3-14　快速点定位

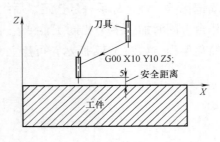

图 3-15　安全定位面

（3）进给速度单位设定指令 G94/G95。

1）指令功能。确定直线插补或圆弧插补中进给速度的单位。

2）指令格式。

G94 F_；表示每分钟进给，单位为 mm/min 或 in/min；

G95 F_；表示每转进给，单位为 mm/r 或 in/r。

G94、G95 均为模态指令。数控铣床中常默认 G94 有效。

（4）直线插补指令 G01。

1）指令功能。刀具以指定的进给速度 F，由当前位置以直线方式移动到目标点。

2）指令格式。

G01 X_ Y_ Z_ F_；

G01 为模态指令，可被同组的其他 G 指令（G00、G02、G03 等）取代。

3）举例说明。如图 3-12 所示，刀具从 A 点移动到 B 点的直线插补程序为：

绝对方式编程：G90 G01 X35 Y35 F100；

增量方式编程：G91 G01 X25 Y－35 F100；

（5）机床坐标系指令 G53。

1）指令功能。用来指定机床的坐标系，机床坐标系的原点为机床原点，它是固定的点。

2）指令格式。

G53；

机床坐标系是用来确定工件坐标系的基本坐标系。如图 3-16 所示，程序中如不指定工件坐标系 G54 ~ G59，则机床将在 G53 坐标系即机床坐标系下运行程序。

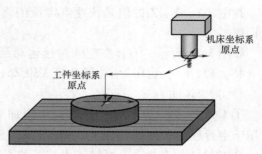

图 3-16　机床坐标系

（6）工件坐标系选择指令 G54 ~ G59（又称零点偏置指令）。

1）指令功能。G54 ~ G59 是系统预定的 6 个工件坐标系，可根据需要任意选用。所谓的零点偏置就是在编程过程中进行编程坐标系的平移变换，使编程坐标系的零点偏移到新的位置。

这 6 个预定的工件坐标系原点在机床坐标系中的值（零点偏移值）可用 MDI 方式输入，系统自动记忆。工件坐标系一旦选定，后续程序段中的坐标值均为在此工件坐标系中的值。若在工作台上同时加工多个相同工件或一个较复杂的工件时，则可以设定不同的工件坐标系，以简化编程。如图 3-17 所示，可建立 G54 ~ G59 共 6 个工件坐标系。

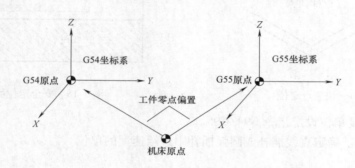

图 3-17　工件零点偏置

2）指令格式。以 G54 为例：

G54；

3）指令说明。

① G54 与 G55 ~ G59 的区别。G54 ~ G59 设置加工坐标系的方法是一样的，在使用中有以下区别：利用 G54 设置工件坐标系的情况下，进行回参考点操作时机床坐标值显示在 G54 工件坐标系中的值，且符号均为正；利用 G55 ~ G59 设置工件坐标系的情况下，进行回参考点操作时机床坐标值显示零值。

② G54 ~ G59 指令程序段可以和 G00、G01 指令组合，如 G54 G90 G01 X10 Y10；

4）举例说明。在图 3-18 所示的坐标系中要求刀具在 G54 坐标系下从当前点移动到 A 点，再从 A 点移动到 G55 坐标系中的 B 点。

参考程序：

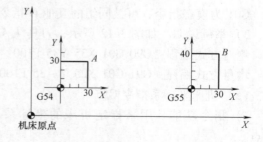

图 3-18　G54 ~ G55 应用

O0004　　　　　　　　　　　　程序名

N10 G54 G90 G00 X30 Y30；　　　在 G54 坐标系中快速定位到 A 点

N20 G55；　　　　　　　　　　　建立 G55 坐标系

N30 G00 X30 Y40；　　　　　　　快速定位到 G55 坐标系中的 B 点

N40 M30；　　　　　　　　　　　程序结束

（7）设置工件坐标系指令 G92。

1）指令功能。将工件坐标系原点设置在相对于刀具起始点的某一空间点上。

2）指令格式。

G92 X_ Y_ Z_；

其中，X、Y、Z 为刀具刀位点在工件坐标系中的坐标。执行 G92 指令时，机床不动作，即 X、Y、Z 轴均不移动。

3）举例说明。如图 3-19 所示，设置工件坐标系的程序如下：

G92 X30 Y12 Z15；

其确立的工件原点在距离刀具起始点 X = 30，Y = 12，Z = 15 的位置上，如图 3-19 所示。执行该程序段后，系统内部即对 X30，Y12，Z15 进行记忆，并显示在显示器上，这就相当于在系统内部建立了一个以工件原点为坐标原点的工件坐标系。

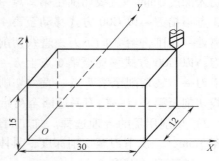

图 3-19　G92 的应用

当 X、Y、Z 值不同或改变刀具的当前位置时，所设定出的工件坐标系的原点位置也不同。因此，在执行程序段 G92 X_ Y_ Z_；前，必须先对刀，将刀尖放在程序所要求的起刀点位置上。

2. 工艺分析

（1）工、量、刃具选择

1）工具选择。由于工件上表面及外轮廓无加工要求，因此采用压板直接压紧工件的装夹方式，其他工具见表 3-6。

表 3-6　任务 3.2 工、量、刃具清单

种类	序号	名称	规格	精度/mm	数量
工具	1	压板	QH135		4
	2	扳手			1
	3	螺栓及螺母			4 套
量具	1	百分表（及表座）	0～10mm	0.01	1
	2	深度游标卡尺	0～200mm	0.02	1
刃具	1	高速钢键槽铣刀	$\phi 5$mm		1

2）量具选择。由于表面尺寸和表面质量无特殊要求，槽宽等轮廓尺寸用游标卡尺测量，槽深度用深度游标卡尺测量，另用百分表校正机用虎钳及工件上表面。

3）刃具选择。该工件的材料为硬铝，切削性能较好，选用高速钢立铣刀即可满足工艺

要求。由于该字母由直线段构成，采用直线插补即可加工出该字母的所有凹槽，且凹槽宽度相等，故根据图样尺寸要求选用φ5mm的键槽铣刀一次加工完成。

（2）加工工艺方案

1）加工工艺路线。由于本任务无特殊要求，不必分粗、精加工，槽宽统一尺寸为5mm，由刀具直径保证，槽深3mm可以一次垂直下刀至图样要求。通过分析（走刀轨迹长度最短），选择 P 点为下刀点（也可以选择其他点为下刀点）。加工工艺路线如图3-20所示。

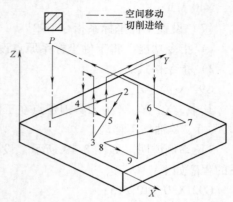

图3-20　加工工艺路线

刀具从 P 点以G00方式移动至第1点上方安全距离（约为5mm）处→以G01方式切入工件，Z 向切入深度3mm→直线切削至第2点→直线切削至第3点→抬刀→以G00方式移动至第4点上方安全距离处→切削进给 Z 向下刀→直线切削至第5点→抬刀→以G00方式移动至第6点上方→切削进给 Z 向下刀→直线切削至第7点→直线切削至第8点→直线切削至第9点→抬刀→返回至初始位置。

2）切削用量的合理选择。加工材料为硬铝，硬度低，切削力小，主轴转速可选较高，字深3mm，一次下刀至切削深度，具体参数设置如下：

主轴转速：1000r/min。

进给速度：垂直下刀进给速度为70mm/min。
　　　　　　工件正常切削时进给速度为100mm/min。

3. 程序编制

（1）工件坐标系的建立　工件坐标系的原点选在工件上表面的左下角，遵循基准重合的原则，如图3-11所示的 O 点。

（2）基点坐标的计算　基点坐标见表3-7。

表3-7　基点坐标

基　点	坐　标	基　点	坐　标
1	(5，20)	6	(55，83)
2	(25，83)	7	(95，83)
3	(45，20)	8	(55，20)
4	(15，50)	9	(95，20)
5	(35，50)		

（3）参考程序

O0002	程序名
N10 G90 G54 G00 X5 Y20 Z50；	快速定位到G54坐标系下点1上方
	起始平面为Z50
N20 S1000 M03；	主轴正转1000r/min

N30 G00 Z5;	快速定位到安全平面 Z5
N40 G01 Z - 3 F70;	以 F70 的速度下刀至工作深度 Z - 3
N50 G01 X25 Y83 F100;	直线切削 1→2
N60 G01 X45 Y20;	直线切削 2→3
N70 G01 Z5 F200;	以 F200 的速度抬刀至坐标平面上方 5mm 处
N80 G00 X15 Y50;	刀具在空间快速移动至点 4 上方 5mm 处
N90 G01 Z - 3 F70;	以 F70 的速度垂直下刀至工作深度 Z - 3
N100 G01 X35 Y50 F100;	直线切削 4→5
N110 G01 Z5 F200;	以 F200 的速度抬刀至坐标平面上方 5mm 处
N120 G00 X55 Y83;	刀具在空间快速移动至点 6 上方 5mm 处
N130 G01 Z - 3 F70;	以 F70 的速度垂直下刀至工作深度 Z - 3
N140 G01 X95 Y83 F100;	直线切削 6→7
N150 G01 X55 Y20;	直线切削 7→8
N160 G01 X95 Y20;	直线切削 8→9
N170 G01 Z5 F200;	抬刀到退刀平面
N180 G00 Z50;	抬刀到返回平面
N190 M05;	主轴停转
N200 M30;	程序结束

在此程序中，由于多数指令都是模态指令，有续效性，程序可简写，如有多段直线插补时，G01 指令可只出现一次，后面的 G01 可省略，进给指令 F 值相同时也可省略，程序段号 N#也可以不写。G01、G02、G03 等指令可以简写成 G1、G2、G3。

【任务实施】

1. 加工准备

1）检查毛坯尺寸。

2）开机，回参考点。

3）程序输入：把编写好的数控程序输入数控系统。

4）工件装夹：将工件放在工作台上校正，用压板直接压在工件上表面，注意压板的位置不能影响加工。

5）刀具装夹：选用 φ5mm 键槽铣刀，并将铣刀装入弹簧夹头中夹紧，最后把刀柄装入铣床主轴上。

2. 对刀及设定加工坐标系

按表 3-3 所列步骤完成对刀操作及工件坐标系的设定。

3. 空运行

以 FAUNC 系统为例，调整机床中刀具长度补偿值，把坐标系偏移中的 Z 方向值变为"+50"，打开程序，选择 MEM 工作模式，按下空运行按钮，按程序启动按钮，观察程序运行及加工情况；或用机床锁定功能进行空运行，空运行结束后，使空运行按钮复位。注意空运行取消后，正常加工偏移值 Z 清为"0"。

4. 零件单段运行加工

以 FAUNC 系统为例，按 [SINGL BLOCK] 单段运行开关，模式选择旋钮在"AUTO"位置，按下"循环启动"键进行程序加工，按一次加工一个程序段。加工过程中适当调整各个倍率开关，保证加工正常进行。

5. 零件检验

零件加工完成后随即对照图样进行检查，零件检查合格后方可拆下。

6. 加工结束

拆下工件并清理机床。

【编程与操作注意事项】

1）每次开机后都要先回参考点。

2）刀具与工件应按要求夹紧。

3）熟练掌握对刀，应避免对刀时由于操作失误发生撞刀。

4）加工前应仔细检查程序，尤其是检查垂直下刀指令的正确性。

5）加工时应关好防护门。

6）首次切削时由于熟练程度不够，所以一般采用单段运行加工零件，应避免用自动运行方式。

7）如有意外发生时，注意按复位键或急停按钮且查明原因。

【思考与练习】

1. 思考题

（1）G00、G01 指令格式是怎样的？使用时二者有何区别？

（2）G90 X20 Y15；与 G91 X20 Y15；两条指令有什么区别？

（3）G54 ~ G59 指令的含义是什么？比较一下它们和 G92 之间的区别。

（4）如何预置 G54 ~ G59 的值？

2. 练习题

（1）完成如图 3-21 所示零件的编程与加工（毛坯尺寸为 85mm × 45mm × 20mm）。

（2）完成如图 3-22 所示零件的编程与加工（毛坯尺寸为 100mm × 100mm × 20mm）。

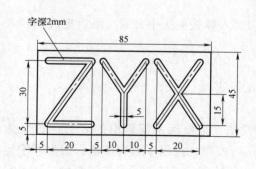

图 3-21 零件图（一）

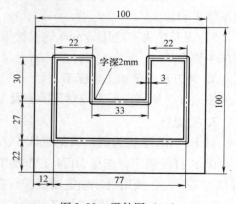

图 3-22 零件图（二）

任务 3.3 平面弧形槽的编程与加工

【学习目标】

1. 知识目标

- 掌握 G17、G18、G19 平面选择指令的功能及含义。
- 掌握 G02、G03 圆弧插补指令的功能与使用。
- 了解螺旋线插补指令的功能及编程格式。

2. 技能目标

- 能够对平面圆弧进行程序编制。
- 能够熟练地进行数控铣床的自动加工。

【任务导入】

完成如图 3-23 所示板件表面字母的加工，材料为硬铝 2A12，毛坯尺寸为 80mm × 80mm × 15mm，单件生产。

【任务分析】

该零件结构简单，只需在零件的上表面加工一个深为 3mm 的英文字母 "S"，刀具路径由圆弧段和直线段构成，加工部位无特殊的精度要求。

【知识学习】

本任务主要学习平面选择指令和圆弧插补指令。

1. 编程指令

（1）平面选择指令 G17/G18/G19。

1）指令功能。选择坐标平面，指定平面后才可以进行圆弧插补、刀具半径补偿等。三个平面空间位置关系如图 3-24 所示。

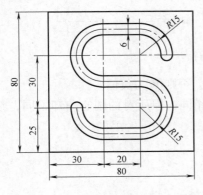

图 3-23 任务 3.3 零件图

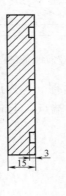

图 3-24 坐标平面

2）指令代码。

G17——*XY* 平面选择。

G18——ZX 平面选择。

G19——YZ 平面选择。

这是一组模态指令，立式铣床和加工中心开机后默认为 G17，即默认平面选择为 XY 平面，故编程时 G17 可以省略不写。

（2）圆弧插补指令 G02/G03。

1）指令功能。

使刀具从圆弧起点沿圆弧插补至圆弧终点。

2）指令格式。

G17 G02（G03）X_ Y_ R（I_ J_ ）F_;　　　　（XY 平面圆弧）

G18 G02（G03）X_ Z_ R（I_ K_ ）F_;　　　　（XZ 平面圆弧）

G19 G02（G03）Y_ Z_ R（J_ K_ ）F_;　　　　（YZ 平面圆弧）

3）指令说明。

G02：顺时针圆弧插补。

G03：逆时针圆弧插补。

圆弧方向的判断：从垂直于圆弧加工平面的第三轴的正方向往负方向看，顺时针方向用 G02，逆时针方向用 G03，如图 3-25 所示。

X、Y、Z：圆弧终点坐标。

I、J、K：圆心相对于圆弧起点的偏移值（等于圆心的坐标减去圆弧起点的坐标，如图 3-26 所示），在 G90/G91 时都是以增量方式指定。

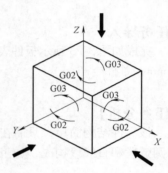

图 3-25　圆弧顺逆方向

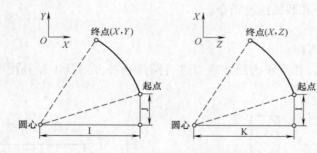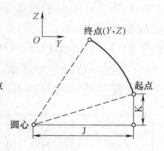

图 3-26　各坐标平面的圆弧插补

R：圆弧半径，当圆弧圆心角小于 180°时，R 为正值，否则 R 为负值。

如图 3-27 所示的两段圆弧，其半径、端点、走向都相同，但所对的圆心角却不同，在程序上则仅表现为 R 值的正负区别。

程序为（绝对坐标编程时）：

a 圆弧：G90 G03 X−30 Y0 R30;

b 圆弧：G90 G03 X−30 Y0 R−30;

4）注意事项。

① 圆弧插补既可用圆弧半径 R 指令编程，也可用 I、J、K 指令编程。在同一程序段中，I、J、K、R 同时出现时，R 优先，I、J、K 指令无效。

② 整圆编程时不可以使用 R。

如图 3-28 所示，加工整圆，刀具起点在 A 点，顺时针加工。

a. 用半径方式编程。此方式必须把整圆分成几部分来完成，现将整圆分为两部分来编程，具体程序如下：

G02 X70 Y40 R30 F80；

G02 X10 Y40 R30 F80；

b. 用 I、J 方式编程。程序为：

G02 X10 Y40 I30 J0 F80；

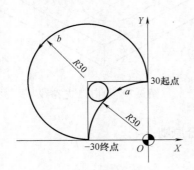

图 3-27　圆弧插补

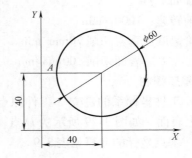

图 3-28　整圆编程

2. 工艺分析

（1）工、量、刃具选择。

1）工具选择。工件上表面及外轮廓无其他加工部位，采用压板直接压紧工件的装夹方式，其他工具见表 3-8。

2）量具选择。由于尺寸和表面质量无特殊要求，槽宽等轮廓尺寸用游标卡尺测量，槽深度用深度游标卡尺测量，另用百分表校正机用虎钳及工件上表面。

3）刃具选择。该工件的材料为硬铝，切削性能较好，选用高速钢立铣刀即可满足工艺要求，铣刀直径选择与图形宽度相同为 6mm，加工中需垂直下刀，故选用键槽铣刀。

表 3-8　任务 3.3 工、量、刃具清单

种类	序号	名称	规格	精度/mm	数量
	1	压板	QH135		4
工具	2	扳手			1
	3	螺栓及螺母			4 套
	1	百分表（及表座）	0～10mm	0.01	1
量具	2	游标卡尺	0～150mm	0.02	1
	3	深度游标卡尺	0～200mm	0.02	1
刃具	1	键槽铣刀	ϕ6mm		1

（2）加工工艺方案。

1）加工工艺路线。从起刀点 P 快速移动到点 A→以 G00 方式下刀至点轮廓上方的点 B→以 G01 方式下刀切入工件点 1→逆时针圆弧插补至点 2→直线插补至点 3→逆时针圆弧插

补至点 4→直线插补至点 5→顺时针圆弧插补至点 6→直线插补至点 7→顺时针圆弧插补至点 8→以 G01 方式抬刀至 C 点→以 G00 方式抬刀至 D 点→以 G00 方式返回至初始位置。参考工艺路线如图 3-29 所示。

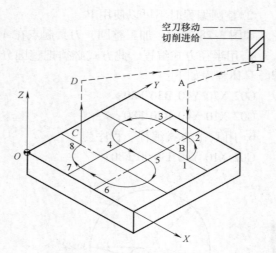

图 3-29　加工工艺路线

2）切削用量的合理选择。加工材料为硬铝，硬度低，切削力小，主轴转速可选较高，字深 3mm，一次下刀至切削深度，具体参数设置如下：

主轴转速：1000r/min。

进给速度：垂直切削 70mm/min。

表面切削 100mm/min。

3. 程序编制

（1）工件坐标系的建立　工件原点设置在工件上表面，如图 3-29 所示的 O 点，遵循基准重合原则。

（2）基点坐标的计算见表 3-9。

表 3-9　基点坐标

基　点	坐　标	基　点	坐　标
1	(65,55)	5	(50,40)
2	(50,70)	6	(50,10)
3	(30,70)	7	(30,10)
4	(30,40)	8	(15,25)

（3）参考程序

O0003	程序名
N10 G90 G54 G00 X65 Y55 Z100；	快速定位到 G54 坐标系下 1 点上方
	起始平面为 Z100
N20 S1000 M03；	主轴正转 1000r/min
N30 G00 Z5；	快速定位到安全平面 Z5
N40 G01 Z－3 F70；	以 F70 的速度下刀至工作深度 Z－3
N50 G03 X50 Y70 R15 F100；	逆时针圆弧插补 1→2
N60 G01 X30 Y70；	直线插补 2→3
N70 G03 X30 Y40 R15 F100；	逆时针圆弧插补 3→4
N80 G01 X50 Y40；	直线插补 4→5
N90 G02 X50 Y10 R15 F100；	顺时针圆弧插补 5→6
N100 G01 X30 Y10；	直线插补 6→7
N110 G02 X15 Y25 R15 F100；	顺时针圆弧插补 7→8
N120 G01 Z5；	以 G01 的速度抬刀至安全平面
N130 G00 Z100；	G00 至返回平面

N140 M05;   主轴停转

N150 M30;   程序结束

【任务实施】

1. 加工准备

1）检查毛坯尺寸。

2）开机，回参考点。

3）程序输入：把编写好的数控程序输入数控系统。

4）工件装夹：将工件放在工作台上校正，用压板直接压在工件上表面，注意压板的位置不能影响加工。

5）刀具装夹：选用 ϕ6mm 键槽铣刀，并将铣刀装入弹簧夹头中夹紧，最后把刀柄装入铣床主轴上。

2. 对刀及设定工件坐标系

按表 3-3 所列步骤完成对刀操作及工件坐标系的设定。

3. 空运行

以 FAUNC 系统为例，调整机床中刀具长度补偿值，把坐标系偏移中的 Z 方向值变为"+50"，打开程序，选择 MEM 工作模式，按下空运行按钮，按下"循环启动"键，观察程序运行及加工情况；或用机床锁定功能进行空运行，空运行结束后，使空运行按钮复位。

4. 零件自动加工

将坐标系偏移中的 Z 值清为"0"，选择 AUTO（自动加工）工作模式，打开程序，调好进给倍率，按下"循环启动"键。

5. 零件检验

零件加工完成后随即对照图样进行检查，零件检查合格后方可拆下。

6. 加工结束

拆下工件并清理机床。

【编程与操作注意事项】

1）刀具、工件应按要求夹紧。

2）加工前做好各项检查工作。

3）加工时关好机床防护门。

4）首件加工时可采用单段加工，程序准确无误后，再采用自动方式加工以避免意外。

【知识拓展】

➢螺旋线插补指令 G02、G03

1. 指令功能

大的螺纹孔（如超过 M20）最好不用丝锥攻螺纹，而采用螺纹镗刀加工，其指令就是螺旋线插补指令。在圆弧插补时，垂直于插补平面的直线轴进行同步运动，构成螺旋线插补运动，如图 3-30 所示，图中 A 为起点，B 为终点，C 为圆心，K 为导程。

2. 指令格式

G17 G02/G03 X_ Y_ Z_ R_（I_ J_）K_ F_;

或 G17 G02/G03 X_ Y_ Z_ R_ K_ F_;

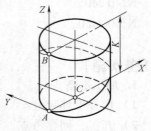

图 3-30 螺旋线插补

其中，G02、G03 分别表示顺时针、逆时针方向螺旋线插补，顺、逆时针方向的判断方法与圆弧插补相同；X、Y、Z 是螺旋线的终点坐标值；I、J 是圆心在 XY 平面上，相对螺旋线起点在 X、Y 方向上的增量坐标值；R 是螺旋线在 XY 平面上的投影圆的半径值；K 是螺旋线的导程，为绝对值。

同理，可知 XZ、YZ 平面螺旋线插补的指令格式，其含义与以上类同。

XZ 平面螺旋线插补：

G18 G02/G03 X_ Y_ Z_ R_（I_ K_）J_ F_;

或 G18 G02/G03 X_ Y_ Z_ R_ J_ F_;

YZ 平面螺旋线插补：

G19 G02/G03 X_ Y_ Z_ R_（J_ K_）I_ F_;

或 G19 G02/G03 X_ Y_ Z_ R_ I_ F_;

3. 编程举例

如图 3-31 所示为右旋和左旋螺旋线，由 A 点到 B 点的螺旋线插补程序段为：

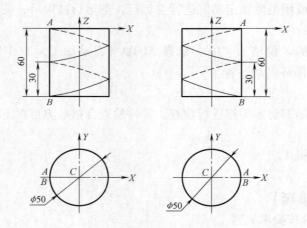

图 3-31　右旋和左旋螺旋线

右旋：G90 G17 G02 X-25 Y0 Z-60 I25 J0 K30 F100;

　或：G90 G17 G02 X-25 Y0 Z-60 R25 K30 F100;

左旋：G90 G17 G03 X25 Y0 Z-60 I-25 J0 K30 F100;

　或：G90 G17 G03 X25 Y0 Z-60 R25 K30 F100;

【思考与练习】

1. 思考题

（1）分析圆弧插补指令两种指令格式的区别。

（2）数控铣床的圆弧插补编程有什么特点？圆弧的顺、逆时针方向应如何判断？

（3）用半径编程时，小于180°的圆弧和大于180°的圆弧编程有何区别？

2. 练习题

（1）完成如图3-32所示零件轮廓曲线的编程（切深5mm）。

（2）完成如图3-33所示零件的编程与加工（毛坯尺寸为80mm×50mm×20mm）。

（3）完成如图3-34所示零件的编程与加工（毛坯尺寸为80mm×50mm×20mm，切深3mm）。

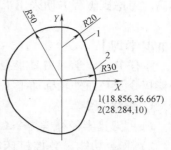

1(18.856,36.667)
2(28.284,10)

图3-32 零件轮廓曲线图

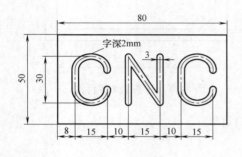

图3-33 零件图（一）

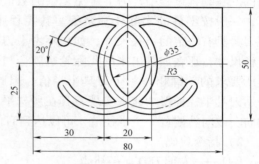

图3-34 零件图（二）

任务3.4 平面外轮廓件的编程与加工

【学习目标】

1. 知识目标

- 掌握G41、G42、G40刀具半径补偿指令的功能及使用。
- 掌握G43、G44、G49刀具长度补偿指令的功能及使用。
- 掌握平面外轮廓切入、切出方式。
- 掌握顺铣、逆铣的概念。

2. 技能目标

- 能在机床中正确设置刀具补偿值。
- 会设置不同刀具半径补偿值以去除外轮廓中的多余材料。

【任务导入】

完成如图3-35所示的凸模板外轮廓铣削加工，材料为硬铝2A12，毛坯尺寸为120mm×90mm×16mm，单件生产。

【任务分析】

如图3-35所示，零件材料为硬铝2A12，切削性能较好，加工部位是厚度为3mm的零件凸台外轮廓，轮廓形状由R40mm凹圆弧段、R15mm凸圆弧段和8段直线构成，精度要求不高。考虑到编程方便采用半径补偿功能。

【知识学习】

本任务主要学习刀具半径补偿指令、长度补偿指令及平面外轮廓加工工艺知识。

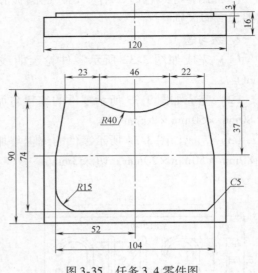

图 3-35　任务 3.4 零件图

1. 编程指令

（1）刀具半径补偿指令 G41、G42、G40。

1）指令功能。数控机床在实际加工过程中是通过控制刀具中心轨迹来实现切削加工任务的。在编程过程中，为了避免复杂的数值计算，一般按零件的实际轮廓来编写数控程序，但刀具具有一定的半径尺寸，如果不考虑刀具半径尺寸，那么加工出来的实际轮廓就会与图样所要求的轮廓相差一个刀具半径值。因此，采用刀具半径补偿功能来实现刀具在所选平面内向左或向右偏置一个半径值，可以达到简化编程的目的。

2）指令代码。

G41——左偏刀具半径补偿。

G42——右偏刀具半径补偿。

G40——撤销刀具半径补偿。

G41、G42、G40 为同一组模态指令，可相互注销。系统通电后默认为 G40。

3）指令格式。

G00/G01 G41/G42 X_ Y_ D_；建立半径补偿程序段

…；⎱轮廓切削程序段
…；⎰

G00/G01 G40 X_ Y_；撤销半径补偿程序段

其中，X、Y 为建立刀具半径补偿（或取消刀具半径补偿）后目标点坐标；D 为刀具半径补偿值的地址符，后跟两位或一位数字，例如 D11 表示 11 号刀具半径补偿寄存器。执行 G41 或 G42 指令时，系统会到指定寄存器内读取半径补偿值，并使其参与刀具轨迹的运算。刀具半径补偿值的设置则是通过机床控制面板进行操作的，具体方法见任务 3.1。

刀具半径左补偿、右补偿方向判别法如下。

G41 为左偏刀具半径补偿，定义为假设工件不动，沿刀具运动方向向前看，刀具在零件左侧的刀具半径补偿；G42 为右偏刀具半径补偿，定义为假设工件不动，沿刀具运动方向向前看，刀具在零件右侧的刀具半径补偿。如图 3-36 所示为刀具半径左、右补偿判别图。

4）刀具半径补偿的过程。如图 3-37 所示，编程

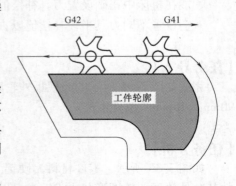

图 3-36　刀具半径左、右补偿判别图

走刀路线为 $O \rightarrow A \rightarrow B \rightarrow C \rightarrow D \rightarrow A \rightarrow O$，实际刀具轨迹线为 $O \rightarrow A' \rightarrow B' \rightarrow C' \rightarrow D' \rightarrow E' \rightarrow O$。

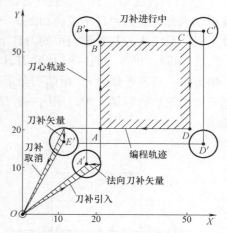

① 刀具半径补偿的建立阶段。刀具由起刀点（位于零件轮廓及零件毛坯之外，距离加工零件轮廓切入点较近）以切削进给（G01）或快速进给（G00）方式接近工件的一段过程，如图 3-37 所示，建立刀具半径补偿时，刀具轨迹不是 $O \rightarrow A$ 而是 $O \rightarrow A'$。

② 刀具半径补偿进行阶段。刀具半径补偿建立后，在撤销刀具半径补偿前，刀具一直处于偏置方式中，如图 3-37 所示的 $A' \rightarrow B' \rightarrow C' \rightarrow D' \rightarrow E'$ 轮廓加工过程。

③ 刀具补偿取消阶段。刀具撤离工件，回到退刀点，取消刀具半径补偿。

图 3-37　刀具半径补偿的过程

与建立刀具半径补偿过程相似，以切削进给（G01）或快速进给（G00）方式离开工件至退刀点。退刀点也应位于零件轮廓之外，可与起刀点相同，也可以不同。如图 3-37 所示，$E' \rightarrow O$ 段为撤销刀具补偿阶段。

5）刀具半径补偿注意事项。

① 刀具半径补偿模式的建立与取消程序段，只能在 G00 或 G01 移动指令模式下才有效。

② 为保证在刀补建立与刀补取消过程中刀具与工件的安全，通常采用 G01 运动方式来建立或取消刀补。如果采用 G00 运动方式来建立或取消刀补，则要采取先建立刀补再下刀和先退刀再取消刀补的编程加工方法。

③ 为了便于计算坐标，采用切线切入方式或法线切入方式来建立或取消刀补。不便沿工件轮廓线方向切向或法向切入、切出时，可根据情况增加一个圆弧辅助程序段。

④ 为了防止在半径补偿建立与取消过程中刀具产生过切现象，如图 3-38 中的 $O \rightarrow M$，刀具半径补偿建立与取消程序段的起始位置与终点位置最好与补偿方向在同一侧，如图 3-38 中的 $O \rightarrow A$。

⑤ 在刀具补偿模式下，一般不允许存在连续两段以上的非补偿平面内移动指令，否则刀具也会出现过切等危险动作。非补偿平面内移动指令通常指：只有 G、M、S、F、T 代码的程序段（如 G90、M05 等）、程序暂停程序段（如 G04 等）、G17 平面内的 Z 轴移动指令、G18 平面内的 Y 轴移动指令、G19 平面内的 X 轴移动指令等。

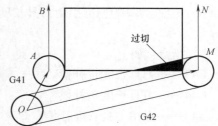

图 3-38　刀补建立时的起始与终点位置

⑥ 从左向右或者从右向左切换补偿方向时，通常要先取消补偿再重新建立。在补偿状态下，铣刀的直线移动量及铣削内侧圆弧的半径值要大于或等于刀具半径，否则补偿时会产生干涉，系统在执行相应程序段时将会产生报警，程序停止执行。

6）刀具半径补偿的应用。

① 刀具因磨损、重磨、换新刀而引起直径改变后，不必修改程序，只需在刀具参数设置中输入变化后的刀具半径。如图 3-39 所示，1 为未磨损刀具，2 为磨损后的刀具，两者尺寸不同，只需将刀具参数表中的刀具半径由 r_1 改为 r_2，即可适用同一程序。

② 用同一程序、同一尺寸的刀具，利用刀具半径补偿功能，可进行粗精加工。如图 3-40 所示，刀具半径为 r，精加工余量为 Δ。粗加工时，输入刀具半径 $R = r + \Delta$，则加工出细点画线轮廓；精加工时，用同一程序、同一刀具，但输入刀具半径 $R = r$，则加工出实线轮廓。

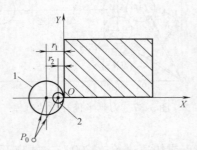

图 3-39　刀具直径变化加工程序不变
1—未磨损刀具　2—磨损后刀具

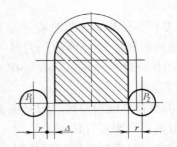

图 3-40　利用刀具半径补偿进行粗精加工
P_1—粗加工刀心位置　P_2—精加工刀心位置

③ 采用同一程序段加工同一公称直径的凹、凸模。对于同一公称直径的凹、凸型面，只需写成一个程序，在加工外轮廓时，将偏置值设为 $+R$，刀具中心将沿轮廓的外侧切削；当加工内轮廓时，将偏置值设为 $-R$，这时刀具中心将沿轮廓的内侧切削。这种编程与加工方法在模具加工中运用较多。

（2）刀具长度补偿指令 G43、G44、G49

1）指令功能。使用刀具长度补偿指令，在编程时就不必考虑刀具的实际长度及各把刀具不同的长度尺寸。加工时，用 MDI 方式输入刀具的长度尺寸，即可正确加工。当由于刀具磨损、更换刀具等原因引起刀具长度尺寸变化时，只需修正刀具长度补偿量，而不必调整程序或刀具。

2）指令代码。

G43——刀具长度正补偿。

G44——刀具长度负补偿。

G49——撤销刀具长度补偿。

3）指令格式。

G00/G01 G43/G44 Z_ H_；建立长度补偿程序段

···；
···；⎫ 切削加工程序段

G49 或 H0；　　　　　　　撤销长度补偿程序段

其中，Z 为刀具运动目标点的 Z 坐标；H 为刀具长度补偿值的地址符，后跟两位或一位数字。如 H01 是指 01 号刀具长度补偿寄存器，在该寄存器中存放刀具长度的补偿值。当数控系统读到该程序段时，系统会到指定寄存器内读取长度补偿值，使其参与刀具轨迹的运算。G43、G44、G49 均为模态指令，可相互注销。

4）刀具长度补偿的过程。刀具长度补偿的过程如图 3-41 所示。执行 G43 时，Z 实际值 = Z 指令值 + （H##）；执行 G44 时，Z 实际值 = Z 指令值 – （H##）。

其中，（H##）为长度补偿寄存器内的数值，可以是正值或者是负值。当刀具长度补偿量取负值时，G43 和 G44 的功效将互换。

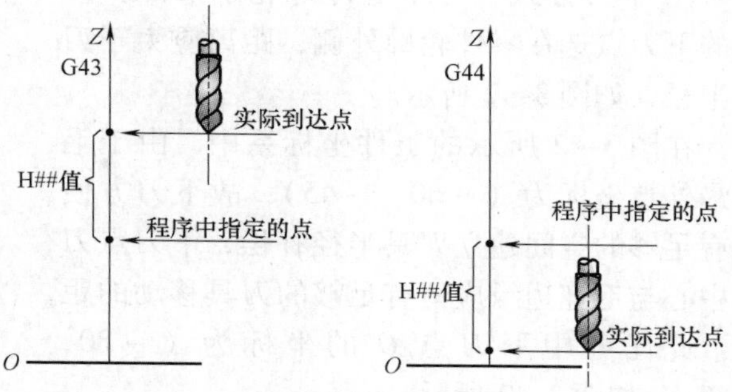

图 3-41　刀具长度补偿

5）刀具长度补偿注意事项。

① 机床通电后，默认为 G49 有效，即取消长度补偿状态。

② 使用 G43 或 G44 指令进行补偿时，只能有 Z 轴的移动量，若有其他轴向的移动则会出现报警。

③ G43、G44、G49 为一组模态指令，可相互注销。欲取消刀具长度补偿，除用 G49 外，也可以用 H00，这是因为 H00 的偏置量固定为"0"。

2. 工艺分析

（1）工、量、刃具选择

1）工具选择。本任务工件毛坯的外形为长方体，上表面外形需要加工，为了不影响加工部位，且保证定位和装夹准确可靠，选择机用虎钳来进行装夹，夹紧力方向与 120mm 尺寸方向垂直。其他工具见表 3-10。

2）量具选择。由于表面尺寸和表面质量无特殊要求，轮廓尺寸用游标卡尺测量，深度尺寸用深度游标卡尺测量，另用百分表校正机用虎钳及工件上表面。

3）刃具选择。该工件的材料为硬铝，切削性能较好，选用高速钢立铣刀即可满足使用要求。经过计算，凸台轮廓距毛坯边界的最大距离是 17mm，工件轮廓外的切削余量不均匀，选用 $\phi20$mm 的圆柱形直柄铣刀，通过一次使用刀具半径补偿可以完成凸台轮廓的铣削。

表 3-10　任务 3.4 工、量、刃具清单

种类	序号	名称	规格	精度/mm	数量
工具	1	机用虎钳	QH135		1
	2	扳手			1
	3	平行垫铁			1
	4	塑胶锤子			1
量具	1	百分表（及表座）	0～10mm	0.01	1
	2	游标卡尺	0～150mm	0.02	1
	3	深度游标卡尺	0～200mm	0.02	1
刃具	1	高速钢立铣刀	$\phi20$mm		1

（2）加工工艺方案

1）加工工艺路线。

① 下刀方式。对于零件外轮廓加工，刀具的下刀点选在零件轮廓外侧，距离应大于刀具半径，如图 3-42 所示。

在图 3-42 所示的工件坐标系中，由于毛坯最外点坐标为（-60，-45），故下刀方便并有足够的空间建立刀具半径补偿，下刀点刀具中心与毛坯边缘应留有足够的刀具移动的距离。此任务中下刀点 O 的坐标为（-80，-60），如图 3-42 所示。

② 进、退刀（切入、切出）方式选择。铣削平面外轮廓零件时，一般采用立铣刀侧刃进行铣削，刀具的进、退刀方式在铣削加工中非常重要。二维轮廓的铣削加工常见的进、退刀方式有垂直进、退刀，侧向进、退刀和圆弧进、退刀，如图 3-43 所示。

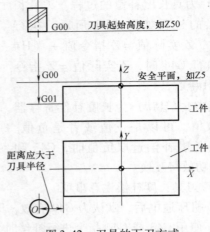

图 3-42　刀具的下刀方式

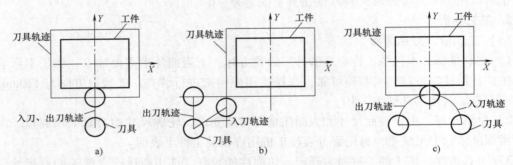

图 3-43　刀具在 XY 平面内的进、退刀方式
a）垂直进退刀　b）侧向进退刀　c）圆弧进退刀

在三种进退刀方式中，垂直进、退刀所走的路径最短，但由于主轴系统和刀具刚性变化，易出现刀痕，适于没有精度要求的轮廓粗加工；侧向进、退刀和圆弧进、退刀实际上是沿工件轮廓切向切入和切出，能减少刀痕，适于有精度要求的轮廓精加工。本任务中采用侧向、进退刀的方式进、退刀，如图 3-45 所示。

③ 铣削方向选择。铣削加工有顺铣和逆铣两种方法，它们对刀具的寿命、已加工表面的质量和铣削的平稳性等有重要影响。

顺铣如图 3-44a 所示，铣刀在切削区的切削速度 v 的方向与工件进给速度 f 的方向相同；逆铣如图 3-44b 所示，铣刀在切削区的切削速度 v 的方向与工件进给速度 f 的方向相反。

选择逆铣、顺铣的方法：当工件表面有硬皮或机床的进给系统有间隙时，应选用逆铣。因为逆铣时，刀齿是从已加工表面切入，不易崩刃，机床进给机构的间隙不会引起振动和爬行，这正符合粗铣的要求，所以粗铣时应尽量采取逆铣。当工件表面无硬皮、机床进给系统无间隙时，应选用顺铣。因为顺铣后，零件已加工表面质量好，刀齿磨损小，这正符合精铣的要求，所以，精铣时尤其是零件材料为铝镁合金、钛合金或耐热合金时，应尽量采用顺铣。

122

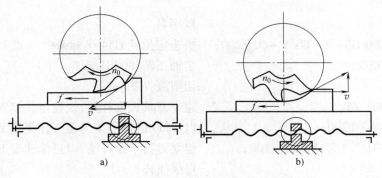

图 3-44 顺铣和逆铣

a）顺铣　b）逆铣

对于外轮廓，顺时针方向加工零件对应为顺铣，本任务采用顺铣。

④ 铣削路线。刀具由 O 点运行至 P 点（零件外轮廓轨迹的延长线上）建立刀具半径补偿，然后按 $1 \rightarrow 2 \rightarrow 3 \rightarrow 4 \rightarrow 5 \rightarrow 6 \rightarrow 7 \rightarrow 8 \rightarrow 9 \rightarrow 10$ 的顺序铣削加工，最后以圆弧切出到点 11。点 10 到点 11 的圆弧半径根据情况确定，本任务取圆弧半径为 20mm 处切出工件。在回到 O 点的过程中取消半径补偿，如图 3-45 所示。

2）切削用量的合理选择。加工材料为硬铝，硬度低，切削力小，由于该零件无精度要求，一刀切完，主轴转速取 800r/min，铣削进给速度 $f=$ 100mm/min。

3. 程序编制

1）编程坐标系的建立。本任务编程坐标系的原点选在工件上表面的中心，如图 3-45 所示，遵循基准重合的原则。

2）基点坐标的计算。因采用刀具半径补偿功能，只需计算工件轮廓上的基点坐标即可，坐标值见表 3-11。

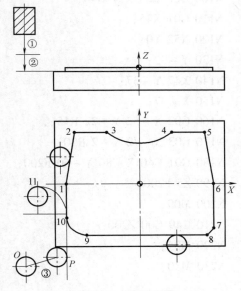

图 3-45　铣削路线

表 3-11　基点坐标

基　点	坐　标	基　点	坐　标
O	（−80，−60）	6	（52，0）
P	（−52，−53）	7	（52，−32）
1	（−52，0）	8	（47，−37）
2	（−46，37）	9	（−37，−37）
3	（−23，37）	10	（−52，−22）
4	（23，37）	11	（−72，−2）
5	（45，37）		

3）参考程序。

O0004	程序名
N10 G00 G90 G54 X－80 Y－60 Z200;	快速定位到 G54 坐标系中 O 点上方 200mm 处
N20 S800 M03;	主轴正转,800r/min
N30 M08;	切削液打开
N40 G43 H01 Z5;	建立刀具长度补偿,快速定位到安全平面
N50 G01 Z－3 F200;	以 F200 的速度下刀至工作深度 Z－3
N60 G41 D01 X－52 Y－53 F100;	建立刀具半径补偿,以进给速度 F100 切入工件
N70 X－52 Y0;	直线插补 P→1
N80 X－46 Y37;	直线插补 1→2
N90 X－23;	直线插补 2→3
N100 G03 X23 Y37 R40;	逆时针圆弧插补 3→4
N110 G01 X45;	直线插补 4→5
N120 X52 Y0;	直线插补 5→6
N130 Y－32;	直线插补 6→7
N140 X47 Y－37;	直线插补 7→8
N150 X－37;	直线插补 8→9
N160 G02 X－52 Y－22 R15;	顺时针圆弧插补 9→10
N170 G03 X－72 Y－2 R20;	逆时针圆弧切出工件 10→11
N180 G01 G40 X－80 Y－60 F200;	从 11→O 点,撤销刀具半径补偿
N190 Z5 F200;	抬刀到退刀平面
N200 M09;	切削液关闭
N210 G49 G00 Z200;	取消刀具长度补偿,抬刀到返回平面
N220 M05;	主轴停转
N230 M30;	程序结束

【任务实施】

1. 加工准备

1）检查毛坯尺寸。

2）开机,回参考点。

3）程序输入:把编写好的数控程序输入数控系统。

4）工件装夹:将机用虎钳装夹在铣床工作台上,用百分表校正固定钳口的平行度;将工件装夹在机用虎钳上,底部用垫块垫起,上表面伸出钳口 5～10mm,用百分表校平工件上表面,然后夹紧工件。

5）刀具装夹:本任务只采用一把 $\phi20$mm 立铣刀,通过弹簧夹头把铣刀装夹在铣刀刀柄中。

2. 对刀及设定工件坐标系

按表 3-3 所列步骤完成对刀操作及工件坐标系的设定。

3. 机床刀具补偿值的设置

对于本任务，轮廓和深度都无需精加工，刀具直径为 20mm，因只用一把刀具，该刀为基准刀（试切法确定工件坐标系 Z 值所用刀具），在刀具长度补偿值中输入"0"，刀具半径补偿值中输入"10"即可。

4. 空运行

以 FAUNC 系统为例，调整机床中刀具长度补偿值，把坐标系偏移中的 Z 方向值变为"+50"，打开程序，选择 MEM 工作模式，按下空运行按钮，按"循环启动"键，观察程序运行及加工情况；或用机床锁定功能进行空运行，空运行结束后，使空运行按钮复位。注意空运行取消后，正常加工偏移值 Z 清为"0"。

5. 零件自动加工

该零件的加工精度不高，不需精加工。首先使各个倍率开关达到最小状态，再按下"循环启动"键。加工过程中适当调整各个倍率开关，保证加工正常进行。

6. 零件尺寸检测

程序执行完毕后，进行尺寸检测。

7. 加工结束

拆下工件并清理机床。

【编程与操作注意事项】

1）对于使用刀具半径补偿指令的程序，加工前应设置好半径补偿值，否则刀具将不按半径补偿加工。

2）为保证工件轮廓表面质量，最终轮廓应安排在最后一次进给中连续加工完成，尽量避免切削过程中途停顿，减少因切削力突然变化造成弹性变形而留下的刀痕。

3）平面外轮廓粗加工时，通常采用由外向内逐渐接近工件轮廓的方式进行铣削，并可采取通过改变刀具半径补偿值的方法实现。

4）铣削平面外轮廓时尽量采用顺铣方式，以提高表面质量。

5）工件装夹在机用虎钳上应校平上表面，否则深度尺寸不易控制，在总尺寸是未注公差的情况下，也可在对刀前（或程序中）用面铣刀铣平上表面。

【知识拓展】

➢过切现象

数控铣床在加工中，由于刀具轨迹处理不当、工艺过程处理不当等原因导致切削过量的现象，叫作"过切"。过切现象直接影响加工精度，甚至导致加工产品报废。

1）加工拐角时出现过切。在铣削零件轮廓内角时，由于刀具的刚性、各轴速度滞后特性的原因产生过切现象，如图 3-46 所示。

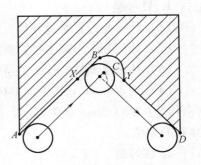

图 3-46　内角交接处的过切

解决办法：

① 选用刚性好、抗振能力强及热变形小的刀具。

② 采用进给速度分级编程。将 AB 和 CD 段分为 AX、

XB 及 *CY*、*YD*，其中，*AX* 和 *YD* 段为正常速度段，*XB* 和 *CY* 段为低速段（一般不超过正常速度的 1/2）。

2）刀具直径大于内轮廓转角或沟槽尺寸时产生的过切现象，如图 3-47、图 3-48 所示。

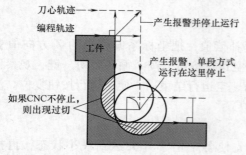 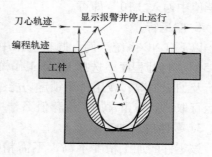

图 3-47　拐角半径小于刀具半径产生过切　　　　图 3-48　沟槽引起的过切

常用的解决办法是在不能改变零件结构的情况下，改变加工刀具的直径。

如果在加工过程中出现过切现象，一般数控系统都会发出报警信息，必须更改轮廓参数或刀具半径才能消除报警。

➤薄板易变形工件的铣削加工

薄板工件是指平面宽度 *B* 与厚度 *H* 的比值 *B*/*H*≥10 的工件。加工时应注意以下几点：

（1）工件装夹　机用虎钳的两钳口要有较高的平行度，钳口上半部分不能有外倾现象。工件装夹时应是长度方向与钳口平行，以增加抗弯曲性；可在钳口上部沿口处各垫一块 2~5mm 的铜片，以防止工件受到过大的夹紧力而产生向上凸起的变形；工件下部应放置 3 块厚度相等的平行垫块，以防止工件向下弯曲，并可检查工件夹紧后是否向上凸起。

（2）铣削方式　应以能够防止工件向上凸起为原则。周边铣削加工时，在条件允许的情况下，应采用顺铣；端面加工时，应选择较小的刀尖圆弧半径、较小的主偏角和副刃倾角，以减小切削力产生向下的铣削分力，避免工件凸起。

对于薄板形或条形等易变形工件，在数量较多或成批生产时，也可采用电磁工作台对工件进行夹紧，然后采用高速铣削法进行加工。

【**思考与练习**】

1. 思考题

（1）什么是刀具半径补偿？使用刀具半径补偿指令应注意哪些问题？

（2）如何判断刀具半径补偿方向？

（3）什么是顺铣？什么是逆铣？数控机床的顺铣和逆铣各有什么特点？

（4）用 ϕ20mm 立铣刀加工 60mm×60mm 方台的外轮廓，由于刀具磨损，加工后实测的零件尺寸为 60.2mm×60.2mm，现准备用半径修正的办法进行精加工，试计算修正后的刀具半径补偿值。

2. 练习题

分别完成图 3-49、图 3-50、图 3-51 所示零件的外轮廓的编程与加工。

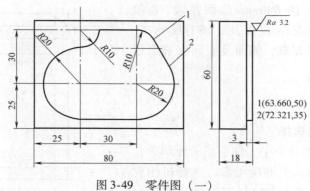

图 3-49　零件图（一）

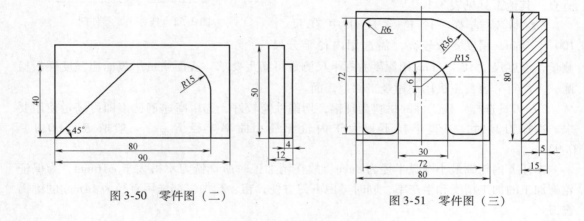

图 3-50　零件图（二）

图 3-51　零件图（三）

任务 3.5　平面型腔轮廓件的编程与加工

【学习目标】

1. 知识目标

- 掌握铣削型腔轮廓时铣刀的选用。
- 掌握型腔轮廓进退刀方式、加工路线的制定方法。

2. 技能目标

- 能够用型腔铣削方法进行内轮廓零件的编程。
- 能够运用刀具补偿功能控制内外轮廓尺寸。
- 会进行相同形状内、外轮廓零件的加工。

【任务导入】

完成如图 3-52 所示的凹模板型腔轮廓铣削加工，材料为硬铝 2A12，毛坯尺寸为 120mm×100mm×20mm，单件生产。

【任务分析】

如图 3-52 所示，零件材料为硬铝 2A12，切削性能较好，加工部位为深 10mm 的零件内轮廓，轮廓形状由一段 $R40$mm 凸圆弧段、2 段 $R8$mm 和 2 段 $R10$mm 凹弧段以及 3 段直线构成，型腔宽度有尺寸公差要求，侧面及底面有表面粗糙度要求。

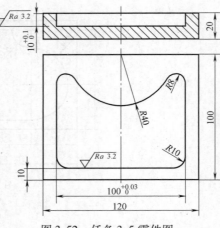

图 3-52　任务 3.5 零件图

【知识学习】

1. 工、量、刃具选择

1）工具选择。本任务中工件毛坯的外形为长方体，为使其定位和装夹准确可靠，选择机用虎钳进行装夹，并且夹紧力方向与 120mm 尺寸方向垂直。其他工具见表 3-12。

2）量具选择。内轮廓尺寸中有尺寸 $100^{+0.03}_{0}$mm，精度要求较高，需选用内径千分尺测量，深度尺寸 $10^{+0.1}_{0}$mm 用深度游标卡尺测量可满足要求，表面质量用表面粗糙度样板检测，另用百分表校正机用虎钳及工件上表面。

3）刃具选择。该工件的材料为硬铝，切削性能较好，选用高速钢铣刀即可满足使用要求。选择刀具时，刀具半径不得大于内轮廓最小曲率半径 R_{min}，一般取 $R = (0.8 \sim 0.9)R_{min}$。

本任务内轮廓最小圆弧半径为 8mm，故在精加工时所选铣刀不得大于 $\phi16$mm，为保证轮廓加工的加工精度和生产率，同时考虑下刀方便，粗、精加工都选用直径为 14mm 的键槽铣刀。

表 3-12　任务 3.5 工、量、刃具清单

种类	序号	名称	规格	精度/mm	数量
工具	1	机用虎钳	QH135		1
	2	扳手			1
	3	平行垫铁			1
	4	塑胶锤子			1
量具	1	百分表（及表座）	0～10mm	0.01	1
	2	内径千分尺	50～150mm	0.01	1
	3	深度游标卡尺	0～200mm	0.02	1
	4	粗糙度样板	N0～N1	12 级	1
刃具	1	键槽铣刀	$\phi14$mm		1

2. 加工工艺方案

1）加工工艺路线。

① 下刀方式。加工型腔类零件时，刀具的下刀点只能选在零件轮廓内部，一般情况下可以在下刀之前钻一工艺孔，便于下刀，不足之处是将增加一把刀具。在本任务中考虑到键槽铣刀可以沿轴向进给，为减少刀具的使用，只需在垂直下刀过程中降低进给速度即可满足工艺要求。考虑到加工时的余量问题，此任务的下刀点坐标为（-18，0），如图 3-55 所示的点 1。

② 铣削方向的确定。铣刀沿内轮廓逆时针方向铣削时，铣刀切削方向与工件进给运动方向一致为顺铣，如图 3-53a 所示；铣刀沿内轮廓顺时针方向铣削时，铣刀切削方向与工件进给运动方向相反为逆铣，如图 3-53b 所示。

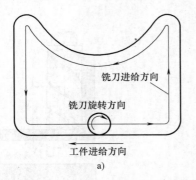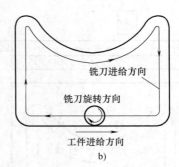

图 3-53　铣削方向

一般尽可能采用顺铣，即在铣内轮廓时采用沿内轮廓逆时针方向铣削。本任务采用了顺铣。

③ 进给路线。内轮廓的进给路线有行切、环切、综合切削三种切削方法。

如图 3-54a 所示，走刀从边角起刀，按行或列形状排刀，称为行切法。这种走刀路线短，编程简单，但行间两端处易有残留。

如图 3-54b 所示，走刀从中心起刀，按逐圈扩大的线路走刀，称为环切法。因环切法需要逐次向外扩展走刀路线，刀位点计算复杂，刀具路径长，但腔中无残留，能获得比较好的表面质量。

如图 3-54c 所示，结合行切法和环切法的优点，先用行切法去除中间部分的余量，最后用环切法加工内轮廓表面，称为综合切削法。这种方法既可缩短走刀路线，又能获得较好的表面质量。

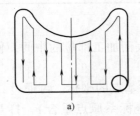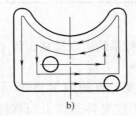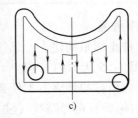

图 3-54　内轮廓进给路线
a）行切法　b）环切法　c）综合切削法

在本任务中，深度方向由于尺寸较大不能一次进给完成，在深度方向上采用层切法，粗加工分两层切削，底面留 0.5mm 精加工。每层中的进给路线采用环切法，侧面留 0.5mm 的精加工余量。如图 3-55 所示。刀具由 1→2→3→4→5→6→7→8→9→10→11→12→13→14→6→1 的顺序按环切方式进行加工。刀具从点 5 运行至点 6 时建立刀具半径补偿，加工结束时刀具从点 6 运行至点 1 过程中取消半径补偿。

注意铣削型腔内部余量时行距大小与刀具尺寸有关，即与刀具直径 D 和刀具圆角半径 r

有关，如图 3-56 所示。刀具直径与两个圆弧半径的差值则为刀具的有效铣削直径，有效铣削直径越小，则行距应越小，反之，则行距应越大。行距大，则走刀路径短，效率高，但行距过大会造成两刀接交处留下残余金属。一般取行距为刀具直径的 75% 左右。

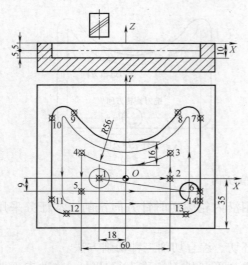

图 3-55　任务 3.5 铣削路线图

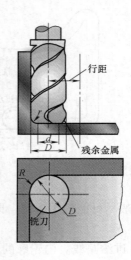

图 3-56　行切距离与刀具参数

2）切削用量的合理选择。加工材料为硬铝，硬度低，切削力小。内轮廓和深度都有精度要求，需分粗、精铣。切削用量的选择见表 3-13。

表 3-13　粗、精铣切削用量表

刀　　　具	加 工 内 容	进给速度 f/(mm/min)	转速 n/(r/min)
$\phi14$mm 高速钢键槽铣刀	垂直进给，深度留 0.5mm 余量	40	1000
	粗铣内轮廓，侧面留 0.5mm 余量	70	1000
	精铣内轮廓	70	1200

3. 程序编制

1）工件坐标系的建立。工件坐标系的原点选在工件上表面加工部位的中间，便于尺寸计算，如图 3-55 所示的 O 点。

2）基点坐标的计算。本任务需要计算如图 3-55 所示各基点的坐标。可通过二维 CAD 软件绘出内轮廓及走刀路线（注意工件坐标系原点与软件坐标系原点重合），打开对象捕捉，将鼠标移至各基点，即可在屏幕下方获得坐标值，见表 3-14。

表 3-14　基点坐标

基　点	坐　标	基　点	坐　标
1	（-18,0）	8	（35,45.635）
2	（30,0）	9	（-35,45.635）
3	（30,17.714）	10	（-50,41.762）
4	（-30,17.714）	11	（-50,-15）
5	（-30,-9）	12	（-40,-25）
6	（50,-9）	13	（40,-25）
7	（50,41.762）	14	（50,-15）

3）参考程序。

O00005　　　　　　　　　　　　　　程序名

N10 G00 G90 G54 X – 18 Y0 Z200；　　快速定位到 G54 坐标系中点 1 上方 200mm 处

N20 S1000 M03；　　　　　　　　　　主轴正转 1000r/min

N30 M08；　　　　　　　　　　　　　切削液打开

N40 G43 Z5 H01；　　　　　　　　　　建立刀具长度补偿，快速定位到安全平面 Z5

N50 G01 Z – 5 F40；　　　　　　　　　以 F40 的速度下刀至工作深度 Z – 5 处

N60 G01 X30 Y0 F70；　　　　　　　　进给速度 F70 直线插补 1→2

N70 G01 X30 Y17.714；　　　　　　　直线插补 2→3

N80 G02 X – 30 Y17.714 R56；　　　　圆弧插补 3→4

N90 G01 X – 30 Y – 9；　　　　　　　直线插补 4→5

N100 G41 X50 Y – 9 D01；　　　　　　建立刀具半径补偿，直线插补 5→6

N110 Y41.762；　　　　　　　　　　直线插补 6→7

N120 G03 X35 Y45.635 R8；　　　　　逆时针圆弧插补 7→8

N130 G02 X – 35 R40；　　　　　　　顺时针圆弧插补 8→9

N140 G03 X – 50 Y41.762 R8；　　　　逆时针圆弧插补 9→10

N150 G01 X – 50 – 15；　　　　　　　直线插补 10→11

N160 G03 X – 40 Y – 25 R10；　　　　逆时针圆弧插补 11→12

N170 G01 X40；　　　　　　　　　　直线插补 12→13

N180 G03 X50 Y – 15 R10；　　　　　逆时针圆弧插补 13→14

N190 G01 Y – 9；　　　　　　　　　直线插补 14→6

N200 G01 G40 X – 18 Y0 F200；　　　6→1 撤销刀具半径补偿

N210 G01 Z5 F200；　　　　　　　　抬刀到退刀平面

N220 M09；　　　　　　　　　　　　切削液关闭

N230 G49 G00 Z100；　　　　　　　取消刀具长度补偿，抬刀到返回平面

N240 M05；　　　　　　　　　　　　主轴停转

N250 M30；　　　　　　　　　　　　程序结束

此程序可完成深度分层粗加工中的第一层铣削。粗加工第二层铣削时，深度方向要留0.5mm 精加工余量，有两种办法：①将程序中的 N50 G01 Z – 5 F40；改为 N50 G01 Z – 9.50 F40；②将刀具长度补偿值由"0"改为"– 4.50"。精加工时，程序中 N20 句改为 N20S1200 M03；并将 N50 句改为 N50 G01 Z – 10.00 F40；或将刀具长度补偿值改为"– 5.00"即可。

型腔底面和深度无精度要求，但轮廓宽度尺寸有精度要求时，深度方向可以先用分层切削去除全部余量，只留轮廓精加工余量。在精加工轮廓时型腔底面环切路径不需再次加工，此时可将程序中环切路径即 N60 ～ N90 的程序段前打上"/"符号，并打开跳转有效开关。精加工时程序将不再执行这几条程序段，只进行轮廓加工。

【任务实施】

1. 加工准备

1）检查毛坯尺寸。

2）开机，回参考点。

3）程序输入：把编写好的数控程序输入数控系统。

4）工件装夹：将机用虎钳装夹在铣床工作台上，用百分表校正固定钳口的平行度；在工件下表面与机用虎钳之间放入一副等高垫块，使工件上表面伸出钳口 5～10mm，用塑胶锤子敲击工件，用百分表校平工件上表面，使等高块不能移动后夹紧工件。

5）刀具装夹：零件的粗精加工都采用同一把 ϕ14mm 键槽铣刀进行，通过弹簧夹头把铣刀装夹在铣刀刀柄中。

2. 对刀及工件坐标系的设定

按表 3-3 所列步骤完成对刀操作及工件坐标系的设定。

3. 空运行

以 FAUNC 系统为例，调整机床中刀具半径补偿值，把坐标系偏移中的 Z 方向值变为"+50"，打开程序，选择 MEM 工作模式，按下空运行按钮，按数控启动按钮，观察程序运行及加工情况；或用机床锁定功能进行空运行，空运行结束后，使空运行按钮复位。注意空运行取消后，正常加工偏移值 Z 清为"0"。

4. 零件自动加工及尺寸控制

由于该任务深度方向余量达 10mm，一刀不能完成粗加工，在粗加工过程中，需要采用分层切削加工。为了加工方便，采用同一程序通过刀具长度补偿值和半径补偿值的调整进行粗、精加工。

由于选用了 ϕ14mm 键槽铣刀进行粗、精加工，在粗加工型腔内部余量和轮廓时，把机床中刀具半径补偿值设置为"7.5"，单边轮廓留 0.5mm 精加工余量；深度方向采用分层切削，第一层粗加工中的刀具长度补偿值为"0"（基准刀），第二层粗加工中的刀具长度补偿值为"-4.5"，留 0.5mm 精加工余量，也可在程序中修改下刀深度。在精加工零件轮廓时，刀具半径值先设置为"7.1"，刀具长度补偿值设为"-4.9"。运行完精加工程序后，根据轮廓实测尺寸再修改机床中刀具半径补偿值和长度补偿值，然后重新运行程序，以保证轮廓尺寸符合图样要求。

5. 零件尺寸检测

程序执行完毕后，进行尺寸检测。

6. 加工结束

拆下工件并清理机床。

【编程与操作注意事项】

1）内轮廓加工前可以先用钻头加工一个落刀孔，便于铣刀下刀。如果没有加工落刀孔，应用立铣刀螺旋式下刀或采用键槽铣刀加工。

2）铣刀半径必须小于或等于工件内轮廓的最小曲率半径，否则无法加工出内轮廓圆弧。刀具半径参数设置也不能大于内轮廓最小曲率半径，否则会发生报警。

3）加工内轮廓尽可能采用顺铣以提高表面质量。

4）平面内轮廓加工尽可能采用行切、环切相结合的路线，既可缩短切削时间，又可保证加工表面质量，行切距离与刀具直径有关，一般取刀具直径的 75% 左右。

5）如果该零件内轮廓有对称度要求，在粗加工完成后，利用杠杆百分表在机床上测量其对称度，如有偏差，可通过修改工件原点坐标来修正。

6）内外轮廓的铣削深度及底面有平行度要求时，夹紧工件前必须校正工件上表面的平面度，工件装夹牢固后，必须再次进行检验。在总尺寸是未注公差的情况下，也可在对刀前用面铣刀铣平上表面。

【知识拓展】

➤型腔的形式与加工方法

型腔是指有封闭边界轮廓的平底或曲底凹坑，当型腔底面是平面时为二维型腔。型腔加工也称为挖槽加工或者平面区域加工，它既要保证型腔轮廓边界，又要将型腔轮廓内的多余材料铣掉。型腔加工通常有图 3-57 所示的两种形式，其中图 3-57a 所示为铣掉一个封闭区域内的材料，图 3-57b 所示为在铣掉一个封闭区域内的材料的同时，要留下中间的凸台（一般称为岛屿）。

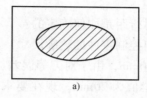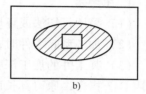

图 3-57　型腔零件的形式

型腔的加工包括型腔区域的加工与轮廓加工，一般采用立铣刀或成形刀（取决于型腔侧壁与底面间的过渡要求）进行加工。

型腔的切削分两步，第一步切内腔，第二步切轮廓。切削内腔区域时，方法很多，如图 3-58所示，其共同点是都要切净内腔区域的全部面积，不留死角，不伤轮廓，同时尽量减少重复走刀的搭接量。

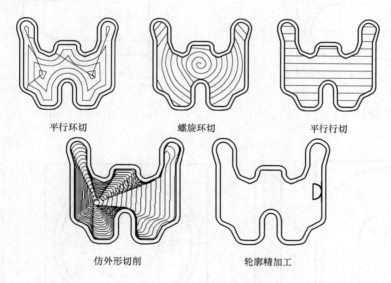

平行环切　　　　　螺旋环切　　　　　平行行切

仿外形切削　　　　　轮廓精加工

图 3-58　内腔铣削方法

型腔加工也可以分粗加工和精加工两步。粗加工目的是尽可能多地切除型腔内多余的材料，精加工路线与型芯零件的加工路线相似。计算下刀点和进退刀圆弧时，要考虑不要和型腔轮廓或边界以及岛屿发生干涉，从而造成过切现象。

从加工效率（走刀路线长短）和加工质量考虑，哪个走刀方法较好取决于型腔边界的具体形状与尺寸以及岛屿数量、形状尺寸与分布情况。

尽量采用大直径刀具可以获得较高的加工效率，但对于形状复杂的二维型腔，大直径刀具将产生大量的欠切削区域，需进行后续加工处理，而若直接采用小直径刀具则又会降低加工效率。因此，一般采用大直径与小直径刀具混合使用的方案，大直径刀具进行粗加工，小直径刀具进行清角加工。

【思考与练习】

1. 思考题

（1）采用行切法或环切法时行距是如何确定的？

（2）加工型腔零件时，如何控制零件的轮廓尺寸？

（3）某工件的加工深度为30mm，由于对刀等误差加工后实测深度为29.88mm。程序中采用G43指令，原刀具长度补偿值为70mm。现在要求修正刀具长度补偿值来调整切削深度，试计算修正后的刀具补偿值。

2. 练习题

分别完成图3-59～图3-62所示零件的编程与加工。

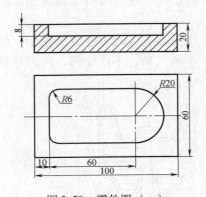

图3-59　零件图（一）

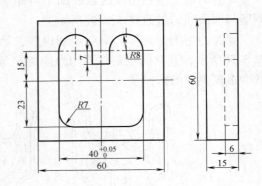

图3-60　零件图（二）

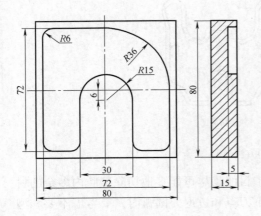

图3-61　零件图（三）

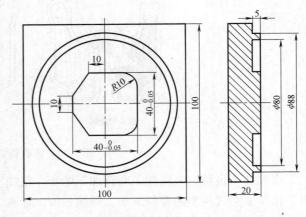

图3-62　零件图（四）

任务3.6　多个相似轮廓件的综合铣削加工

【学习目标】

1. 知识目标
- 巩固子程序调用指令 M98/M99 的使用方法。
- 掌握比例缩放指令 G50/G51、镜像加工指令 G51.1/G50.1、坐标旋转指令 G68/G69 的功能及使用。

2. 技能目标
- 能够正确使用比例缩放、镜像加工、坐标旋转等简化编程功能指令。
- 能够完成一个零件上相同（或相似）的多个轮廓的编程与加工。

【任务导入】

完成图 3-63 所示的含有几个近似腰形槽的零件的加工，材料为硬铝 2A12，毛坯尺寸为 170mm × 100mm × 15mm，单件生产。

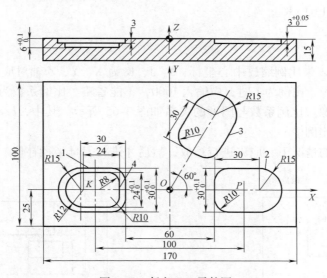

图 3-63　任务 3.6 零件图

【任务分析】

如图 3-63 所示，零件材料为硬铝 2A12，切削性能较好，加工内容为多个相似腰形槽。其中槽 1 和槽 2 尺寸完全相同且以 Y 轴为镜像轴左右对称；槽 3 和槽 2 尺寸相同，可以通过绕点 O 旋转获得；槽 4 可以通过槽 1 按比例缩小获得。本任务采用子程序调用、镜像、旋转和缩放功能等简化编程指令实现程序编制。

【知识学习】

本任务包含简化编程功能指令如比例缩放、镜像加工及坐标旋转等指令的学习。

1. 编程指令

（1）比例缩放指令 G51、G50

1）指令功能。比例缩放功能可以使原编程尺寸按指定比例放大或缩小。

2）指令代码。

G51——建立比例缩放功能。

G50——撤销比例缩放功能。

3）指令格式。

① 各轴以相同的比例放大或缩小。

G51 X_ Y_ Z_ P_；

…（M98 P_）；

G50；

其中，X、Y、Z 为比例缩放中心坐标，以绝对值指定，如图 3-64 所示；P 为缩放比例，P 值范围为 0.001 ~ 999.999。0.001 < P < 1 时为缩小，1 < P < 999.99 时为放大。比例可在程序中指定，也可用机床参数指定。

② 各轴以不同比例放大或缩小。

G51 X_ Y_ Z_ I_ J_ K_；

…（M98 P_）；

G50；

其中，X、Y、Z 为比例缩放中心坐标；I、J、K 为 X、Y、Z 轴对应的比例系数，范围为 ±0.001 ~ ±9.999。比例为 1 时，应输入 1000，不能省略。比例系数为负值时，在比例缩放的同时将实现镜像。比例系数与图形的关系如图 3-65 所示，其中，b/a 为 X 轴系数，d/c 为 Y 轴系数，O 为比例中心。

在有刀具补偿的情况下，应先进行缩放，然后才进行刀具半径补偿、刀具长度补偿。

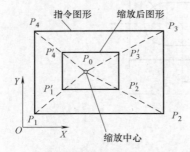
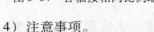

图 3-64　各轴按相同比例缩放

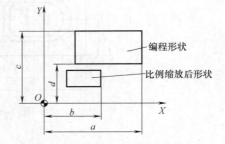

图 3-65　各轴按不同比例缩放

4）注意事项。

① G51 需在单独程序段指定，比例缩放之后必须用 G50 取消。

② 在使用 G51 时，当不指定 P 而是用参数设定指定比例系数时，其他任何指令不能改变这个值。

③ 比例缩放对刀具偏置值无效，如图 3-66 所示。

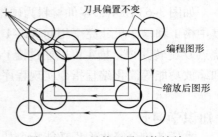

图 3-66　刀具偏置量不能缩放

另外，在下面的固定循环中 Z 值的移动缩放无效：精镗循环 G76、背镗循环 G87 中的 X 轴和 Y 轴的移动量 Q，深孔钻循环 G83、G73 中的深孔钻深度 Q 和返回值 d。

5）编程举例。加工零件如图 3-67 所示，第二层腰形凸台是在第一层腰形凸台基础上以编程原点 O（0，0）为比例缩放中心缩放而得，比例缩放系数为 0.8。试利用比例缩放功能编写其加工程序。

考虑到零件的加工余量，选用 ϕ18mm 的立铣刀加工该零件。

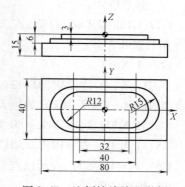

图 3-67　比例缩放编程举例

参考程序：

```
O0008                        主程序
N10 G54 G90 G00 X0 Y0 Z100;
N20 S1000 M03;
N30 Z30 M08;
N40 G00 X0 Y – 40;
N50 G01 Z – 3 F50;
N60 G51 X0 Y0 P0.8;          以编程原点为缩放中心，比例为 0.8
N70 M98 P1237;               加工缩放后的凸台
N80 G50;                     撤销比例缩放
N90 G00 X0 Y – 40;
N100 G01 Z – 6 F100;
N110 M98 P1237;              加工第一层凸台
N120 G00 Z100;
N130 M05;
N140 M30;
O1237                        子程序(刀具直径为 18mm)
N10 G01 G41 X – 20 Y – 15 D01;
N20 G02 X – 20 Y15 R15;
N30 G01 X20;
N40 G02 Y – 15 R15;
N50 G01 X – 20;
N60 G40 X0 Y – 30;
N70 G00 Z30;
N80 M99;
```

（2）镜像加工功能指令 G51.1、G50.1

1）指令功能。镜像功能可以实现轴对称加工编程。

2）指令代码。

G51.1——建立镜像功能指令。

G50.1——撤销镜像功能指令。

3）指令格式。

G17/G18/G19 G51. 1 X_ Y_；

… （M98 P_）；

G50. 1 X_ Y_；

其中，X、Y 为指定镜像轴。

如图 3-68 所示，（1）为原刀路。

G51. 1 X50；表示以 X = 50 为对称轴镜像加工，如刀路（2）。

G51. 1 Y50；表示以 Y = 50 为对称轴镜像加工，如刀路（4）。

G51. 1 X50 Y50；表示以点（50，50）对称镜像加工，如刀路（3）。

4）指令说明。

① 使用镜像功能后，G02 和 G03 及 G42 和 G41 指令互换。

② 在可编程镜像方式中，与返回参考点和改变坐标系有关的指令不许指定。

5）编程举例。

使用镜像功能编制图 3-69 所示零件外轮廓的加工程序，要求切深 5mm。设刀具起点距离工件上表面 100mm。

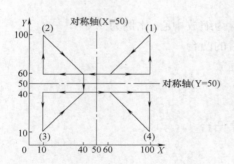

图 3-68　可编程镜像

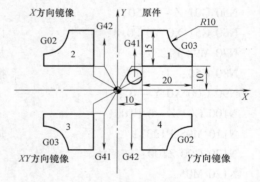

图 3-69　镜像加工举例

选用 φ12mm 的键槽铣刀加工该零件（注意刀具直径不要超过两凸台间的距离 20mm）。

参考程序：

O0009	主程序
N10 G54 G90 G00 X0 Y0 Z100；	
N20 M03 S1000；	
N30 Z30 M08；	
N40 M98 P1238；	加工 1
N50 G51. 1 X0；	Y 轴镜像
N60 M98 P1238；	加工 2
N65 G50. 1	取消 Y 轴镜像
N70 G51. 1 X0 Y0；	原点镜像
N80 M98 P1238；	加工 3
N85 G50. 1	取消原点镜像
N90 G51. 1 Y0；	X 轴镜像

N100 M98 P1238；　　　　　　　　加工 4

N110 G50.1 ；　　　　　　　　　取消 X 轴镜像

N120 G00 Z100；

N130 M05；

N140 M30；

O1238　　　　　　　　　　　　　子程序

N10 Z5；

N20 G01 Z－5 F50；

N30 G41 X10 Y8 D01 F100；

N40 Y25；

N50 X20；

N60 G03 X30 Y15 R10；

N70 G01 Y10；

N80 G01 X4；

N90 G40 X0 Y0；

N100 G00 Z100；

N110 M99；

（3）坐标系旋转指令 G68、G69

1）指令功能。坐标系旋转功能可以把编程形状旋转某一指定的角度再进行加工，如图 3-70 所示。

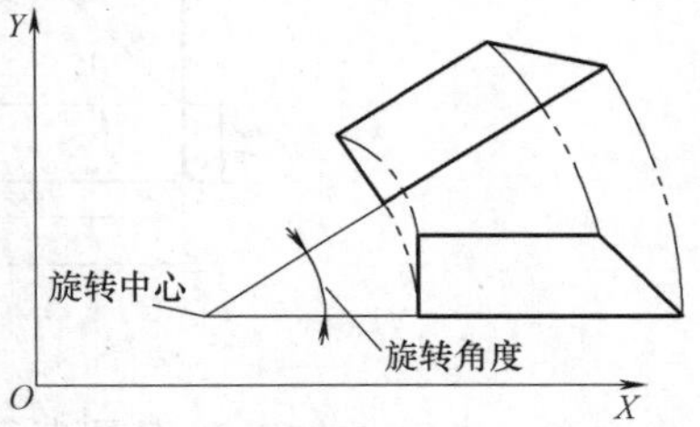

2）指令代码。

G68——建立坐标系旋转。

G69——撤销坐标系旋转。

3）指令格式。

G17/G18/G19 G68 X_ Y_ Z_ R_；

… （M98 P_）；

G69；

图 3-70　坐标旋转功能

其中，X、Y、Z 为旋转中心的坐标，R 为旋转角度（逆时针方向为正，顺时针方向为负）。

4）使用说明。

① G68 指令前要指定平面（G17、G18 或 G19）。

② 当 X、Y 省略时，G68 指令认为当前的刀具位置即为旋转中心。

③ 若程序中未编 R 值，则参数 5410 中的值被认为是角度位移值。

④ G69 可以指定在含有其他指令的程序段中。

⑤ 在比例缩放方式下执行坐标系旋转程序的顺序：在比例缩放方式（G51）下执行坐标系旋转，则旋转中心的坐标值（X_ Y_ Z_）也按比例缩放，但是旋转角（R）不按比例缩放。当发出移动指令时，首先使用比例缩放，然后再旋转坐标系。编程时程序组成顺序如下：

G51…；　　　　　　比例缩放方式有效

G68…；　　　　　　坐标系旋转有效

…；

…；

G69…；　　　　　　　　坐标系旋转取消

G50…；　　　　　　　　比例缩放方式取消

⑥ 比例缩放、坐标系旋转与刀具半径补偿建立之间的顺序：在比例缩放方式（G51）下，不能对刀具半径补偿发出坐标系旋转指令（G68）。因此，坐标系旋转指令必须在刀具半径补偿之前指定。编程时程序组成顺序如下：

G40…；　　　　　　　　刀具半径补偿取消

G51…；　　　　　　　　比例缩放方式开始

G68…；　　　　　　　　坐标系旋转方式开始

G41（G42）；　　　　刀具半径补偿方式开始

…

5）编程举例。

利用坐标系旋转指令编写图 3-71 所示零件中轮廓的加工程序。

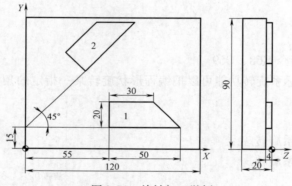

图 3-71　旋转加工举例

注意：本零件加工时刀具直径不可超过两凸台间的距离，选取 ϕ18mm 立铣刀。

参考程序：

O0010　　　　　　　　　　　主程序

N10 G54 G90 G00 X0 Y0 Z100；

N20 M03 S1000；

N30 Z30 M08；

N40 M98 P1240；　　　　　　加工 1

N50 G68 X0 Y15 R45；　　　　坐标系以（0，15）为中心旋转 45°

N60 M98 P1240；　　　　　　加工 2

N70 G69；　　　　　　　　　取消旋转

N80 G00 Z100；

N90 M05；

N100 M30；

O1240　　　　　　　　　　　子程序

N10 G00 X－20 Y0；

N20 Z5；

N30 G01 Z－4 F150；

N40 G01 G42 X－10 Y15 D01 F300；

N50 G01 X105；

N60 X85 Y35；

N70 X55；

N80 G01 Y10；

N90 G40 X－20 Y0；

N100 G00 Z100；

N110 M99；

2. 工艺分析

（1）工、量、刃具选择

1）工具选择。本任务工件毛坯的外形为长方体，为使其定位和装夹准确可靠，选择机用虎钳进行装夹，并且夹紧力方向与170mm尺寸方向垂直。其他工具见表3-15。

2）量具选择。由于表面尺寸和表面质量无特殊要求，轮廓尺寸精度不高，槽间距用游标卡尺测量，深度尺寸用深度游标卡尺测量，另用百分表校正机用虎钳及工件上表面。

3）刃具选择。本任务最小圆弧半径为8mm，所选铣刀直径应小于或等于16mm。考虑到该零件精度要求不高，可采用同一把刀具进行粗、精加工。工件材料为硬铝，切削性能较好，选用 ϕ14mm 高速钢键槽铣刀即可满足工艺要求。

表3-15　任务3.6工、量、刃具清单

种类	序号	名　称	规格	精度/mm	数量
工具	1	机用虎钳	QH135		1
	2	扳手			1
	3	平行垫铁			1
	4	塑胶锤子			1
量具	1	百分表（及表座）	0～10mm	0.01	1
	2	游标卡尺	0～150mm	0.02	1
	3	深度游标卡尺	0～200mm	0.02	1
刃具	1	高速钢键槽铣刀	ϕ14mm		1

（2）加工工艺方案

1）加工工艺路线。槽1和槽2尺寸完全相同且以Y轴对称；槽3和槽2尺寸相同，可以通过坐标系旋转功能获得；槽4可以通过槽1按比例缩小获得。可编写一个槽的加工子程序供主程序多次调用。

① 下刀方式选择。槽加工与内轮廓加工类似，刀具的下刀点只能选在零件轮廓内部。由于键槽铣刀可以沿轴向进给，本任务选择从 P 点垂直下刀。为避免在内轮廓上留下刀痕，下刀后沿内轮廓设置一过渡圆弧切入和切出工件轮廓，如图3-72所示。

② 铣削方向的确定。与内轮廓加工一样，顺铣时由于切削厚度由厚变薄，不存在刀齿

滑行，刀具磨损少，表面质量较高，一般采用顺铣方式。

③ 铣削路线。铣削凹槽时一般采用行切和环切相结合的方式进行铣削。本任务由于凹槽宽度余量不能通过轮廓一圈加工去除，因此考虑铣刀先行切一刀，即从点 P 铣到点 1，然后沿轮廓加工一圈即可把槽中余量全部切除，具体路线为 $P{\rightarrow}1{\rightarrow}2{\rightarrow}3{\rightarrow}4{\rightarrow}5{\rightarrow}6{\rightarrow}7{\rightarrow}8{\rightarrow}9{\rightarrow}10{\rightarrow}1{\rightarrow}P$，如图 3-72 所示。

2）切削用量的合理选择。加工材料为硬铝，硬度低，切削力小，粗铣深度除留精铣余量外，一刀切完，主轴转速为 800r/min，铣削进给速度 f 为 100mm/min。

3. 程序编制

（1）编程坐标系的建立　子程序原点建立在槽的几何中心 P 点，工件原点为 X、Y 轴交点（O 点），如图 3-63 所示。

（2）基点坐标的计算　由于采用简化编程功能指令和刀具半径补偿功能指令编程，只需计算一个槽的轮廓基点坐标，如图 3-73 所示。

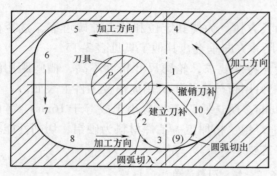

图 3-72　铣削路径图

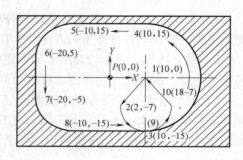

图 3-73　基点坐标位置

以 P 点为起点，增量编程时的基点坐标值见表 3-16。

表 3-16　增量编程时的基点坐标

基　点	坐　标	基　点	坐　标
P	（0,0）	6	（−10，−10）
1	（10,0）	7	（0，−10）
2	（−8，−7）	8	（10，−10）
3	（8，−8）	9	（20,0）
4	（0,30）	10	（8,8）
5	（−20,0）		

（3）参考程序

参考程序：

O0011　　　　　　　　　　　　　　　　主程序

N10 G54 G90 G00 X0 Y0 Z100;

N20 M03 S800;

N30 G00 Z5;

N40 G00 X50 Y0;　　　　　　　　　　到达工件坐标系中 P 点

N50 M98 P1241;　　　　　　　　　加工槽2

N60 G68 X0 Y0 R60;　　　　　　　坐标系旋转60°

N70 G00 X50 Y0;　　　　　　　　轮廓定位

N80 M98 P1241;　　　　　　　　　加工槽3

N90 G69;　　　　　　　　　　　　取消旋转

N100 G51.1 X0;　　　　　　　　　Y 轴镜像

N110 G00 X50 Y0;　　　　　　　轮廓定位

N120 M98 P1241;　　　　　　　　加工槽1

N130 G51 X50 Y0 P0.8;　　　　在镜像后的坐标系中以 K 点比例缩放

N140 G00 X50 Y0;　　　　　　　轮廓定位

N150 G01 Z-3 F50;　　　　　　先下刀3mm

N160 M98 P1241;　　　　　　　　加工槽4

N170 G50;　　　　　　　　　　　取消比例缩放

N180 G50.1 X0;　　　　　　　　取消镜像功能

N190 G90 G00 Z100;

N200 M05;

N210 M30;

O1241　　　　　　　　　　　　　子程序

N10 G91 G01 Z-8 F50;　　　　从 Z5 下刀到 Z-3 的位置

N20 G01 X10 Y0;　　　　　　　行切加工 $P \to 1$

N30 G41 X-8 Y-7 D01 F80;　建立半径补偿 $1 \to 2$

N40 G03 X8 Y-8 R8;　　　　　圆弧切入 $2 \to 3$

N50 G03 X0 Y30 R15;　　　　逆时针圆弧插补 $3 \to 4$

N60 G01 X-20 Y0;　　　　　　直线圆弧插补 $4 \to 5$

N70 G03 X-10 Y-10 R10;　　逆时针圆弧插补 $5 \to 6$

N80 G01 X0 Y-10;　　　　　　直线圆弧插补 $6 \to 7$

N90 G03 X10 Y-10 R10;　　　逆时针圆弧插补 $7 \to 8$

N100 G01 X20 Y0;　　　　　　直线圆弧插补 $8 \to 9$

N110 G03 X8 Y8 R8;　　　　　圆弧切出 $9 \to 10$

N120 G01 G40 X-8 Y7;　　　取消刀补到达点1

N130 G90 G01 Z5 F1000;　　绝对编程抬刀

N140 G00 X0 Y0;　　　　　　　回到坐标原点

N150 M99;　　　　　　　　　　返回主程序

【任务实施】

1. 加工准备

1) 检查毛坯尺寸。

2) 开机，回参考点。

3) 程序输入：把编写好的数控程序输入数控系统。

4）工件装夹：将机用虎钳装夹在铣床工作台上，用百分表校正其位置；将工件装夹在机用虎钳上，底部用垫块垫起，上表面伸出钳口 5～10mm，用百分表校平工件上表面。

5）刀具装夹：本任务只采用一把 φ14mm 键槽铣刀，通过弹簧夹头把铣刀装夹在铣刀刀柄中。

2. 对刀及工件坐标系的设定

采用试切法对刀，并将偏置值输入到 G54 中。

3. 机床刀具补偿值的输入

本任务粗、精加工采用同一程序、同一把刀具完成。粗加工时长度补偿值根据精加工余量输入 "+0.3"，刀具半径补偿值根据精加工余量输入 "7.3" 即可。

4. 空运行

以 FAUNC 系统为例，调整机床中刀具半径补偿值，把坐标系偏移中的 Z 方向值变为 "+50"，打开程序，选择 MEM 工作模式，按下空运行按钮，按循环启动按钮，观察程序运行及加工情况；或用机床锁定功能进行空运行，空运行结束后，使空运行按钮复位。注意空运行取消后，正常加工偏移值 Z 清为 "0"。

5. 零件自动加工及尺寸控制

精加工时，先将刀具半径值设为 "7.1"、长度补偿值设为 "0.1"，自动加工完成后，根据轮廓实测尺寸再修改机床中刀具补偿值，然后重新运行程序，以保证轮廓尺寸符合图样要求。

6. 零件尺寸检测

程序执行完毕后，进行尺寸检测。

7. 加工结束

拆下工件并清理机床。

【编程与操作注意事项】

1）在使用子程序、镜像、旋转等功能编程加工时，如果加工部位相对于零件外形有位置度要求，此时工件坐标系的零点位置非常重要。可在粗加工后检测位置度误差，适当调整工件坐标系的数值，直到满足加工要求后再进行精加工。

2）有时在子程序编程过程中采用增量编程比较方便。

3）通过镜像编程加工完成的零件，由于走刀路线将会从顺时针方向加工变为逆时针方向加工或逆时针方向加工变为顺时针方向加工，导致零件的左右轮廓质量不一致，可能会影响零件的使用。对于轮廓质量要求较高的零件，编程者可根据具体情况决定是否采用该功能。

【知识拓展】

➤局部坐标系与坐标系偏移指令

在编写子程序时没有使用工件坐标系，而是重新建立一个子程序的坐标系，这种在工件坐标系中建立的子坐标系称为局部坐标系。

通过坐标系偏移指令 G52 可以将工件坐标系原点偏移到所需的位置。如偏移到局部坐标系原点上，则工件坐标系与局部坐标系重合。

如图 3-74 所示，由于有四个不同形状的轮廓需要加工，如果采用局部坐标系，就相当于建立了四个工件坐标系，编程时只需以各自轮廓中心为坐标原点计算各基点坐标。如机床在读到坐标系偏移指令"G52 X_ Y_ Z_"；（其中，X、Y、Z 为局部坐标系原点 O' 位置坐标）后，工件坐标系原点就移到了 O' 点位置，然后就可以在该坐标系中加工零件。

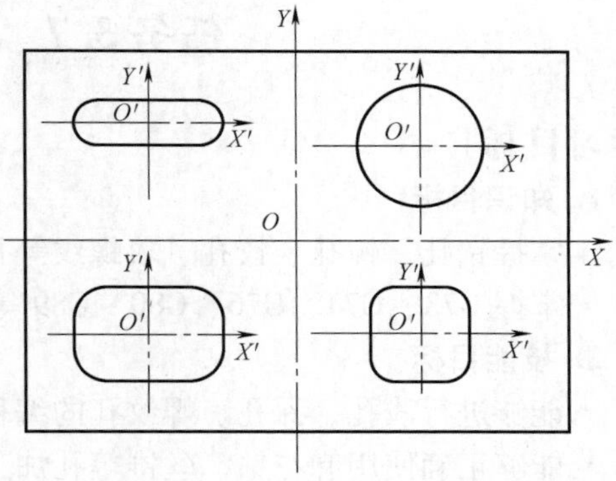

图 3-74　局部坐标系

【思考与练习】

1. 思考题

（1）在使用比例缩放指令编程时，刀具半径补偿值也会被缩放吗？一般情况下，比例缩放指令与刀具半径补偿指令的先后次序如何？

（2）使用镜像功能指令后，刀具半径补偿功能与原工件加工时有何不同？圆弧插补功能与原工件加工时有何不同？

2. 练习题

运用简化编程功能指令分别完成图 3-75 ~ 图 3-77 所示零件的编程与加工。

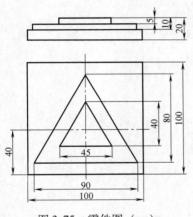

图 3-75　零件图（一）

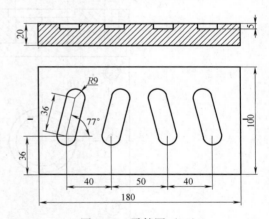

图 3-76　零件图（二）

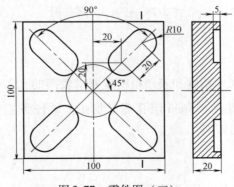

图 3-77　零件图（三）

任务 3.7　孔的编程与加工

【学习目标】

1. 知识目标

- 掌握钻孔、镗孔、铰孔、攻螺纹等孔加工方法。
- 掌握 G73、G74、G76、G80～G89 等孔加工循环指令功能及使用方法。

2. 技能目标

- 能够进行浅孔、深孔、螺纹孔的编程与加工。
- 能够正确使用麻花钻、丝锥等孔加工刀具。
- 能够正确测量孔径。

【任务导入】

完成如图 3-78 所示的孔类零件加工，材料为硬铝 2A12，毛坯尺寸为 100mm × 100mm × 20mm，单件生产。

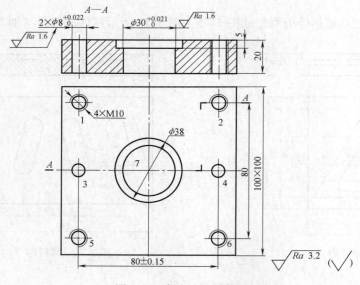

图 3-78　任务 3.7 零件图

【任务分析】

如图 3-78 所示，除了尺寸精度和表面粗糙度要求较高的孔 $2 \times \phi 8^{+0.022}_{0}$ mm、$\phi 30^{+0.021}_{0}$ mm 外，还有 4 个 M10 的螺纹孔、$\phi 38$mm 沉孔需要加工。该任务主要涉及钻削、镗削、铰削、攻螺纹等孔加工编程及工艺知识。

【知识学习】

本任务主要学习各种孔加工固定循环指令及其应用实例。

1. 编程指令

（1）孔加工概述　孔类零件的加工包括钻孔、镗孔、铰孔、深孔钻削、攻螺纹孔等加工。如果在同一个面上加工多个相同的孔，则需要完成数个相同的加工动作。FANUC 数控系统针对此类零件加工提供了孔加工循环指令。使用这些孔加工固定循环功能指令，可以大大简化程序的编制。

1）固定循环的动作组成。如图 3-79 所示为孔加工循环动作图，固定循环包括以下 6 个动作。

动作 1：刀具在 X、Y 平面快速定位到孔加工的位置。

动作 2：刀具从 Z 轴快速移动到 R 平面。

动作 3：以切削进给的方式执行孔的加工动作。

动作 4：在孔底的动作，如暂停、主轴准停、刀具位移等。

图 3-79　孔加工循环动作图

动作 5：返回到 R 平面。

动作 6：快速返回到初始平面。所有的孔加工完成后刀具一般返回到初始平面。

2）固定循环的指令格式。

G90/G91 G98/G99 G73 ~ G89 X_ Y_ Z_ R_ Q_ P_ F_ L_;

其中：

① G90 和 G91：数据输入格式指令，G90 为绝对坐标，G91 为增量坐标。

② G98 和 G99：刀具返回的位置指令，G98 为刀具返回初始平面，G99 为刀具返回 R 平面（R 平面也称为参考平面，一般距离工件上表面 2~5mm）

③ G73 ~ G89：孔的加工方式指令（具体见表 3-17）。

④ X、Y：平面点定位 X、Y 坐标值，可以用绝对坐标值，也可以用增量坐标值。

⑤ Z：刀具到达孔底的 Z 坐标值，使用绝对坐标时，表示从坐标原点到达孔底的距离，使用增量坐标时，表示从 R 平面到达孔底的距离。

⑥ R：R 平面的 Z 坐标值，使用绝对坐标时，表示从坐标原点到达 R 平面的距离，使用增量坐标时，表示从初始平面到达 R 平面的距离。

⑦ Q：在 G73 和 G83 指令中，指定每次进给的深度；G76 和 G87 指令中，指定刀具的位移量，用增量值给定。

⑧ P：刀具在孔底的停留时间，用整数表示，单位为 ms。

⑨ F：切削进给速度。

⑩ L：固定循环次数，不指定时默认为 1 次。

孔加工固定循环指令为模态指令，固定循环方式一旦被指定后，便在加工过程中保持不变，直到指定其他孔加工固定循环方式或用 G80 指令取消固定循环为止。当程序中使用 G00、G01、G02、G03 时，固定循环加工方式及其加工数据也全部被取消。所以，加工同一种孔时，加工方式连续执行，不需要对每个孔重新指定加工方式。因而，在使用孔加工固定循环功能时，应先给出循环加工孔所需要的全部数据，在固定循环过程中只需给出需要改变的功能字，比如坐标、深度等。

（2）常用的孔加工固定循环指令格式及应用

表 3-17 所列是 FANUC 数控系统的孔加工固定循环功能，包括 12 种固定循环功能指令和 1 种取消固定循环功能指令。

表 3-17　孔加工固定循环功能表

G 代码	孔加工动作（−Z 方向）	在孔底的动作	刀具返回方式（+Z 方向）	用途
G73	间歇进给	—	快速	高速啄式钻孔
G74	切削进给	暂停—主轴正转	切削进给	攻左旋螺纹孔
G76	切削进给	主轴准停—刀具位移	快速	精镗孔
G80	—	—	—	取消固定循环
G81	切削进给	—	快速	钻孔、钻中心孔
G82	切削进给	暂停	快速	钻孔、锪孔、镗阶梯孔、孔口倒角
G83	间歇进给	—	快速	啄式钻孔
G84	切削进给	暂停—主轴反转	切削进给	攻右旋螺纹孔
G85	切削进给	—	切削进给	精镗孔、铰孔
G86	切削进给	暂停	快速	镗孔
G87	切削进给	暂停	快速	反镗孔
G88	切削进给	暂停—主轴停	手动	镗孔
G89	切削进给	暂停	切削进给	精镗阶梯孔

常用的孔加工固定循环指令的格式及说明如下。

① 钻孔、钻中心孔固定循环指令 G81。

格式：G90/G91 G98/G99 G81 X_ Y_ Z_ R_ F_；

说明：主轴正转，在初始平面上，刀具快速到达孔的位置定位，而后快速到达 R 平面，从 R 平面开始，刀具以进给速度向下运动钻孔，到达孔底位置后，快速返回 R 平面（G99）或初始平面（G98），无孔底动作，如图 3-80 所示。

② 钻孔、锪孔、镗阶梯孔、孔口倒角固定循环指令 G82。

格式：G90/G91 G98/G99 G82 X_ Y_ Z_ R_ P_ F_；

说明：与 G81 的主要区别是孔

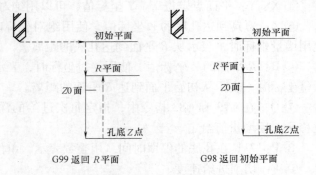

图 3-80　G81 钻孔、钻中心孔固定循环

底有停留，停留时间由地址 P 给出。其他动作与 G81 相同。该指令主要用于加工盲孔或阶梯孔等，以提高孔底精度。

③ 啄式钻孔固定循环指令 G83。

格式：G90/G91 G98/G99 G83 X_ Y_ Z_ R_ Q_ F_；

说明：与 G81 的主要区别是，G83 用于深孔加工，采用啄式钻孔（间歇进给），有利于排屑。每次钻削 Q 的距离后返回到 R 平面，d 为让刀量，其值由 CNC 系统内部参数设定，末次钻削的距离小于或等于 Q，如图 3-81 所示。

编程实例：编写图 3-82 所示孔零件的加工程序。

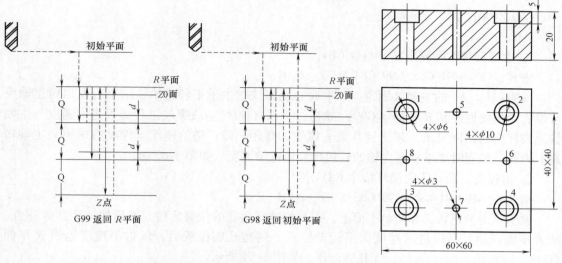

图 3-81　G83 深孔啄钻固定循环

图 3-82　孔零件

钻 1 ~ 4 号孔参考程序（以工件上表面的中心为原点）：

S600 M03；

G54 G90 G00 X0 Y0 Z50；

G90 G98 G81 X – 20 Y20 Z – 26 R5 F100；　　　　　　　考虑钻通孔，Z 设为 – 26mm

X20；

Y – 20；

X – 20；

G00 Z100；

M30；

锪 1 ~ 4 号孔参考程序：

S600 M03；

G54 G90 G00 X0 Y0 Z50；

G90 G98 G82 X – 20 Y20 Z – 5 P2000 R5 F100；　　　考虑锪孔保证台阶表面质量暂停 2s

X20；

Y – 20；

X – 20；

G00 Z100；

M30；

钻 5 ~ 8 号深孔参考程序：

S1000 M03；

G54 G90 G00 X0 Y0 Z50；

G90 G98 G83 X0 Y20 Z – 25 R5 Q8 F100；　　　　　　考虑深孔钻每次钻深设为 8mm

X20 Y0;

X0 Y – 20；

X – 20 Y0；

G00 Z100；

M30；

④ 攻右旋螺纹孔固定循环指令 G84。

格式：G90/G91 G98/G99 G84 X_ Y_ Z_ R_ F_;

说明：与 G81 的主要区别是，G84 攻右旋螺纹时主轴正转进给，结束后退出时主轴反转以进给速度返回到 R 平面（G99）或初始平面（G98）。攻螺纹过程要求进给速度与主轴转速成严格的比例关系，其比例系数为螺纹的螺距，即：进给速度 = 螺纹的螺距 × 主轴转速。因此，编程时要求根据主轴的转速计算出进给速度，如图 3-83 所示。

⑤ 精镗孔、铰孔固定循环指令 G85。

格式：G90/G91 G98/G99 G85 X_ Y_ Z_ R_ F_;

说明：主轴正转，在初始平面上，刀具快速到达孔的位置定位，而后快速到达 R 平面，从 R 平面开始刀具以进给速度向下运动钻孔，到达孔底位置后，以进给速度返回 R 平面（G99）或初始平面（G98），无孔底动作，如图 3-84 所示。

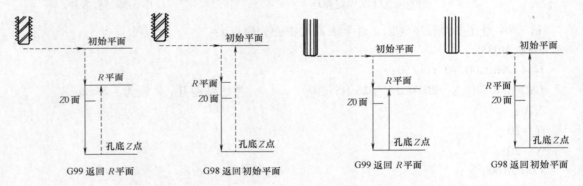

图 3-83　G84 攻右旋螺纹孔固定循环　　　　图 3-84　G85 铰孔、精镗孔固定循环

⑥ 精镗孔固定循环指令 G76。

格式：G90/G91 G98/G99 G76 X_ Y_ Z_ R_ P_ Q_ F_;

说明：与 G85 的区别是，G76 在孔底有三个动作，即进给停止、主轴定向停止、刀具沿刀尖所指的反方向偏移 Q 值，然后快速返回 R 平面（G99）或初始平面（G98），如图 3-85 所示。

2. 工艺分析

（1）孔的加工工艺方案

1）孔按深浅可分为浅孔和深孔两类。长径比（孔深与孔径之比）小于 5 为浅孔，大于或等于 5 为深孔。浅孔加工可直接调用钻孔循环指令 G81 或 G82，而深孔加工因排屑、冷却困难，因此在加工时优先选用深孔钻循环指令 G83。本任务无深孔。

2）由于所有孔都在实体上加工，为防止钻偏，均先用中心钻钻引孔，然后再钻孔。根据各孔精度和要求，选取各孔的加工方案如下。

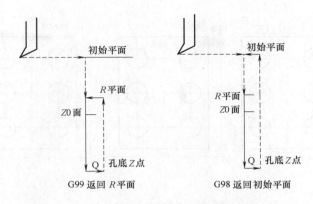

G99 返回 R 平面　　　　　　　　　　G98 返回初始平面

图 3-85　G76 精镗孔固定循环

$\phi 30^{+0.021}_{0}$ mm 孔：钻中心孔→钻孔→扩孔→铰孔。

$\phi 38$ mm 孔：镗孔（或铣孔）。

$\phi 8^{+0.022}_{0}$ mm 孔：钻中心孔→钻孔→扩孔→铰孔。

M10 螺纹孔：钻中心孔→钻螺纹底孔→孔口倒角→攻螺纹。

3）孔的加工路线。对于一般精度要求的孔，在选择加工路线时优先选用较短的路径以缩短空行程时间提高加工效率。图 3-86 所示为圆周分布孔的两种走刀路径比较。

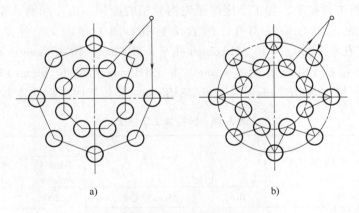

图 3-86　加工路线的选择

a）常规的路线　b）走刀路径最短的路线

对于位置精度要求较高的孔系加工，特别要注意孔的加工顺序的安排，安排不当时，就有可能将沿坐标轴的反向间隙引入，直接影响位置精度。如图 3-87a 所示为零件图，在该零件上加工六个尺寸相同的孔，有两种加工路线。当按图 3-87b 所示路线加工时，由于 5、6 孔与 1、2、3、4 孔定位方向相反，Y 方向反向间隙会使定位误差增加，而影响 5、6 孔与其他孔的位置精度。按图 3-87c 所示路线，加工完 4 孔后，往上移动一段距离到 P 点，然后再折回来加工 5、6 孔，这样方向一致，可避免反向间隙的引入，从而提高了 5、6 孔与其他孔的位置精度。

本任务中孔的精度无太高要求，在使用中心钻钻孔时按照 1→2→4→7→3→5→6 的加工路线，如图 3-78 所示。

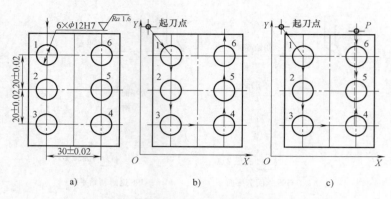

图 3-87　孔的走刀路线比较

（2）工、量、刃具的选择

1）工具选择。用机用虎钳装夹工件，百分表校正钳口。辅助工具有木锤、垫铁、扳手等。

2）量具选择。定位销、卡尺、内径百分表等。

3）刃具选择。具体刀具见表 3-18。

（3）确定加工顺序

加工之前应将工件校平，加工顺序按照先粗后精的原则。由于所有孔都在实体上加工，为防止钻偏，均先用中心钻钻引孔，然后再钻孔。加工顺序为：钻 7 个中心孔→钻 $\phi30H7mm$ 孔的底孔至 $\phi28mm$ →扩 $\phi30H7mm$ 孔至 $\phi29.5mm$ →镗 $\phi38mm$ 沉孔→钻 M10 螺纹底孔至 $\phi8.5mm$ →钻 $\phi8H8mm$ 孔至 $\phi7.5mm$ →扩 $\phi8H8mm$ 孔至 $\phi7.9mm$ →M10 螺纹孔口倒角→攻螺纹 M10→精镗 $\phi30H7mm$ 孔→铰孔 $\phi8H8mm$。具体工序步骤见表 3-18。

表 3-18　数控加工工序卡

工步号	工 步 内 容	刀号	刀具	切削用量		背吃刀量 /mm
				主轴转速（r/min）	进给速度（mm/min）	
1	钻中心孔	T01	$\phi3mm$ 中心钻	1200	50	
2	钻 $\phi30H7mm$ 孔的底孔至 $\phi28mm$	T02	$\phi28mm$ 锥柄麻花钻	300	70	
3	扩 $\phi30H7mm$ 孔至 $\phi29.5mm$	T03	$\phi29.5mm$ 扩孔钻	320	60	
4	镗 $\phi38mm$ 沉孔	T04	$\phi38mm$ 双刃镗刀	450	40	
5	钻 M10 螺纹底孔至 $\phi8.5mm$	T05	$\phi8.5mm$ 麻花钻	780	80	
6	钻 $\phi8H8mm$ 孔至 $\phi7.5mm$	T06	$\phi7.5mm$ 麻花钻	800	70	
7	扩 $\phi8H8mm$ 孔至 $\phi7.9mm$	T07	$\phi7.9mm$ 扩孔钻	700	60	
8	M10 螺纹孔口倒角	T08	倒角刀	500	40	
9	攻螺纹 M10	T09	M10 丝锥	100	150	
10	精镗 $\phi30H7mm$ 孔	T10	$\phi30mm$ 精镗刀	500	30	
11	铰孔 $\phi8H8mm$	T11	$\phi8mm$ 铰刀	100	30	

3. 程序编制

本例选择工件上表面中心为工件原点。

参考程序如下：

O0001（钻中心孔）

N10 T01；	选 ϕ3 中心钻
N20 G54 G90 G00 X0 Y0 Z100；	
N30 M03 S1200；	
N40 G43 Z50 H01；	刀具到达初始平面
N50 G99 G81 X－40 Y40 Z－5 R5 F50；	1#孔位置点窝
N60 X40；	2#孔位置点窝
N70 Y0；	4#孔位置点窝
N80 X0；	7#孔位置点窝
N90 X－40；	3#孔位置点窝
N100 Y－40；	5#孔位置点窝
N110 X40；	6#孔位置点窝
N120 G49 G80 G28 G91 X0 Y0 Z0；	机床返回参考点
N130 M05；	
N140 M30；	

O0002（钻 7 号孔）

N10 T02；	选 ϕ28mm 钻头
N20 G54 G90 G00 X0 Y0 Z100；	
N30 M03 S300；	
N40 G43 Z50 H02；	
N50 G99 G81 X0 Y0 Z－25 R5 F70；	7#孔位置
N60 G49 G80 G28 G91 X0 Y0 Z0；	
N70 M05；	
N80 M30；	

O0003（扩 7 号孔）

N10 T03；	选 ϕ29.5mm 扩孔钻
N20 G54 G90 G00 X0 Y0 Z100；	
N30 M03 S320；	
N40 G43 Z50 H03；	
N50 G99 G81 X0 Y0 Z－25 R5 F60；	7#孔位置
N60 G49 G80 G28 G91 X0 Y0 Z0；	
N70 M05；	
N80 M30；	

O0004（镗 7 号沉孔）

N10 T04；	ϕ38mm 双刃镗刀
N20 G54 G90 G00 X0 Y0 Z100；	

N30 M03 S300；

N40 G43 Z50 H04；

N50 G99 G82 X0 Y0 Z－5 R5 P2000 F40；　　7#孔位置

N60 G49 G80 G28 G91 X0 Y0 Z0；

N70 M05；

N80 M30；

O0005（钻 M10 螺纹底孔）

N10 T05；　　　　　　　　　　　　　　选 φ8.5mm 钻头，手动换刀

N20 G54 G90 G00 X0 Y0 Z100；

N30 M03 S780；

N40 G43 Z50 H05；

N50 G99 G81 X－40 Y40 Z－25 R5 F80；　　1#孔位置

N60 X40；　　　　　　　　　　　　　　2#孔位置

N70 Y－40；　　　　　　　　　　　　6#孔位置

N80 X－40；　　　　　　　　　　　　5#孔位置

N160 G49 G80 G28 G91 X0 Y0 Z0；

N170 M05；

N180 M30；

O0006（钻 3、4 定位孔）

N10 T06；　　　　　　　　　　　　　　选 φ7.5mm 钻头

N20 G54 G90 G00 X0 Y0 Z100；

N30 M03 S800；

N40 G43 Z50 H06；

N50 G99 G81 X－40 Y0 Z－28 R5 F70；　　3#孔位置

N60 X40；　　　　　　　　　　　　　　4#孔位置

N70 G49 G80 G28 G91 X0 Y0 Z0；

N80 M05；

N90 M30；

O0007（扩 3、4 孔）

N10 T07；　　　　　　　　　　　　　　选 φ7.9mm 扩钻

N20 G54 G90 G00 X0 Y0 Z100；

N30 M03 S700；

N40 G43 Z50 H07；

N50 G99 G81 X－40 Y0 Z－28 R5 F60；　　3#孔位置

N60 X40；　　　　　　　　　　　　　　4#孔位置

N70 G49 G80 G28 G91 X0 Y0 Z0；

N80 M05；

N90 M30；

O0008（螺纹孔口倒角）

N10 T08;　　　　　　　　　　　　　　　　选倒角刀

N20 G54 G90 G00 X0 Y0 Z100;

N30 M03 S500;

N40 G43 Z50 H08;

N50 G99 G81 X –40 Y40 Z –2 R5 F40;　　　1#孔位置

N60 X40;　　　　　　　　　　　　　　　2#孔位置

N70 Y –40;　　　　　　　　　　　　　　6#孔位置

N80 X –40;　　　　　　　　　　　　　　5#孔位置

N160 G49 G80 G28 G91 X0 Y0 Z0;

N170 M05;

N180 M30;

O0009（攻螺纹）

N10 T09;　　　　　　　　　　　　　　　选 M10 丝锥

N20 G54 G90 G00 X0 Y0 Z100;

N30 M03 S100;

N40 G43 Z50 H09;

N50 G99 G84 X –40 Y40 Z –25 R5 F150;　　1#孔位置

N60 X40;　　　　　　　　　　　　　　　2#孔位置

N70 Y –40;　　　　　　　　　　　　　　6#孔位置

N80 X –40;　　　　　　　　　　　　　　5#孔位置

N160 G49 G80 G28 G91 X0 Y0 Z0;

N170 M05;

N180 M30;

O0010（镗 7 号孔）

N10 T10;　　　　　　　　　　　　　　　选 φ30mm 镗刀

N20 G54 G90 G00 X0 Y0 Z100;

N30 M03 S500;

N40 G43 Z50 H10;

N50 G99 G76 X0 Y0 Z –25 R5 P2000 Q2 F30;

N60 G49 G80 G28 G91 X0 Y0 Z0;

N70 M05;

N80 M30;

O0011（铰 3、4 定位孔）

N10 T11;　　　　　　　　　　　　　　　选 φ8mm 铰刀

N20 G54 G90 G00 X0 Y0 Z100;

N30 M03 S100;

N40 G43 Z50 H11;

N50 G99 G85 X –40 Y0 Z –28 R5 F30;　　　3#孔位置

N60 X40;　　　　　　　　　　　　　　　4#孔位置

N70 G49 G80 G28 G91 X0 Y0 Z0;
N80 M05;
N90 M30;

【任务实施】

1. 加工准备

1）检查毛坯尺寸。

2）开机，回参考点。

3）程序输入：把编写好的数控程序输入数控系统。

4）工件装夹：将机用虎钳装夹在铣床工作台上，用百分表校正其位置；将工件装夹在机用虎钳上，底部用垫块垫起，孔加工部位底部悬空，用百分表校平工件上表面。

5）刀具装夹：根据加工顺序安装所需刀具。

2. 对刀及设定加工坐标系

利用试切法先进行 X、Y 方向对刀操作，并将零偏置值输入 G54 中（Z 值输"0"）；而后利用试切法分别将每把刀具移动到工件上表面，记录 Z 坐标值，并将数值分别输入到对应的长度补偿中。

3. 空运行及仿真

注意空运行及仿真时，使机床锁定或将 G54 中 Z 坐标抬高 50～100mm，检查刀具运行轨迹是否正确。若在机床锁定状态进行空运行，则结束后一定要重新进行返回参考点操作。

4. 零件自动加工

首先使各个倍率开关打到较低的状态，然后按下"循环启动"键，运行正常后适当调整倍率，保证加工顺利进行。

5. 零件检验

零件加工完成后随即对照图样各项精度要求逐一检查，零件检查合格后方可拆下，若有不合格项目则需仔细分析原因，找出解决措施。

【编程与操作注意事项】

1）毛坯装夹时，要考虑垫铁与加工部位是否干涉。

2）钻孔加工前，要先钻中心孔，保证麻花钻起钻时不会偏心。

3）在运行固定循环时，若使用复位或急停功能，由于孔加工方式和数据已经被存储，所以不能立即停止，固定循环的剩余动作结束后方可停止。

4）安装铰刀时应首先用百分表校正铰刀，防止影响孔径精度；铰削和攻螺纹时应充分冷却。

5）攻螺纹时，暂停按钮无效，主轴旋钮倍率保持不变，进给修调旋钮无效。

6）一般 M6～M20 可用丝锥进行攻螺纹加工，M20 以上的螺纹孔可用螺纹铣刀加工。

【知识拓展】

➤圆柱与孔的中心找正

当被加工工件为圆盘类零件时，常常以圆柱或孔的中心为加工基准点，对此类零件常采用百分表找出中心点的位置，实现工件坐标系的设定。图 3-88 所示为百分表对刀示意图，其操作步骤如下：

1）由于百分表的量程较小，事先要进行粗找正，使轴线偏移精度在百分表的量程之内。

粗找正方法：在主轴上夹持一段铁丝，然后旋转主轴，粗略判断铁丝回转中心基本位于孔的中心位置。

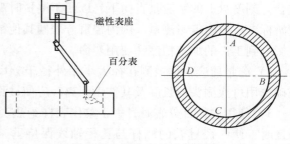

图 3-88　百分表对刀示意图

2）调整百分表触头，使其与 Y 方向的两个极限点 A、C 接触，转动主轴，观察两点的偏移量，然后调整主轴中心位置，再反复比较两极限点读数，直至相同为止，将坐标值记到 G54 之中；同样道理找出 X 方向两极限点 B、D 的位置，调整主轴位置，直至两点读数相同，将坐标值记到 G54 之中。

3）对于直径小于 40mm 的孔或外圆，可用钻夹头刀柄直接夹持百分表；直径较大的孔则借用磁性表座。

➢内径百分表的使用

（1）内径百分表结构组成及测量原理　内径百分表主要用于测量精度较高且深度较深的孔的内径，其结构如图 3-89 所示。内径百分表测量架的结构：在三通管的一端装着活动测量头，另一端装着可换测量头，垂直管口一端，通过连杆装有百分表。活动测头的移动，使传动杠杆回转，通过活动杆，推动百分表的测量杆，使百分表指针产生回转。由于杠杆的两侧触点是等距离的，当活动测头移动 1mm 时，活动杆也移动 1mm，推动百分表指针回转一圈。所以，活动测头的移动

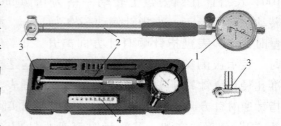

图 3-89　内径百分表结构示意图
1—百分表　2—表架　3—测量头　4—可换测量头

量，可以在百分表上读出来。内径百分表活动测头的移动量，小尺寸的只有 0~1mm，大尺寸的可有 0~3mm，它的测量范围是由更换或调整可换测头的长度来达到的。因此，每个内径百分表都附有成套的可换测头。国产内径百分表的读数值为 0.01mm，测量范围有 10~18mm、18~35mm、35~50mm、50~100mm、100~160mm、160~250mm、250~450mm。用内径百分表测量内径是一种比较量法，测量前应根据被测孔径的大小，在专用的环规或百分尺上调整好尺寸后才能使用。调整内径百分尺的尺寸时，选用可换测头的长度及其伸出的距离（大尺寸内径百分表的可换测头是用螺纹旋上去的，故可调整伸出的距离，小尺寸的不能调整）应使被测尺寸在活动测头总移动量的中间位置。内径百分表的示值误差比较大，如测量范围为 35~50mm 的，示值误差为 ±0.015mm。为此，使用时应当经常在专用环规或百分尺上校对尺寸（习惯上称为校对零位），必要时可用量块组校对零位，并增加测量次数，以提高测量精度。

（2）内径百分表的测量方法。

1）内径百分表用来测量圆柱孔，它附有成套的可调测量头，使用前必须先进行组合和

校对零位。组合时,将百分表装入连杆内,使小指针指在 0 ~ 1 的位置上,长针和连杆轴线重合,刻度盘上的字应垂直向下,以便于测量时观察,装好后应予紧固。粗加工时,最好先用游标卡尺或内卡钳测量,因内径百分表同其他精密量具一样属贵重仪器,其好坏与精度直接影响到工件的加工精度和使用寿命。

2)测量前应根据被测孔径大小用外径千分尺调整好尺寸后才能使用。在调整尺寸时,正确选用可换测头的长度及其伸出距离,应使被测尺寸在活动测头总移动量的中间位置。

3)使用内径百分表时,一手拿住表杆绝热套,另一手托住表杆下部靠近测杆的部位。测量时,使内径量表的测杆与孔径轴线保持垂直,才能测量准确。沿内径量表的测杆方向摆动表杆,使圆表盘指针指示到最小数字即圆表盘指针顺时针方向偏转的终点时,表示测杆已垂直于孔径轴线。测量时,连杆中心线应与工件中心线平行,不得歪斜,同时应在圆周上多测几个点,找出孔径的实际尺寸,看是否在公差范围以内,如图 3-90 所示。

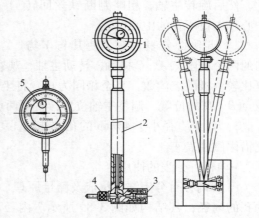

图 3-90 内径百分表结构及使用示意图
1—百分表 2—测量架 3—活动测量头
4—可换测量头 5—百分表小指针

4)百分表的读数。百分表圆表盘刻度为100,长指针在圆表盘上转动一格为 0.01mm,转动一圈为 1mm;小指针偏动一格为 1mm。测量时,当圆表盘指针顺时针方向离开"0"位时,表示被测实际孔径小于标准孔径,它是标准孔径与表针离开"0"位格数的差;当圆表盘指针逆时针方向离开"0"位时,表示被测实际孔径大于标准孔径,它是标准孔径与表针离开"0"位格数之和。若测量时表盘小针偏移超过 1mm,则应在实际测量值中减去或加上 1mm。

5)测量实例。例如,孔径基本尺寸是 39mm,上偏差是 + 0.025,下偏差是 0,用内径百分表测量孔的精度的具体步骤为:

① 选择 35 ~ 50mm 测头。

② 装好表杆,将表杆调到在尺内约压 1 圈左右,锁紧。

③ 对尺,将千分尺调到 39。在千分尺内用手固定一端,另一端反复上下左右对齐,取最小点,然后在此点将表对零。这样对出来的表在 0 线时就刚好是 39,偏差直接看表就可以了。

④ 将内径百分表放入孔内,左右摆动百分表,测量所得的最小值就是孔的实际尺寸。

⑤ 测量时分多点测量取其平均值。

【思考与练习】

1. 试说明内径百分表的工作原理及使用方法。

2. 说明镗孔与攻螺纹加工时的注意事项。

3. 完成图 3-91、图 3-92 所示零件的加工程序的编制。

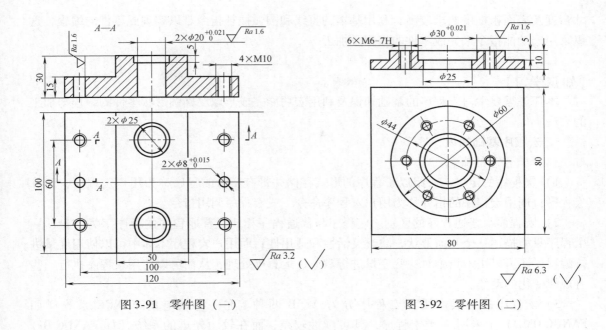

图 3-91　零件图（一）　　　　　　　　　　　图 3-92　零件图（二）

任务 3.8　宏指令的使用

【学习目标】

1. 知识目标

- 掌握 FANUC 系统 B 类宏指令 G65、G66、G67 的功能及应用。
- 掌握变量的表达及运算格式。
- 掌握条件转移、重复执行等控制指令的使用。
- 了解使用宏功能编程的基本思想。

2. 技能目标

- 能够掌握宏程序编程基本指令的使用。
- 能够进行球体、椭圆等非圆曲线零件的编程与加工。

【任务导入】

完成图 3-93 所示的凸模板外轮廓铣削加工，材料为硬铝 2A12，毛坯尺寸为 100mm × 60mm × 25mm，单件生产。

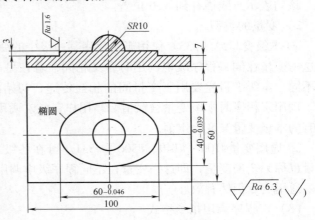

图 3-93　任务 3.8 零件图

【任务分析】

该任务零件的轮廓包含一个半径为 10mm 的上半球及 3mm 高的椭圆台阶曲线特征，椭圆台阶的尺

159

寸精度及表面粗糙度要求较高。利用基本的直线和圆弧插补指令难以实现此零件的编程，这里采用宏功能指令来完成零件的编程及加工。

【知识学习】

本任务需要学习宏程序的基础知识及利用宏功能完成半球、椭圆形状零件的编程与加工的方法。

1. 宏程序基础知识

（1）宏程序的概念

1）宏程序的定义。一组以子程序的形式存储并带有变量的程序称为用户宏程序，简称宏程序；调用宏程序的指令称为用户宏程序命令，或宏程序调用指令。

2）宏程序与普通程序的区别。宏程序与普通程序相比，普通程序的程序字为常量，一个程序只能描述一个几何形状，缺乏灵活性和适用性；而用户宏程序本体中可以使用变量进行编程，还可以用宏指令对这些变量进行赋值、运算等处理，从而可以使用宏程序执行一些有规律变化的动作。

3）宏程序的分类。用户宏程序分为 A、B 两种。在一些较老的 FANUC 系统（如 FANUC 0MD）中采用 A 类宏程序，其可读性较差；而在较为先进的系统（如 FANUC 0i）中则采用 B 类宏程序。本节主要介绍 B 类宏程序。

（2）宏程序的变量

1）变量。在常规的主程序和子程序内，总是将具体的常量数值赋给一个地址，而在宏程序中变量是最显著的特征，变量使宏程序更加灵活，是不断变化的数据存储单元，因此称为变量数据。当给变量赋值时就相当于把数值存入变量。当对变量进行一些运算之后，其值就发生了变化。

① 变量的表示。变量可以用 "#" 号和跟随其后的变量序号来表示，如#i（i = 1，2，3，…）。

② 变量的引用。将跟随在一个地址后的数值用一个变量来代替，即引入了变量。如：

#101 = 50；

G01X［#101］；

该句表示直线插补到 X50 位置。

2）变量的类型。

① 本级变量#1～#33。作用于宏程序某一级中的变量称为本级变量（也称为局部变量），即这一变量在同一程序级中调用时含义相同，若在另一级程序（如子程序）中使用，则意义不同。本级变量主要用于变量间的相互传递，初始状态下未赋值的本级变量即为空白变量。调用宏程序时本级变量被赋值。当用户完成宏调用（使用 M99）时或切断控制电源时，所有的本级变量又变为空值。

② 通用变量#100～#149、#500～#531。可在各级宏程序中被共同使用的变量称为通用变量也称为全局变量，即这一变量在不同程序级中调用时含义相同。因此，完成宏程序调用时，通用变量仍然有效。

（3）宏程序调用指令格式

G65/G66 P（宏程序号）L（重复次数）（变量分配）；

G65——非模态指令（只在当前程序段给变量赋值并调用一次）。

G66——模态指令（在当前程序段启用模态功能，在执行完后面每个运动程序段后都调用）。

G67——取消模态指令 G66。

例：

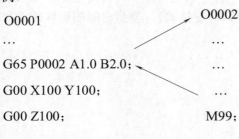

O0001   O0002

…   …

G65 P0002 A1.0 B2.0;   …

G00 X100 Y100;   …

G00 Z100;   M99;

…

M30;

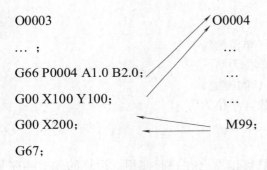

O0003   O0004

… ;   …

G66 P0004 A1.0 B2.0;   …

G00 X100 Y100;   …

G00 X200;   M99;

G67;

…

M30;

宏程序与子程序相同点是：一个宏程序可被另一个宏程序调用，最多可调用 4 重。宏程序的书写格式与子程序相同。

FANUC 系统为局部变量的赋值提供了独立的列表，赋值见表 3-19。在这个列表中，一个英文字母就对应一个变量号，并嵌入到控制软件中。如字母"A"对应局部变量"#1"，"B"对应"#2"等。

表 3-19 赋值列表

A	#1	I	#4	T	#20
B	#2	J	#5	U	#21
C	#3	K	#6	V	#22
D	#7	M	#13	W	#23
E	#8	Q	#17	X	#24
F	#9	R	#18	Y	#25
H	#11	S	#19	Z	#26

表 3-19 中，文字变量为除 G、L、N、O、P 以外的英文字母，一般可不按字母顺序排列，但 I、J、K 例外；#1～#26 为数字序号变量。

例：G65 P1000 A1.0 B2.0 I3.0;

上述程序段为宏程序的简单调用格式，其含义为调用宏程序号为 1000 的宏程序运行一次，并为宏程序中的变量赋值。其中，#1 为 1.0，#2 为 2.0，#4 为 3.0。

（4）算术运算指令

变量是运用宏功能的重要特征。变量与常量一样可以进行运算，最简单的是加减乘除四则运算。变量之间进行运算的通常表达形式是：#i =（表达式）。变量之间的运算通常有以下几种形式：

1）变量的定义和替换。

#i = #j

2）加减运算。

#i = #j + #k   加

#i = #j − #k   减

3）乘除运算。

#i = #j * #k   乘

#i = #j/#k   除

4）函数运算。

#i = SIN［#j］   正弦函数（单位为°）

#i = COS［#j］   余函数（单位为°）

#i = TAN［#j］   正切函数（单位为°）

#i = ATAN［#j］／［#k］   反正切函数（单位为°）

#i = SQRT［#j］   平方根

#i = ABS［#j］   取绝对值

5）运算的组合。以上算术运算和函数运算可以结合在一起使用，运算的先后顺序是：函数运算、乘除运算、加减运算。

6）括号的应用。表达式中括号的运算将优先进行。连同函数中使用的括号在内，括号在表达式中最多可用 5 层。

（5）控制转移指令

宏程序之所以具有强大的功能是在于宏程序在执行程序中所做的决策。无论哪种形式的决策，总是基于给定的条件或给定条件产生的结果。FANUC 系统主要使用 IF 或 WHILE 来控制程序的流程。程序在执行过程中遇到控制转移指令时会自动根据已知条件来控制程序的运行。

1）条件转移。

编程格式：IF［条件表达式］GOTO n；

以上程序段含义为：

① 如果条件表达式的条件得以满足，则转而执行程序中程序号为 n 的相应操作，程序段号 n 可以由变量或表达式替代。

② 如果表达式中条件未满足，则顺序执行下一段程序。

③ 如果程序作无条件转移，则 IF［条件表达式］可以被省略。

④ 条件表达有以下几种逻辑关系：

#j EQ #k   表示 =

#j NE #k   表示 ≠

#j GT #k   表示 >

#j LT #k   表示 <

#j GE #k   表示 ≥

#j LE #k   表示 ≤

2）重复执行。

编程格式：WHILE［条件表达式］DO m；（m = 1，2，3）

　　　　　　　⋮

　　　　　　END m；

注意：WHILE DO m 和 END m 必须成对使用

上述程序的含意为：

① 条件表达式满足时，程序段 DO m；至 END m；即重复执行。

② 条件表达式不满足时，程序转到 END m；后执行。

③ 如果 WHILE［条件表达式］部分被省略，则程序段 DO m；至 END m；之间的部分将一直重复执行。

2. 程序编制

（1）用宏程序编写半球零件

1）编程思路。本任务含有一半径为 10mm 的半球。编程思路如图 3-94 所示，设定刀具从工件上表面开始，分层铣削，逐渐加深；每次铣削按照平面圆弧轨迹插补；随着深度增加，圆弧半径增大。设切削点所在的球心半径与球的垂直中心线夹角 α 为自变量，则切削轨迹所在的平面圆的半径值则为 $R\sin\alpha$；角度 α 由 0° 开始，最大增加到 90°。

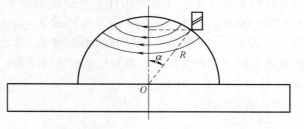

2）程序编写。以工件毛坯上表面的中心为编程原点，粗加工略。

拟订变量：

图 3-94　编程思路图

#1——圆弧插补起点 X 坐标值

#2——圆弧插补起点 Z 坐标值

#3——角 α（为自变量，初始值为"0"）

#4——角 α 的最大终止角 90°

O0001   子程序名

N10 #1 = 10 * SIN［#3］；   圆弧插补起点 X 坐标值

　　 #2 = 10 * COS［#3］- 10；圆弧插补所在平面 Z 坐标值

G01 Z［#2］F80；   Z 向直线插补

G01 G41 X［#1］Y0 D01；   圆弧运行起点和终点均在 X 的正方向 Y = 0 处，左补偿

G02 X［#1］Y0 I -［#1］J0；

G40 G01 X60 Y0；   回到起始点

#3 = #3 + 2；   角度每次递增 2°，可以根据加工质量调整

IF［#3 LE #4］GOTO 10；   条件判断是否≤90°，为真则跳转至 N10

G00 Z30

M99;	子程序返回
O00002	主程序名
T01	
G54 G00 X60 Y0;	设置加工起点
G43 G00 Z30 H01;	
G65 P0001 C0 I90;	#3 = 0 表示角 α 初始值为"0",#4 = 90 表示加工终止角度为 90°
G00 Z100;	
M30;	

（2）用宏程序编写椭圆零件

1）编程思路。对于椭圆、抛物线等非圆曲线的加工，数控系统虽然没有提供专门的插补指令，但曲线轨迹可以采用微小直线逼近处理，也就是利用 G01 功能指令来拟合所需曲线。

如图 3-95 所示，椭圆参数方程：

$$X = a\cos\theta$$
$$Y = b\sin\theta$$

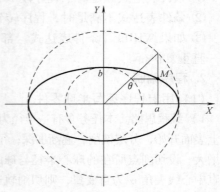

图 3-95　椭圆图

该参数方程的特点是如果知道椭圆的长、短半轴长度 a、b 和刀具所在离心角 θ，就可以直接得出目前刀具所在的坐标值 X 和 Y。设加工椭圆上动点对离心角 θ 为自变量（有时图样上直接给出的角度并非离心角值，可按 $\theta = \arccos(X/a)$ 或 $\theta = \arcsin(Y/b)$ 反推），随着角度变量 θ 的不断增加，X、Y 的轨迹坐标就跟着变化，X 和 Y 的坐标值始终为：$X = a \times \cos\theta$，$Y = b \times \sin\theta$。

2）程序编写

设置变量：

#1——加工点对应离心角 θ，初始值为"0"。

#2——椭圆 X 半轴长度为 30mm。

#3——椭圆 Y 半轴长度为 20mm。

#4——终点对应离心角为 360°。

#5——动点 X 轴坐标值。

#6——动点 Y 轴坐标值。

O00003	子程序名
N10 #5 = #2 * COS[#1];	动点 X 坐标值
#6 = #3 * SIN[#1];	动点 Y 坐标值
G42 G01 X[#5] Y[#6] D01;	直线插补逼近椭圆轨迹,右补偿
#1 = #1 + 1;	角度变量 θ 递增 1,可根据加工质量调整
IF[#1 LE #4] GOTO 10;	终点判别 θ≤360? 条件为真跳转继续执行 N10
M99;	子程序返回
O00004	主程序名

S500 M03；

T01；

G54 G43 G00 X60 Y0 Z10 H01；

G01 Z－13 F100；

G65 P0003 A0 B30 C20 I360；　　　　调用宏程序 O0003 并给变量赋值

G00 Z100；

G40 G00 X60 Y0；

M30；

（3）零件参考程序

上述即为半球及椭圆精加工程序，在进行整个零件切削时可利用半径补偿功能先进行粗加工，而后进行精加工。在精加工球面时为了保证球面表面粗糙度先选择球头刀加工，而后选择平底铣刀清除半球根部余料。

【任务实施】

1. 加工准备

1）检查毛坯尺寸。

2）开机，回参考点。

3）程序输入：把编写好的数控程序输入数控系统。

4）工件装夹：将机用虎钳装夹在铣床工作台上，用百分表校正其位置；将工件装夹在机用虎钳上，底部用垫块垫起，用百分表校平工件上表面。

5）刀具装夹：根据加工顺序安装所需刀具。

2. 对刀及设定工件坐标系

利用试切法先进行 X、Y 方向对刀操作，并将零偏置值输入 G54 中（Z 值输 "0"）；而后利用试切法分别将每把刀具移动到工件上表面，记录 Z 坐标值，并将数值分别输入到对应的长度补偿寄存器中。

3. 空运行及仿真

空运行及仿真时，使机床锁定或将 G54 中 Z 坐标抬高 50～100mm，检查刀具运行轨迹是否正确。若在机床锁定状态进行空运行，则结束后一定要重新进行返回参考点操作。

4. 零件自动加工

首先使各个倍率开关打到较低的状态，然后按下 "循环启动" 键，运行正常后适当调整倍率，保证加工顺利进行。

5. 零件检验

零件加工完成后随即对照图样各项精度要求逐一检查，零件检查合格后方可拆下，若有不合格项目则需仔细分析原因，找出解决措施。

【知识拓展】

➢子程序与宏程序比较

根据二者的用途可知，用户宏程序是子程序的直接扩充。用户宏程序和子程序一样，通常存储在单独的程序号中，同样是使用 M99 指令返回主程序。不同的是，子程序使用 M98

调用，宏程序使用 G65 调用。两种独特的编程方式的主要差异是宏程序的灵活性。宏程序可使用可变数据（变量），可执行许多数学运算并可保存各种机床设置的当前状态。宏程序有许多功能是子程序不能完成的。

宏程序的专有特征和灵活性如下：

1）可修改的程序数据。

2）可改变的程序流程。

3）数据可在两程序间进行传递。

4）重复可有回路。

5）典型的科学计算、代数运算和括号运算。

【思考与练习】

运用宏功能完成零件加工

1. 如图 3-96 所示，在毛坯尺寸为 100mm×80mm×16mm 的铝板上加工圆周分布孔，孔深 10mm。

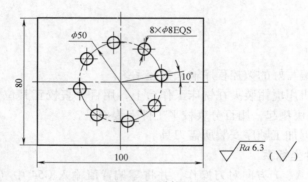

图 3-96　零件图（一）

2. 如图 3-97 所示，在毛坯尺寸为 130mm×100mm×25mm 的铝板上完成零件加工。

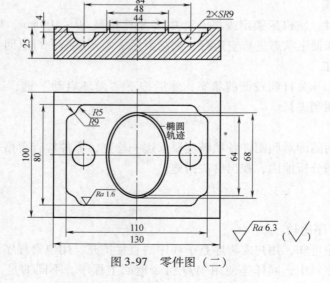

图 3-97　零件图（二）

项目4 加工中心的编程与加工

任务4.1 立式加工中心板类件的编程与加工

【技能目标】

1. 知识目标

- 掌握回参考点指令 G27、G28、G29、G30 的使用方法。
- 灵活运用 G43、G44、G49 刀具长度补偿指令。
- 灵活运用子程序简化编程。

2. 技能目标

- 能够熟练掌握数控加工中心的基本操作及多把刀具的对刀方法。
- 能够通过调整刀具参数进行粗铣、精铣零件的轮廓，并控制尺寸精度。
- 掌握机外对刀仪的使用方法。

【任务导入】

完成如图 4-1 所示的泵体端盖底板轮廓铣削加工，材料为硬铝 2A12，毛坯尺寸为 110mm×90mm×30mm，单件生产。

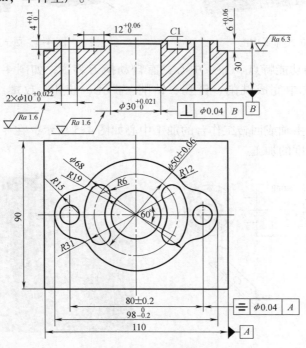

图 4-1 任务 4.1 零件图

【任务分析】

如图 4-1 所示，零件材料为硬铝 2A12，切削性能较好，工件为规则对称零件，加工部位由外轮廓圆弧、两个对称腰形槽、三个通孔组成。由于三个通孔的尺寸精度和位置精度较高，考虑采用立式加工中心来完成本任务。

【知识学习】

本任务包含立式加工中心相关编程指令及工艺知识的学习。

1. 加工中心概述

加工中心（Machining Center）简称 MC，是由机械设备与数控系统组成的适用于加工复杂零件的高效率、高精度自动化机床。实际上，加工中心是具有自动换刀装置，并能连续进行多种工序加工的数控机床。

加工中心可进行铣、镗、扩、攻螺纹等多种工序的加工。常见的加工中心有立式加工中心（图 4-2）和卧式加工中心（图 4-3），立式加工中心的主轴是垂直的，卧式加工中心的主轴是水平的。

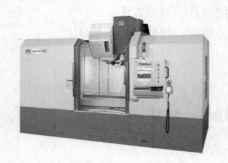

图 4-2　立式加工中心

图 4-3　卧式加工中心

（1）加工中心的功能特点　加工中心具有自动换刀装置，如图 4-4 所示，能自动地更换刀具，在一次装夹中完成铣削、镗孔、钻削、扩孔、铰孔、攻螺纹等加工，工序高度集中。

带有自动摆角的主轴或回转工作台的加工中心如图 4-5 所示，在一次装夹后，可以自动完成多个面和多个角度的加工。

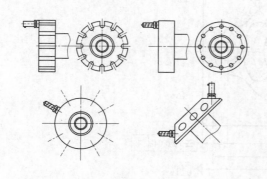

图 4-4　自动换刀装置

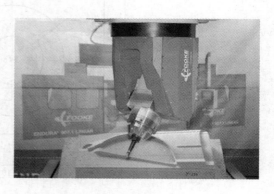

图 4-5　自动摆角主轴

带有可交换工作台的加工中心如图4-6所示，一个工件在加工的同时，另一个工作台可以实现工件的装夹，从而大大缩短了辅助时间，提高了加工效率。

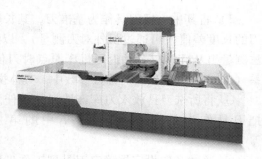

图4-6 带有可交换工作台的加工中心

（2）加工中心的加工对象 加工中心适用于复杂、工序多、精度要求高、需用多种类型普通机床和繁多刀具、工装，经过多次装夹和调整才能完成加工的零件。其主要加工对象有以下4类：

1）箱体类零件。箱体类零件是指具有一个以上的孔系，并有较多型腔的零件。这类零件在机械、汽车、飞机等行业较多，如汽车的发动机缸体、变速箱体，机床的床头箱、主轴箱，柴油机缸体，齿轮泵壳体等。箱体类零件在加工中心上加工，一次装夹可以完成60%~95%的工序内容，零件各项精度一致性好，质量稳定，同时可缩短生产周期，降低成本。对于加工工位较多，工作台需多次旋转角度才能完成的零件，一般选用卧式加工中心；当加工的工位较少，且跨距不大时，可选立式加工中心，从一端进行加工。

2）复杂曲面。在航空航天、汽车、船舶、国防等领域的产品中，复杂曲面类占有较大的比重，如叶轮、螺旋桨、各种曲面成形模具等。就加工的可能性而言，在不出现加工干涉区或加工盲区时，复杂曲面一般可以采用球头铣刀进行三坐标联动加工，加工精度较高，但效率较低。如果工件存在加工干涉区或加工盲区，就必须考虑采用四坐标或五坐标联动的加工中心。

3）异形件。异形件是指外形不规则的零件，大多需要点、线、面多工位混合加工，如支架、基座、样板、靠模等。异形件的刚性一般较差，夹压及切削变形难以控制，加工精度也难以保证，这时可充分发挥加工中心工序集中的特点，采用合理的工艺措施，一次或两次装夹，完成多道工序或全部的加工内容。

4）盘、套、板类零件。带有键槽、径向孔或端面有分布孔系以及有曲面的盘套或轴类零件，还有具有较多孔加工的板类零件，适宜采用加工中心加工。端面有分布孔系、曲面的零件宜选用立式加工中心，有径向孔的可选卧式加工中心。

2. 加工中心的操作及对刀

加工中心的操作与数控铣床基本是一样的。但是数控铣床每换一次刀具都要重新对刀，加工效率不高，重复对刀对零件的加工精度也有影响；而加工中心的优势就是可以一次装夹多把刀具，实现多工序加工，所以加工前就要对多把刀具进行对刀。加工中心在 X、Y 轴方向的对刀与数控铣床是一致的，这里不再重复。下面重点介绍 Z 轴的对刀方法。

刀具长度补偿值可通过以下三种方法设定。

1）通过机外对刀法测量出刀具长度，作为刀具长度补偿值（该值应为正）输入到对应的刀具补偿参数中，此时，工件坐标系（如 G54）中 Z 值的偏置值应设定为工件原点相对机床原点的 Z 向坐标值（该值为负）。

2）将工件坐标系（如 G54）中 Z 值的偏置值设定为零，调出刀库中的每把刀具，通过 Z 向设定器确定每把刀具到工件坐标系 Z 向零点的距离，直接将每把刀具到工件零点的距离值输到对应的长度补偿值代码中，正负号由程序中的 G43 或 G44 来确定。

3）将其中一把刀具作为基准刀，其长度补偿值为零，其他刀具的长度补偿值为与基准刀的长度差值（可通过机外对刀测量），以此作为长度补偿值输入。此时应先通过机内对刀法测量出基准刀在 Z 轴返回机床原点时刀位点相对工件基准面的距离，并输入到工件坐标系（如 G54）中 Z 值的偏置参数中。具体操作步骤如下：

① 将所选刀具放入刀库，选择其中任意某把刀具作为基准刀，如图 4-7 中的第一把刀 T01。

② 通过 Z 向设定器确定刀具到工件坐标系 Z 向零点的距离，直接将刀具到工件零点的距离值输到 G54 的 Z 值中，并设定 H01 = 0。

③ 将其他刀具的长度相对于基准刀长度的增加量或减少量作为刀具补偿值，输入到相应的刀具长度偏置寄存器中，在数控程序中用 G43 建立刀具长度补偿即可。如图 4-7 所示，H02 = −15，H03 = 17。

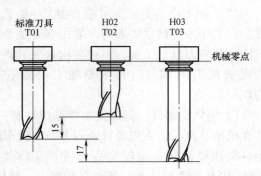

图 4-7　利用刀具长度差值设定偏移量

3. 编程指令

加工中心所用加工程序的基本编程方法、固定循环与数控铣床是相同的，最大区别在于加工中心需要自动换刀指令。

（1）回参考点指令 G27、G28、G29、G30　机床接通电源后需要通过手动回参考点，建立机床坐标系。机床参考点一般选作机床坐标的原点，在使用手动返回参考点功能时，刀具即可在机床 X、Y、Z 坐标参考点定位，这时返回参考点指示灯亮。

1）返回参考点校验功能指令 G27。

① 指令功能：用于检查机床是否能准确返回参考点。

② 指令格式。

G27 X_ Y_ ；

其中，X、Y、Z 为参考点位置坐标。执行 G27 指令后，返回各轴参考点指示灯分别点亮。当使用刀具补偿功能时，指示灯是不亮的，所以在取消刀具补偿功能后，才能使用 G27 指令。

2）回参考点指令 G28。

① 指令功能：使受控轴自动返回参考点。

② 指令格式。

G28 X_ Y_ ；

或 G28 X_ Z_ ；

或 G28 Y_ Z_ ；

其中，X、Y、Z 为中间点位置坐标。执行 G28 指令后，所有的受控轴都将快速定位到中间点，然后再从中间点快速移动到参考点。

G28 指令一般用于设置自动换刀位置，所以使用 G28 指令时，应取消刀具的补偿功能。

3）从参考点自动返回指令 G29。

指令格式：G29 X_ Y_ ；或 G29 X_ Z_ ；或 G29 Y_ Z_ ；

其中，X、Y、Z 为执行完 G29 后刀具应到达的目标点坐标。G29 指令一般紧跟在 G28 指令后使用，它的动作顺序是从参考点快速到达 G28 指令的中间点，再从中间点快速移动到目标点。G28、G29 举例如图 4-8 所示。

图 4-8　G28 和 G29 指令

参考程序：

N10 G91 G28 X1000 Y200；　由 A 经过 B，再
返回参考点

N20 M06；　换刀

N30 G29 X500 Y-400；　从参考点经由 B 到 C

4）第二参考点返回指令 G30。

指令格式：G30 X_ Y_ ；或 G30 X_ Z_ ；或 G30 Y_ Z_ ；

其中，X、Y、Z 为中间点位置坐标。G30 指令的功能与 G28 指令相似。不同之处是刀具自动返回第二参考点，而第二参考点的位置是由参数来设定的，G30 指令必须在执行返回第一参考点后才有效。如 G30 指令后面直接跟 G29 指令，则刀具将经由 G30 指定的中间点移到 G29 指令的返回点定位。在使用 G30 前，应先取消刀具补偿。

（2）换刀指令 M06　加工中心的刀具库主要有两种，一种是盘式刀库，如图 4-9a 所示，另一种为链式刀库，如图 4-9b 所示。

a)　　　　　　　　　　　　　　b)

图 4-9　刀库

a）盘式刀库　b）链式刀库

换刀的方式分无机械手式和有机械手式两种。

无机械手式换刀方式是刀具库靠向主轴，先卸下主轴上的刀具，刀库再旋转至欲换的刀具位置，将刀具上升装上主轴。此种刀具库以圆盘形较多，且是固定刀号式（即 1 号刀必须插回 1 号刀套内）。无机械手式的换刀指令举例：

T02 M06；

执行该指令时，主轴上的刀具先装回刀库，再旋转至 2 号刀位置，将 2 号刀装上主轴。

有机械手式换刀大都配合链式刀库且是无固定刀号式，即 1 号刀不一定插回 1 号刀套内。此种换刀方式的 T 指令后面所接数字代表欲调用刀具的号码。当 T 指令被执行时，被调用的刀具会转至准备换刀位置（称为选刀），但无换刀动作，因此 T 指令可在换刀指令 M06 之前即设定，以节省换刀时等待刀具的时间。有机械手式的换刀指令举例：

| T01 M06； | 将 1 号刀换到主轴上 |

| T02； | 2 号刀转至换刀位置,预选刀 |

刀具并非在任何位置均可交换，一般设计在安全位置实施刀具交换动作，避免与工作台、工件发生碰撞。Z 轴的机床原点位置是远离工件最远的安全位置，故一般 Z 轴先返回机床原点后，才能执行换刀指令。但有些制造厂商，如台中精机的加工中心，除了 Z 轴先返回机床原点外，还必须用 G30 指令返回第二参考点。加工中心的实际换刀程序通常书写如下：

1）只需 Z 轴回机床原点（无机械手式的换刀）。

G91 G28 Z0；	回机床原点
T01 M06；	换 1 号刀
……	
G91 G28 Z0；	回机床原点
T02 M06；	换 2 号刀

2）Z 轴先返回机床原点，且必须返回第二参考点（有机械手式的换刀）。

T03；	3 号刀到换刀位置
G91 G28 Z0；	回机床原点
G30 Y0；	返回第二参考点
T03 M06；	换 3 号刀
……	
G91 G28 Z0；	回机床原点
G30 Y0；	返回第二参考点
T04 M06；	换 4 号刀

4. 工艺分析

（1）工具、量具、刀具选择

1）工具选择。工具采用机用台虎钳装夹工件，寻边器对刀，其他工具见表 4-1。

2）量具选择。轮廓尺寸用游标卡尺测量，深度尺寸用深度游标卡尺测量，另用百分表校正机用台虎钳及工件上表面。

3）刀具选择。该工件的材料为硬铝，切削性能较好，选用高速钢立铣刀即可满足工艺要求。经过计算，凸台轮廓距毛坯边界的最大距离是 20mm，由于凸台的高度是 4mm，工件轮廓外的切削余量不均匀，故选用 φ20mm 的立铣刀进行粗加工，再选用 φ12mm 精三刃立铣刀，运用刀具半径补偿铣削凸台轮廓以达到尺寸要求。其他刀具见表 4-1。

（2）加工工艺方案　该任务有外轮廓及孔的加工，加工方案如下。

外轮廓：粗铣→精铣。

腰形槽：粗铣→精铣。

ϕ30H7mm：钻中心孔→钻底孔至 ϕ28mm→扩孔至 ϕ29.8mm→精镗孔。

ϕ10H8mm：钻中心孔→钻底孔至 ϕ9mm→扩孔至 ϕ9.8mm→铰孔。

外轮廓铣削路线：刀具从起刀点（80，0）出发，建立刀具半径左补偿并直线插补至点1，下刀至深度6mm，然后按1→2→3→4→5→6的顺序铣削加工，另外一半采用旋转指令再次调用子程序加工。

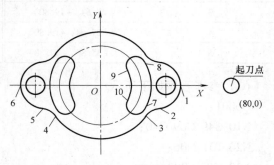

腰形槽铣削路线：刀具从工件中心（0，0）直线插补至点7，建立刀具半径左补偿，下刀至深度4mm处，然后按7→8→9→10的顺序铣削加工，另外一半采用旋转指令再次调用子程序加工，如图4-10所示。

图 4-10　铣削路径

（3）加工顺序　根据先面后孔、先粗后精、先大孔后小孔的加工顺序原则，先加工外轮廓，再钻镗各孔。具体加工顺序为：先粗铣外轮廓、粗铣腰形槽、中心钻打中心孔定位，再粗加工、半精加工各孔，最后精加工各轮廓面及各孔。具体工序步骤见表4-1。

表 4-1　数控加工工序卡

工步号	工步内容	刀号	刀具偏置	刀　具	切削用量		
					主轴转速 /（r/min）	进给速度 /（mm/min）	背吃刀量 /mm
1	粗铣外轮廓	T01	H01/D01	ϕ20mm 三刃立铣刀	800	150	5
2	粗铣腰形槽	T02	H02/D02	ϕ10mm 键槽铣刀	850	120	3
3	打中心孔	T03	H03	ϕ2.5mm 中心钻	1500	100	
4	钻 ϕ30H7 底孔至 ϕ28mm	T04	H04	ϕ28mm 锥柄麻花钻	400	60	
5	粗镗 ϕ30H7 孔	T05	H05	ϕ29.5mm 镗刀	450	70	
6	钻 ϕ10H8mm 底孔至 9mm	T06	H06	ϕ9mm 麻花钻	750	60	
7	扩 ϕ10H8mm 孔	T07	H07	ϕ9.8mm 扩孔钻	700	50	
8	精铣外轮廓	T08	H08/D08	ϕ20mm 精三刃立铣刀	1000	100	2
9	精铣腰形槽	T09	H09/D09	ϕ10mm 键槽铣刀	1000	120	1
10	精镗 ϕ30H7	T10	H10	ϕ30mm 精镗刀	500	30	
11	铰孔 ϕ10H8	T11	H11	ϕ10mm 铰刀	100	30	

5. 程序编制

（1）编程坐标系的建立　由于是对称零件，故适合采用旋转、镜像指令编程。本任务中编程坐标系的原点选在工件上表面的对称中心，方便计算。

（2）基点坐标的计算　因采用刀具半径补偿功能，故只需计算工件轮廓上各基点坐标即可。图4-10中各基点坐标值见表4-2。

表 4-2 基点坐标

基 点	坐 标	基 点	坐 标
1	(49,0)	6	(-49,0)
2	(35.89,-14.88)	7	(26.85,-15.5)
3	(27.64,-19.80)	8	(26.85,15.5)
4	(-27.64,-19.80)	9	(16.45,9.5)
5	(-35.89,-14.88)	10	(16.45,-9.5)

(3) 参考程序如下所示

O0001；

N10 G49 G69 G40；　　　　　　　　　　初始化各加工状态

N20 T01 M06；　　　　　　　　　　　　调用 1 号三刃立铣刀

N30 M03 S800；　　　　　　　　　　　主轴正转

N40 G54 G90 G00 X80 Y0；

N50 G43 Z20 H01；

N60 Z3 M08；　　　　　　　　　　　　接近工件上表面 3mm，切削液打开

N70 G01 Z-5 F100；　　　　　　　　　下刀至深度 5，留 1mm 余量

N80 M98 P0002；　　　　　　　　　　调用 O0002 粗加工外轮廓

N90 G68 X0 Y0 R180；　　　　　　　　绕工件坐标系旋转 180°

N100 M98 P0002；　　　　　　　　　　加工外轮廓另一半

N110 G69；　　　　　　　　　　　　　取消旋转

N120 G00 Z100；　　　　　　　　　　Z 轴抬刀

N130 M09 M05；　　　　　　　　　　　切削液关，主轴停止

N140 G28 G49 Z100；

N150 T02 M06；　　　　　　　　　　　换 ϕ10mm 立铣刀

N160 M03 S850 M08；

N170 G54 G90 G00 X0 Y0；

N180 G43 H02 Z50；

N190 M98 P0003；　　　　　　　　　　调用 O0003 粗加工腰形槽

N200 G68 X0 Y0 R180；

N210 M98 P0003；

N220 G69；

N230 Z100 M09；

N240 G49 G28 Z100；

N250 T03 M06；　　　　　　　　　　　换 ϕ2.5mm 中心钻

N260 M03 S1500；

N270 G54 G90 G00 X40 Y0；

N280 G43 H03 Z20；

N290 G81 X40 Y0 Z-3 R5 F100 M08；

174

N300 X-40;

N310 X0;

N320 G80 G00 Z50 M09;

N330 G49 G28 Z100;

N340 T04 M06;   换 ϕ28mm 钻头

N350 M03 S400 M08;

N360 G54 G90 G00 X0 Y0;

N370 G43 H04 Z20;

N380 G83 X0 Y0 Z-31 R5 Q2 F60;

N390 G80 Z50 M09;

N400 G49 G28 Z100;

N410 T05 M06;   换 ϕ29.5mm 粗镗刀

N420 M03 S450 M08;

N430 G90 G54 G00 X0 Y0;

N440 G43 H05 Z10;

N450 G85 X0 Y0 Z-31 R5 F70;

N460 G80 Z50 M09;

N470 G49 G28 Z100;

N480 T06 M06;   换 ϕ9mm 钻头

N490 M03 S750 M08;

N500 G90 G54 G00 X40 Y0;

N510 G43 H06 Z20;

N520 G83 X40 Y0 Z-31 R5 Q2 F60;

N530 X-40;

N540 G80 Z50 M09;

N550 G49 G28 Z100;

N560 T07 M06;   换 ϕ9.8mm 的钻头(扩孔)

N570 M03 S700 M08;

N580 G90 G54 G00 X40 Y0;

N590 G43 H07 Z20;

N600 G83 X40 Y0 Z-31 R5 Q2 F50;

N610 X-40;

N620 G80 Z50 M09;

N630 G49 G28 Z100;

N640 T08 M06;   换 ϕ20mm 四刃立铣刀

N650 M03 S1000;   主轴正转

N660 G54 G90 G00 X80 Y0;

N670 G43 Z20 H08;

N680 Z3 M08;   接近工件上表面3mm,切削液打开

N690 G01 Z－6 F100；　　　　　　　　　下刀至深度6mm

N700 M98 P0004；　　　　　　　　　　调用 O0004 精加工外轮廓

N710 G68 X0 Y0 R180；　　　　　　　　绕工件坐标系旋转180°

N720 M98 P0004；　　　　　　　　　　再次调用 O0004 精加工外轮廓

N730 G69；　　　　　　　　　　　　　取消旋转

N740 G00 Z50；　　　　　　　　　　　Z轴抬刀

N750 M09 M05；　　　　　　　　　　　切削液关，主轴停

N760 G49 G28 Z100；

N770 T09 M06；　　　　　　　　　　　换 φ10mm 立铣刀

N780 M03 S1000；

N790 G90 G54 X0 Y0；

N800 G43 H09 Z50 M08；

N810 M98 P0005；　　　　　　　　　　调用 O0005 精加工腰形槽

N820 G68 X0 Y0 R180；

N830 M98 P0005；

N840 G00 Z50 M09；

N850 G69 G40；

N860 G49 G28 Z100；

N870 T10 M06；　　　　　　　　　　　换 φ30H7mm 精镗刀

N880 M03 S500；

N890 G90 G54 G00 X0 Y0；

N900 G43 H10 Z10 M08；

N910 G76 X0 Y0 Z－31 R5 F30；

N920 G80 Z100 M09；

N930 G49 G28 Z100；

N940 T11 M06；　　　　　　　　　　　换 φ10H8mm 铰刀

N950 M03 S100 M08；

N960 G90 G54 G00 X40 Y0；

N970 G43 H11 Z50；

N980 G82 X40 Y0 Z－31 R5 P2000 F30；

N990 X－40；

N1000 G80 Z50 M09；

N1010 G49 G28 Z100；

N1020 M30；　　　　　　　　　　　　程序结束

O0002　　　　　　　　　　　　　　　粗加工外轮廓子程序

N10 G01 G41 X49 Y0 D01 F150；　　　　建立刀具半径补偿

N20 G02 X35.89 Y－14.88 R15；

N30 G03 X27.64 Y－19.80 R12；

N40 G02 X－27.64 Y－19.80 R34；

N50 G03 X – 35. 89 Y – 14. 88 R12；

N60 G02 X – 49 Y0 R15；

N70 G01 G40 X – 60 Y0；

N80 M99；   子程序结束,并返回到主程序

O0003   粗加工腰形槽子程序

N10 G01 G41 X26. 85 Y – 15. 5 D02 F120；

N20 G01 Z – 3 F30；

N30 G03 X26. 85 Y15. 5 R31；

N40 G03 X16. 45 Y9. 5 R6；

N50 G02 X16. 45 Y – 9. 5 R19；

N60 G03 X26. 85 Y – 15. 5 R6；

N70 G00 Z1；

N80 G40 X0 Y0；

N90 M99；

O0004   精加工外轮廓子程序

N10 G01 G41 X49 Y0 D08 F100；   建立刀具半径补偿

N20 G02 X35. 89 Y – 14. 88 R15；

N30 G03 X27. 64 Y – 19. 80 R12；

N40 G02 X – 27. 64 Y – 19. 80 R34；

N50 G03 X – 35. 89 Y – 14. 88 R12；

N60 G02 X – 49 Y0 R15；

N70 G01 G40 X – 60 Y0；

N80 M99；   子程序结束,并返回到主程序

O0005   精加工腰形槽子程序

N10 G01 G41 X26. 85 Y – 15. 5 D09 F120；

N20 G01 Z – 4 F30；

N30 G03 X26. 85 Y15. 5 R31；

N40 G03 X16. 45 Y9. 5 R6；

N50 G02 X16. 45 Y – 9. 5 R19；

N60 G03 X26. 85 Y – 15. 5 R6；

N70 G00 Z1；

N80 G40 X0 Y0；

N90 M99；

【任务实施】

1. 加工准备

1）检查毛坯尺寸。

2）开机，回参考点。

3）程序输入：把编写好的数控程序输入数控系统。

4）工件装夹：用机用虎钳装夹工件，伸出钳口 8mm 左右，用百分表找正。

5）刀具装夹：安装寻边器，确定工件零点为坯料上表面的中心，设定零点偏置。安装 $\phi 20mm$ 粗立铣刀并对刀，设定刀具参数，选择自动加工方式。

2. 对刀及设立工件坐标系

选第一把刀 T1 为基准刀，通过寻边器碰工件两侧对中确定 X 轴零点，同样的方法对 Y 轴，刀具轻碰设定器确定 Z 轴零点，在 G54 中设定工件坐标系。H01 刀具长度设定为 0。换第二把刀 T2，刀尖碰到 Z 轴设定器，记下此时机床坐标值，把值输入相对应参数 H02，其他刀具依此类推。

3. 空运行

以 FAUNC 系统为例，调整机床中刀具半径补偿值，把坐标系偏移中的 Z 方向值变为"+50"，打开程序，选择 MEM 工作模式，按下空运行按钮，按"循环启动"键，观察程序运行及加工情况；或用机床锁定功能进行空运行，空运行结束后，使空运行按钮复位。

4. 零件自动加工及尺寸控制

本任务中，粗加工时输入的刀具半径补偿值可以略大于刀具的实际半径值，以留出精加工余量。例如，粗加工外轮廓时把刀具半径补偿值设置为 10.2mm，轮廓留 0.2mm 精加工余量，深度方向也留 0.2mm 精加工余量。精加工外轮廓时，刀具半径值先设置为 10.05mm，运行完精加工程序后，根据轮廓实测尺寸再修改机床中的刀具半径补偿值，然后重新运行程序，以保证轮廓尺寸符合图样要求。

5. 零件尺寸检测

程序执行完毕后，进行尺寸检测。

6. 加工结束

拆下工件并清理机床。

【知识拓展】

➢机外对刀仪的使用

加工中心通常采用机外对刀仪进行对刀。

对刀仪的基本结构如图4-11所示。对刀仪平台7上装有刀柄夹持轴2，用于安装被测刀具。通过快速移动单键按钮4和微调旋钮5或6，可调整刀柄夹持轴2在对刀仪平台7上的位置。当光源发射器8发光，将刀具刀刃放大投影到显示屏幕1上时，即可测得刀具在 X（径向尺寸）、Z（刀柄基准面到刀尖的长度尺寸）方向的尺寸。

钻削刀具（图4-12）的对刀操作过程如下：

1）将被测刀具与刀柄连接安装为一体。

2）将刀柄插入对刀仪上的刀柄夹持轴2，并紧固。

3）打开光源发射器8，观察刀刃在显示屏幕1上的投影。

4）通过快速移动单键按钮4和微调旋钮5或6，可调整刀刃在显示屏幕1上的投影位置，使刀具的刀尖对准显示屏幕1上的十字线中心，如图4-13所示。

5）测得 X 为 20，即刀具直径为 20mm。

6）测得 Z 为 180.002，即刀具长度尺寸为 180.002mm。

7）将测得的尺寸输入加工中心的刀具补偿页面。

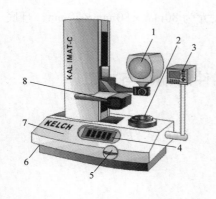
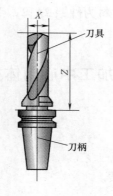
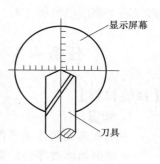

图 4-11 对刀仪

1—显示屏幕 2—刀柄夹持轴 3—操作面板

4—快速移动单键按钮 5,6—微调旋钮

7—对刀仪平台 8—光源发射器

图 4-12 钻头

图 4-13 钻头对刀

【思考与练习】

1. 思考题

（1）加工中心与数控铣床有什么区别？

（2）如何进行数控加工中心多把刀具对刀？

（3）如何合理地安排换刀指令？为什么加工中心换刀时必须取消刀具补偿功能？

2. 练习题

完成图 4-14、图 4-15 所示零件的编程与加工。

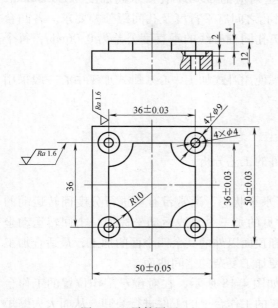

图 4-14 零件图（一）

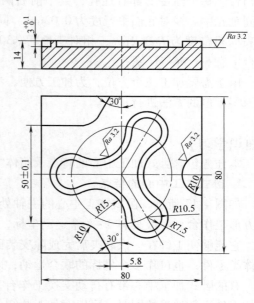

图 4-15 零件图（二）

（1）如图 4-14 所示，零件材料为硬铝 2A12，毛坯尺寸为 50mm×50mm×14mm，且底面与四个侧面已经加工好。

（2）如图 4-15 所示，零件材料为硬铝 2A12，毛坯尺寸为 80mm×80mm×20mm，且底面与四个侧面已经加工好。

任务 4.2　卧式加工中心箱体类零件的编程与加工

【技能目标】

1. 知识目标

- 掌握典型箱体类零件的加工工艺。
- 掌握箱体类零件的装夹方案。

2. 技能目标

- 能够进行卧式加工中心对刀及操作。
- 能够完成典型箱体类零件的程序编制及加工。

【任务导入】

完成如图 4-16 所示的箱体类零件的程序编制及加工，中空为腔，毛坯铸件，材料是 QT450，上、下表面和其上孔已经在其他机床加工完成，下底面上的 $6×\phi11mm$ 两侧分布的孔，其中一侧的两个孔已加工成 $\phi11H7mm$ 的工艺孔。要求加工四个立面上的平面和孔。

【任务分析】

如图 4-16 所示，四个侧面中，前后两面各有三个凸台，箱体的右侧有一个凸台，共七个凸台。每个凸台上都有通孔，其中前后两面上对应的 $\phi30H7$ 孔要求同轴度为 $\phi0.02mm$，两同轴孔中心线对底面平行度为 0.02mm，同时孔之间有平行度及孔间距公差要求。各凸台面表面粗糙度为 $Ra3.2\mu m$，相对于前后 $\phi30H7$ 孔同轴心线的垂直度公差为 0.06mm，每个凸台上有 $6×M6\text{-}7H$ 螺孔。

由于需要加工三个方位，为加工方便，考虑使用卧式加工中心。卧式加工中心一般采用单刀多工位的方法进行加工。

【知识学习】

本任务包含卧式加工中心的特点及箱体零件的工艺分析。

1. 卧式加工中心的特点

如图 4-17 所示，卧式加工中心的主轴处于水平状态，通常带有可进行分度回转运动的正方形工作台。一般具有 3~5 个运动坐标，常见的是三个直线运动坐标加一个回转运动坐标，它能够使工件在一次装夹后完成除安装面和顶面以外的其余四个面的加工，最适合加工箱体类零件；也可作多个坐标的联合运动，以便加工复杂的空间曲面。

有的卧式加工中心带有自动交换工作台，如图 4-18 所示，在对位于工作位置的工作台上的工件进行加工的同时，可以对位于装卸位置的工作台上的工件进行装卸，从而大大缩短了辅助时间，提高了加工效率。

2. 工艺分析

（1）工具、量具、刃具选择

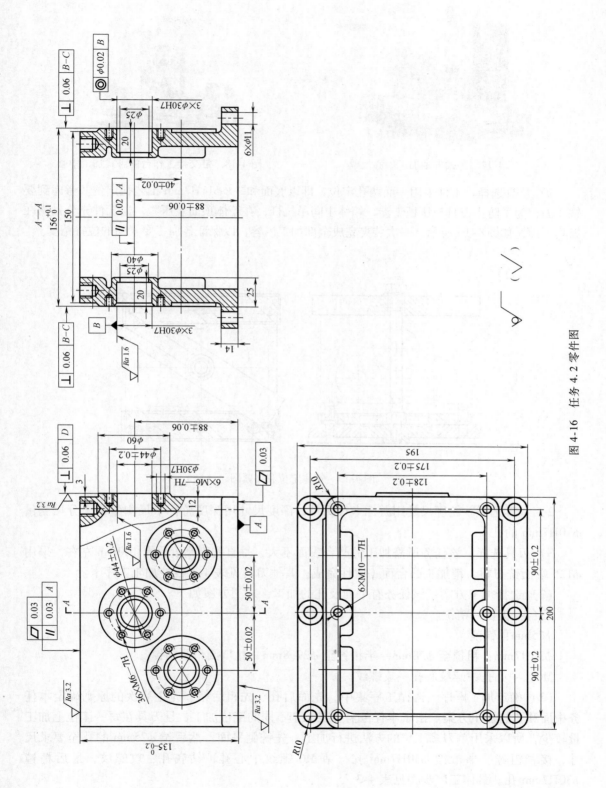

图 4-16 任务 4.2 零件图

181

图 4-17 卧式五轴加工中心

图 4-18 带交换工作台的卧式加工中心

1）工具选择。工件采用一面两孔定位，即以底面和 $2 \times \phi 11H7mm$ 工艺孔定位。考虑到要铣立面，为了防止刀具与压板干涉，箱体中间吊拉杆，在箱体顶面上压紧，让工件充分暴露在刀具下面，如图 4-19 所示，一次装夹完成全部加工内容，以保证各加工要素间的位置精度。

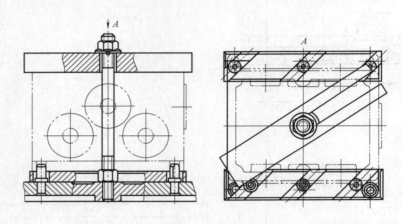

图 4-19 箱体定位和夹紧图

2）量具选择。轮廓尺寸用游标卡尺测量，深度尺寸用深度游标卡尺测量，千分尺测量 $\phi 30H7mm$ 的孔。

3）刀具选择。该任务所需加工的凸台表面不大，垂直铣削高度只有 100mm 左右，采用 $\phi 125$ 端面铣刀粗、精加工凸台面一次性完成。其他刀具见表 4-3 数控加工工序卡。

（2）选择加工方案 该任务有平面及孔的加工，加工方案如下。

凸台：粗铣→精铣。

$\phi 25mm$：镗削。

$\phi 30H7mm$：粗镗至 $\phi 28mm$→半精镗至 $\phi 29.8mm$→孔口倒角→精镗。

M6：中心孔→螺纹底孔→攻螺纹。

（3）确定加工顺序 遵循工序集中、先面后孔、先粗后精、先主后次的原则确定本任务中面和孔的加工方案。由于本任务需要在三个不同的工位加工，且刀具在每一工位上加工量较少，所以采用单刀多工位的方法进行加工。先铣侧平面，然后镗 $\phi 25mm$ 的孔至要求尺寸，接着粗镗、半精镗 $\phi 30H7mm$ 孔，钻 M6 螺纹中心孔，钻底孔、攻螺纹，最后精镗 $\phi 30H7mm$ 孔。具体工序步骤见表 4-3。

表 4-3　数控加工工序卡

工步号	工步内容	刀号	刀具偏置	刀　具	切削用量		
					主轴转速/(r/min)	进给速度/(mm/min)	背吃刀量/mm
1	粗、精铣凸台	T01	H01	ϕ125mm 端面铣刀	300/400	120/80	1
2	镗 ϕ25 孔至要求尺寸	T02	H02	ϕ25mm 粗镗刀	450	50	
3	粗镗 ϕ30H7mm 孔至 ϕ28mm	T03	H03	ϕ28mm 平底镗刀	420	45	
4	半精镗 ϕ30H7mm 孔至 ϕ29.8mm	T04	H04	ϕ29.8mm 平底镗刀	400	45	
5	ϕ30H7mm 孔孔口倒角	T05	H05	45°倒角镗刀	600	100	
6	钻 M6 中心孔	T06	H06	ϕ3mm 中心钻	1500	100	
7	钻 M6 螺纹底孔	T07	H07	ϕ5mm 麻花钻	800	50	
8	攻 M6 螺纹孔	T08	H08	M6H2 丝锥	100	100	
9	精镗 ϕ30H7mm 孔至 ϕ30H7mm	T09	H09	ϕ30H7mm 平底精镗刀	550	40	

3. 程序编制

（1）工件坐标系的建立　在每个工位上分别建立一个工件坐标系，三个工位上的 X、Y 坐标位置如图 4-20 所示，Z 方向的坐标零点在工件下底面。A 面和 C 面的工件坐标系对称，这样坐标计算相对简单，方便编程。

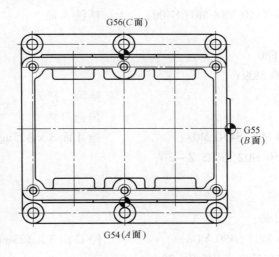

图 4-20　各个面的工件坐标系设定

（2）参考程序

O0011	主程序
N10 T01 M06;	换 T01 端面铣刀（ϕ125mm）
N20 T02;	刀库预选粗镗刀 T02
N30 M03 S300;	

N40 G54 G90 G00 X150 Y77；　　　　　　定位到 A 面起刀点

N50 G43 H01 Z50；　　　　　　　　　建立刀具长度补偿,刀位点到 Z50

N60 G01 Z0.2 F250 M08；

N70 G01 X-150 F120；　　　　　　　　粗铣 A 面

N80 G65 P0005 B90；　　　　　　　　工作台转 90°,B 面到主轴侧

N90 G55 G90 G00 X120 Y88 M03 S300；　　粗铣 B 面

N100 G43 H01 Z0.2 F250；

N110 G01 X-105 F120；

N120 G65 P0005 B180；　　　　　　　工作台转 180°,C 面到主轴侧

N130 G56 G90 G00 X150 Y77 M03 S300；　　粗铣 C 面

N140 G43 H01 Z0.2 F250；

N150 G01 X-150 F120；

N160 M03 S400；　　　　　　　　　改变 S、F 值,精铣 C 面

N170 G43 H01 Z0；

N180 G01X150 F80；

N190 G65 P0005 B90；

N200 G55 G90 G00 X105 Y88 M03 S400；　　精铣 B 面

N210 G43 H01 Z0；

N220 G01 X-105 F80；

N230 G65 P0005 B0；

N240 G54 G90 G00 X150 Y88 M03 S400；　　精铣 A 面

N250 G43 H01 Z0；

N260 G01 X-150 F80；

N270 G49 G00 Z200 M09；

N280 T02 M06；　　　　　　　　　　换第二把刀

N290 T03；　　　　　　　　　　　　预选刀具

N300 G54 G90 G00 M03 S450 M08；　　　镗 A 面 3×ϕ25mm 孔

N310 G66 P0007 F50 H02 I5 R5 Z-30；

N320 M98 P0006；

N325 G67；

N330 G65 P0005 B180；

N340 G56 G90 G00 M03 S450 M08；　　　镗 C 面 3×ϕ25mm 孔

N350 G66 P0007 F50 H02 I5 R5 Z-30；

N360 M98 P0006；

N370 G67；

N380 G49 G00 Z200 M09；

N390 T03 M06；　　　　　　　　　　换第三把刀

N400 T04；

N410 G56 G90 G00 M03 S420 M08；　　　粗镗 C 面 3×ϕ30H7mm 孔至 ϕ28mm

N420 G66 P0008 F45 H03 I5 R5 Z – 19.8 X2；

N430 M98 P0006；

N435 G67；

N440 G65 P0005 B90；

N450 G55 G90 G00 X0 Y88 M03 S420 M08；　　　粗镗 B 面 φ30H7mm 孔至 φ28mm

N460 G65 P0008 F45 H03 I5 R5 Z – 19.8 X2；

N465 G65 P0005 B0；

N470 G54 G90 G00 M03 S420 M08；　　　粗镗 A 面 3×φ30H7mm 孔至 φ28mm

N480 G66 P0008 F45 H03 I5 R5 Z – 19.8 X2；

N490 M98 P0006；

N495 G67；

N500 G49 G00 Z200 M09；

N510 T04 M06；　　　换第四把刀

N520 T05；

N530 G54 G90 G00 M03 S400 M08；　　　半精镗 A 面 3×φ30H7mm 孔至 φ29.5mm

N540 G66 P0008 F45 H04 I5 R5 Z – 19.9 X2；

N550 M98 P0006；

N555 G67；

N560 G65 P0005 B90；

N570 G55 G90 G00 X0 Y88 M03 S400 M08；　　　半精镗 B 面 φ30H7mm 孔至 φ29.5mm

N580 G65 P0008 F45 H04 I5 R5 Z – 19.9 X2；

N590 G65 P0005 B180；

N600 G56 G90 G00 M03 S400 M08；　　　半精镗 C 面 3×φ30H7mm 孔至 φ29.5mm

N610 G66 P0008 F45 H04 I5 R5 Z – 19.9 X2；

N620 M98 P0006；

N625 G67；

N630 G49 G00 Z200 M09；

N640 T05 M06；　　　换第五把刀

N650 T06；

N660 G56 G90 M03 S600 M08；　　　C 面 3×φ30H7mm 孔口倒角

N670 G66 P0008 F100 H05 I5 R5 Z – 1 X2；　　　修改倒角大小

N680 M98 P0006；

N685 G67；

N690 G65 P0005 B90；

N700 G55 G90 X0 Y88 S600 M03 M08；　　　B 面 φ30H7mm 孔口倒角

N710 G65 P0008 F100 H05 I5 R5 Z – 1 X2；　　　修改倒角大小

N720 G65 P0005 B0；

N730 G54 G90 G00 S600 M03 M08；　　　A 面 3×φ30H7mm 孔口倒角

N740 G66 P0008 F100 H05 I5 R5 Z – 1 X2；　　　修改倒角大小

N750 M98 P0006；

N755 G67；

N760 G49 G00 Z200 M09；

N770 T06 M06；　　　　　　　　　　　　　　换第六把刀

N780 T07；

N790 G54 G90 G00 M03 S1500 M08；　　　钻 A 面 18×M6—7H 中心孔

N800 G66 P0007 F100 H06 I5 R5 Z–5；　　修改倒角大小

N810 G65 P0010 X50 Y48 R22 A30 C6；　　钻右侧 6×M6 孔

N820 G65 P0010 X0 Y88 R22 A30 C6；　　钻中间 6×M6 孔

N830 G65 P0010 X–50 Y48 R22 A30 C6；　钻左侧 6×M6 孔

N835 G67；

N840 G65 P0005 B90；

N850 G55 G90 G00 M03 S1500 M08；　　　钻 B 面 6×M6—7H 中心孔

N860 G66 P0007 F100 H06 I5 R5 Z–5；

N870 G65 P0010 X0 Y88 R22 A30 C6；

N875 G67；

N880 G65 P0005 B180；

N890 G56 G90 G00 M08 M03 S1500；　　　钻 C 面 18×M6—7H 中心孔

N900 G66 P0007 F100 H06 I5 R5 Z–5；

N910 G65 P0010 X50 Y48 R22 A30 C6；　　钻右侧 6×M6 螺纹孔

N920 G65 P0010 X0 Y88 R22 A30 C6；　　钻中间 6×M6 螺纹孔

N930 G65 P0010 X–50 Y48 R22 A30 C6；　钻左侧 6×M6 螺纹孔

N935 G67；

N940 G49 G00 Z200 M09；

N950 T07 M06；　　　　　　　　　　　　　换第七把刀

N960 T08；

N970 G56 G90 G00 M03 S800 M08；　　　钻 C 面 18×M6—7H 底孔

N980 G66 P0007 F50 H07 I5 R5 Z–11；

N990 G65 P0010 X50 Y48 R22 A30 C6；

N1000 G65 P0010 X0 Y88 R22 A30 C6；

N1010 G65 P0010 X–50 Y48 R22 A30 C6；

N1015 G67；

N1020 G65 P0005 B90；

N1030 G55 G90 G00 M03 S800 M08；　　　钻 B 面 6×M6—7H 底孔

N1040 G66 P0007 F50 H07 I5 R5 Z–11；

N1050 G65 P0010 X0 Y88 R22 A30 C6；

N1055 G67；

N1060 G65 P0005 B0；

N1070 G54 G90 G00 M03 S800 M08；　　　钻 A 面 18×M6—7H 底孔

N1080 G66 P0007 F50 H07 I5 R5 Z – 11；
N1090 G65 P0010 X50 Y48 R22 A30 C6；
N1100 G65 P0010 X0 Y88 R22 A30 C6；
N1110 G65 P0010 X – 50 Y48 R22 A30 C6；
N1115 G67；
N1120 G49 G00 Z200 M09；
N1130 T08 M06；　　　　　　　　　　　　　换第八把刀
N1140 T09；
N1150 G54 G90 G00 M03 S100 M08；　　　攻 *A* 面 18 × M6—7H 螺纹
N1160 G66 P0009 H08 I5 R5 Z – 10；
N1170 G65 P0010 X50 Y48 R22 A30 C6；
N1180 G65 P0010 X0 Y88 R22 A30 C6；
N1190 G65 P0010 X – 50 Y48 R22 A30 C6；
N1195 G67；
N1200 G65 P0005 B90；
N1210 G55 G90 G00 M03 S100 M08；　　　攻 *B* 面 6 × M6—7H 螺纹
N1220 G66 P0009 H08 I5 R5 Z – 10；
N1230 G65 P0010 X0 Y88 R22 A30 C6；
N1235 G67；
N1240 G65 P0005 B180；
N1250 G56 G90 G00 M03 S100 M08；　　　攻 *C* 面 18 × M6—7H 螺纹
N1260 G66 P0009 H08 I5 R5 Z – 10；
N1270 G65 P0010 X50 Y48 R22 A30 C6；
N1280 G65 P0010 X0 Y88 R22 A30 C6；
N1290 G65 P0010 X – 50 Y48 R22 A30 C6；
N1295 G67；
N1300 G49 G00 Z200 M09；
N1310 T09 M06；　　　　　　　　　　　　换第九把刀
N1320 G56 G90 G00 S550 M03 M08；　　　精镗 *C* 面 3 × φ30H7mm 孔
N1330 G66 P0008 F40 H09 I5 R5 Z – 30 X2；
N1340 M98 P0006；
N1345 G67；
N1350 G65 P0005 B90；
N1360 G55 G90 G00 M08 S550；　　　　　精镗 *B* 面 φ30H7mm 孔
N1370 G66 P0008 F40 H09 I5 R5 Z – 30 X2；
N1375 G67；
N1380 G65 P0005 B0；
N1390 G54 G90 G00 M03 S550 M08；　　　精镗 *A* 面 3 × φ30H7mm 孔
N1400 G66 P0008 F40 H09 I5 R5 Z – 30 X2；

187

N1410 M98 P0006；

N1415 G67；

N1420 G40 G49 G28 Z0；　　　　　　　　退刀，回参考点

N1430 M30；　　　　　　　　　　　　　程序结束

O0005　　　　　　　　　　　　　　　　工作台分度宏程序

N10 G90 G00 G40 G49 G80；　　　　　　初始化

N20 G91 G28 Z0；

N30 B#2；　　　　　　　　　　　　　　工作台转位分度数用变量#2 表示

N40 M99；　　　　　　　　　　　　　　宏程序结束

O0006　　　　　　　　　　　　　　　　加工 3 × φ30H7mm 孔和 3 × φ25mm 孔子
　　　　　　　　　　　　　　　　　　　程序，A 面、C 面程序相同

N10 X50 Y48；　　　　　　　　　　　　右侧孔

N20 X0 Y88；　　　　　　　　　　　　　中间孔

N30 X − 50 Y48；　　　　　　　　　　　左侧孔

N40 M99；　　　　　　　　　　　　　　子程序结束，返回主程序

O0007　　　　　　　　　　　　　　　　钻孔宏程序，类似于 G81

N10 G90 G00 G43 H#11 Z#4；

N20 Z#18；　　　　　　　　　　　　　　快速到参考平面 R = #18

N30 G01 Z#26 F#9；　　　　　　　　　　工进到孔深 Z = #26

N40 G00 Z#4；　　　　　　　　　　　　快速返回到初始平面 I = #4

N50 M99；　　　　　　　　　　　　　　宏程序结束

O0008　　　　　　　　　　　　　　　　钻孔宏程序，类似于 G82

N10 G90 G00 G43 H#11 Z#4；

N20 Z#18；

N30 G01 Z#26 F#9；

N40 G04 X#24；　　　　　　　　　　　　孔底暂停时间 X = #24

N50 G00 Z#4；

N60 M99；

O0009　　　　　　　　　　　　　　　　攻螺纹宏程序，类似于 G84

N10 G90 G00 G43 H#11 Z#4；

N20 Z#18；

N30 G01 Z#26 F100；

N40 M04；　　　　　　　　　　　　　　孔底主轴反转

N50 G01 Z#18；

N60 M03；

N70 G00 Z#4；

N80 M99；

O0010　　　　　　　　　　　　　　　　圆周均布孔位坐标宏程序

N10 #2 = 360/#3；　　　　　　　　　　圆周均布，两孔间夹角为#2

N20 #4 =0;	孔加工计数器#4 置"0"
N30 WHILE [#4 LT #3] DO 1;	当#4 < #3 时,循环执行 N40 ～ N50 程序
N40 G00 X[#24 + #18 * COS[#1 + #4 * #2]]	孔位坐标
Y[#25 + #18 * SIN[#1 + #4 * #2]];	
N50 #4 = #4 +1;	孔加工计数器累加计数
N60 END 1;	循环结束
N70 M99;	宏程序结束,返回主程序

【任务实施】

1. 加工准备

1）检查毛坯尺寸。

2）开机,回参考点。

3）程序输入:把编写好的数控程序输入数控系统。

4）工件装夹:采用一面两孔定位,箱体中间吊拉杆,在箱体顶面上压紧,如图 4-19 所示。

5）刀具装夹:安装寻边器,根据工件坐标系对刀设定 G54、G55、G56 零点偏置。安装所有刀具并对刀,设定刀具参数。

2. 对刀操作及工件坐标系设定

选第一把刀 T1 为基准刀,通过寻边器确定 X、Y 轴零点,再用 Z 轴设定器确定 Z 轴零点,在 G54 偏置中设定工件坐标系,H01 刀具长度补偿值设定为 "0"。同理,选第二把刀 T2,刀尖碰到 Z 轴设定器,记下此时的机床坐标值,把该值输入相对应参数 H02,其他刀具依此类推。同理在 B、C 面对刀,参数设定在 G55、G56 中。

3. 空运行

以 FAUNC 系统为例,调整机床中刀具半径补偿值,把坐标系偏移中的 Z 方向值变为 " + 50",打开程序,选择 MEM 工作模式,按下空运行按钮,按"循环启动"键,观察程序运行及加工情况;或用机床锁定功能进行空运行,空运行结束后,使空运行按钮复位。

4. 零件自动加工及尺寸控制

面铣刀铣侧面一次完成;孔由粗镗、半精镗、精镗三次加工完成,因粗、精加工轮廓程序相同,故可重复调用同样的子程序。由于三面都加工,要注意两侧面孔的对称度要求。

5. 零件尺寸检测

程序执行完毕后,进行尺寸检测。

6. 加工结束

拆下工件并清理机床。

【知识拓展】

➢卧式加工中心回转工作台的调整

卧式加工中心一般都配有回转工作台,因此特别适于加工箱体类零件。箱体类零件只要一次装夹在回转工作台上,即可对其四个面进行铣、镗、钻、绞、攻螺纹等加工,而且容易保证各尺寸精度和相对位置精度，适合批量生产加工。回转工作台的回转中心位于工作台的正中间，如图4-21所示。

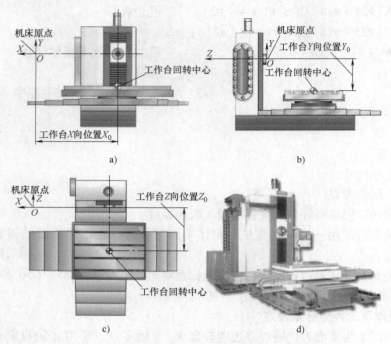

a)

b)

c)

d)

图4-21　加工中心回转工作台回转中心的位置

　　能否准确测量并调整加工中心回转工作台的回转中心，决定着被加工零件的质量好坏。工作台回转中心的测量方法有多种，这里介绍一种较常用的方法，所用的工具有：一根标准心轴、百分表（千分表）、量块。

　　1）X向回转中心的测量。将主轴中心线与工作台回转中心重合，这时主轴中心线所在的位置就是工作台回转中心的位置，即此时X坐标的显示值就是工作台回转中心到X向机床原点的距离，如图4-22所示。具体测量方法如下：

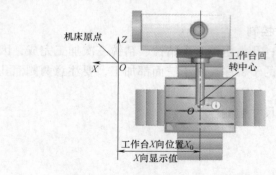

图4-22　X向回转中心的测量

　　① 将标准心轴装在机床主轴上，将百分表固定在工作台上，调整百分表的位置，使其指针在标准心轴最高点处指向零位。

　　② 将心轴沿 $+Z$ 方向退出 Z 轴。

③ 将工作台旋转 180°，再将心轴沿 $-Z$ 方向移回原位，观察百分表指示的偏差，然后调整 X 向机床坐标，反复测量，直到工作台旋转到 0° 和 180° 两个方向时百分表指示的读数完全一样，这时 X 坐标的显示值即为工作台 X 向回转中心的位置。工作台 X 向回转中心位置的准确性决定了调头加工工件上的孔时的 X 向同轴度误差大小。

2）Y 向和 Z 向回转中心的测量原理与方法和 X 向一样。

3）机床回转中心在一次测量得出准确值以后，可以在一段时间内作为基准。但是，随着机床的使用，特别是在机床相关部分出现机械故障后，例如机床在加工过程中出现撞车事故、机床丝杠螺母松动等，都有可能使机床回转中心发生变化。因此，机床回转中心必须定期测量，特别是在加工相对精度较高的工件之前应重新测量，以校对机床回转中心，从而保证工件加工的精度。

【思考与练习】

1. 思考题

（1）卧式加工中心与立式加工中心的区别是什么？

（2）如何合理地安排换刀指令？为什么加工中心换刀时必须取消刀具补偿功能？

2. 练习题

（1）如图 4-23 所示，零件材料为 QT250，为箱体类零件，零件上、下底面和下底面 $4 \times \phi 11\mathrm{mm}$ 孔已经加工完成，本任务要求把前、后面的毛坯孔 $\phi 60\mathrm{mm}$ 加工成 $\phi 62\mathrm{H8mm}$，还要加工 $16 \times \mathrm{M6}$ 螺纹孔，并且满足相关尺寸公差要求。

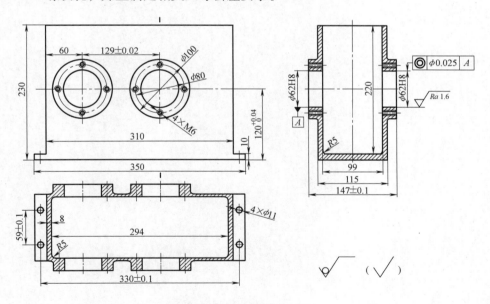

图 4-23　零件图（一）

（2）如图 4-24 所示，零件材料为 QT250，为箱体类零件，零件上、下底面已经加工完成，本任务要求把箱体四个侧面铣到要求尺寸，前、后面的毛坯孔 $\phi 110\mathrm{mm}$ 加工成 $\phi 120\mathrm{H8mm}$，左、右两侧面毛坯孔 $\phi 52\mathrm{mm}$ 加工成 $\phi 60\mathrm{H7mm}$，并且满足相关尺寸公差要求。

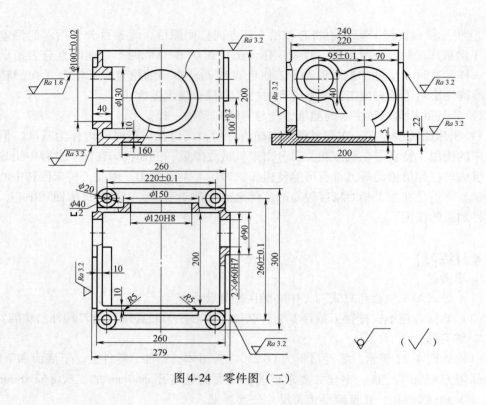

图 4-24 零件图（二）

项目5 职业技能考核综合训练

任务5.1 中级职业技能数控车综合训练

【学习目标】

1. 知识目标

- 掌握数控车床加工工艺文件的制定。
- 掌握数控车床常用夹具的使用方法。
- 掌握数控车床常用刀具的种类、结构和特点。
- 掌握中等复杂程度零件的编程方法。

2. 技能目标

- 能读懂中等复杂程度的零件图。
- 能编制中等复杂（轴、盘）零件的数控加工工艺文件。
- 能使用通用夹具进行零件装夹与定位。
- 能够根据数控加工工艺文件选择、安装和调整刀具。
- 能编制中等复杂零件的加工程序。
- 能够对程序进行校验、单步执行、空运行并完成零件试切。
- 能加工中等复杂程度零件。
- 能够进行零件的长度、内外径、螺纹检验。
- 能对机床进行日常的维护与保养。

【任务导入】

图 5-1 所示为螺纹轴，零件材料为硬铝 2A12，毛坯尺寸为 $\phi30\text{mm} \times 77\text{mm}$，未注倒角为 $C0.5$，单件生产，具体考核要求如下：

1）现场笔试。制订工艺及编程，并填写表 5-1。

2）现场操作。

① 工具、夹具、量具的使用。

② 设备的维护与保养。

③ 数控车床规范操作。

④ 精度检验及误差分析。

3）按零件图完成加工操作。

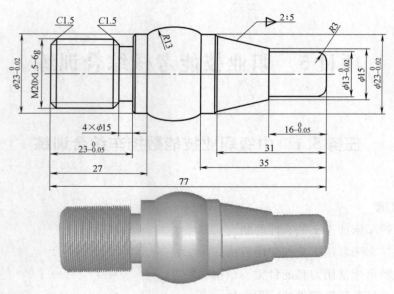

图 5-1 螺纹轴

表 5-1 数控车床工艺简卡

职业	数控车工	考核等级	HNCT0001	姓名		得分	
数控车床工艺简卡					准考证号		
					机床编号		
工序名称及 加工程序号	工艺简图 （标明定位、装夹位置及程序原点和对口点）				工步序号及内容	选用刀具	
					1.		
					2.		
					3.		
					4.		
					5.		
					6.		
					7.		
					8.		
					9.		
					1.		
					2.		
					3.		
					4.		
					5.		
					6.		
					7.		
					8.		
					9.		
监考人		检验员			考评人		
日期							

194

【任务分析】

1. 零件图工艺分析

该零件加工部位由外圆柱面、外圆锥面、圆弧及外螺纹等表面组成，其中多个直径尺寸与轴向尺寸有较高的尺寸精度和表面粗糙度要求。零件材料为硬铝2A12，切削加工性能较好，无热处理和硬度要求。

通过以上分析，采取以下工艺措施：

1）为保证加工零件的尺寸符合要求，零件图样上带公差的尺寸在编程时取平均值。

2）左、右端面均为多个尺寸的设计基准，相应工序加工前，应该先将左、右端面车出来。

3）加工外螺纹时需调头装夹。

锥面大端直径 D 计算：$(D-15):15=2:5$，得 $D=21$mm。

螺纹编程尺寸计算：经查表，该螺纹大径尺寸为 $\phi20_{-0.318}^{-0.038}$ mm，取螺纹编程大径为 $\phi19.85$mm。

2. 确定装夹方案

加工右端面时以 $\phi30$mm 外圆定位，用自定心卡盘夹紧外圆。调头加工左端面时以 $\phi13$mm 外圆定位，用自定心卡盘夹紧外圆，在零件左端钻中心孔，并用尾座顶尖顶紧以提高工艺系统的刚性。

3. 量具选择

由于表面尺寸和表面质量无特殊要求，轮廓尺寸用游标卡尺或千分尺测量，螺纹用环规测量。

4. 刀具选择

根据加工要求，确认该零件加工需要5把刀具。将所选定的刀具参数填入表5-2中，以便于编程和操作管理。

表5-2　数控加工刀具卡片

产品名称或代号				零件名称	螺纹轴	零件图号	
序号	刀具号	刀具规格名称	数量	加工表面		刀尖半径 /mm	备注
1	T01	93°外圆车刀	1	粗车端面、外圆柱面、锥面、圆弧		0.2	
2	T02	30°外圆车刀	1	精车外轮廓面		0.2	
3	T03	$\phi5$mm 中心钻	1	$\phi5$mm 中心孔			
4	T04	4mm 外切槽刀	1	退刀槽			
5	T05	60°螺纹刀	1	M20×1.5 外螺纹			
编制		审核		批准		年　月　日	共　页　　第　页

5. 确定加工顺序及走刀路线

加工顺序按由粗到精、由内到外的原则确定，一次装夹尽可能加工出最多的加工表面。本零件工艺简卡见表5-3。

6. 切削用量选择

根据被加工表面质量、工件和刀具的材料特性，通过查表可得切削用量，见表5-4。粗车外轮廓单边留余量0.2mm。

7. 数控加工工序卡片拟订

将前面的内容综合成表5-4，此表是编制加工程序的主要依据和操作人员进行数控加工的指导性文件。

表 5-3　数控车床工艺简卡

职业	数控车工	考核等级	HNCT0001	姓名		得分	
数控车床工艺简卡				准考证号			
				机床编号			

工序名称及加工程序号	工 艺 简 图	工步序号及内容	选用刀具
车轴右端外轮廓 O0110		1. 车右端面	T01
		2. 粗车轴右端外轮廓	T01
		3. 精车轴右端外轮廓	T02
车轴左端外轮廓及螺纹 O0120		1. 车左端面	T01
		2. 钻 $\phi 5mm$ 中心孔	T03
		3. 粗车轴左端外轮廓	T01
		4. 精车轴左端外轮廓	T02
		5. 精车 R13mm 外轮廓	T02
		6. 切退刀槽	T04
		7. 车削外螺纹	T05
监考人		检验员		考评人	
日期					

表 5-4　数控加工工序卡

工步号	工步作业内容	刀具号	刀具规格	主轴转速/(r/min)	进给速度/(mm/r)	背吃刀量/mm	备注
1	三爪夹 $\phi 30mm$ 左端						手动
2	车右端面	T01	25mm×25mm	500	0.05	0.5	自动
3	粗车轴右端外轮廓	T01	25mm×25mm	500	0.1	1.5	自动
4	精车轴右端外轮廓	T02	25mm×25mm	1000	0.05	0.2	自动
5	用自定心卡盘夹紧 $\phi 13mm$ 外轮廓						手动
6	车左端面	T01	25mm×25mm	500	0.05		手动
7	钻 $\phi 5mm$ 中心孔	T03	$\phi 5mm$	950		2.5	手动
8	粗车轴左端外轮廓	T01	25mm×25mm	500	0.1	1.5	自动
9	精车轴左端外轮廓	T02	25mm×25mm	1000	0.05	0.2	自动
10	精车 R13mm 外轮廓	T02	25mm×25mm	1000	0.05		自动
11	切退刀槽	T04	4mm×25mm	400	0.05	4	自动
12	车削外螺纹	T05	25mm×25mm	500		0.4、0.3、0.2、0.08	自动
编制		审核		批准		年　月　日	共　页　第　页

8. 确定工件坐标系

以工件端面与轴心线的交点为工件原点，建立工件坐标系。

9. 程序编制

加工轴右端

O0110；

196

N5 T0101
N10 S500 M03；
N20 G00 X32；
N30 Z0；
N40 G01 X－1 F0.05；　　　　　　　　　　　　车右端面
N50 Z2；
N60 G00 X32；
N70 G71 U1.0 R1.0；
N80 G71 P90 Q210 U0.4 W0.2 F0.1 S500；
N90 G00 X0；
N100 G01 Z0 F0.05；
N110 X7；
N120 G03 X12.99 Z－3 R3；
N130 G01 Z－15.975；
N140 X15；
N150 X21 Z－31；
N160 X22；
N170 X22.99 Z－31.5；
N180 Z－35；
N190 X29；
N200 Z－50；
N210 X30；
N220 G00 U100；
N230 W100；
N240 T0202 S1000；　　　　　　　　　　　　精车外轮廓面
N250 G00 X32；
N260 Z2；
N270 G70 P90 Q210；
N280 G00 U100；
N290 W100；
N300 M05；
N310 M30；
加工轴左端
O0120；
N5 T0101
N10 S500 M03；　　　　　　　　　　　　粗车外轮廓面
N20 G00 X32；
N30 Z2；
N40 G71 U1.0 R1.0；

N50 G71 P60 Q150 U0. 4 W0. 2 F0. 1 S500；

N60 G00 X16. 85；

N70 G01 Z0 F0. 05；

N80 X19. 85 Z－1. 5；

N90 Z－22. 975；

N100 X21. 99；

N110 X22. 99 Z－23. 475；

N120 Z－27；

N130 X29；

N140 Z－42；

N150 X30；

N160 G00 U100；

N170 W100；

N180 T0202 S1000；   精车外轮廓面

N190 G00 X32；

N200 Z2；

N210 G70 P60 Q150；

N220 G00 Z－27；

N230 G01 X22. 99 F0. 05；

N240 G03 X22. 99 Z－42 R13；

N250 G00 U100；

N260 W100；

N270 T0404 S400；   切退刀槽

N280 G00 X25；

N290 Z－22. 975；

N300 G01 X15 F0. 05；

N310 G04 X2；

N320 G01 X16. 85；

N330 G01 X22. 99 Z－21. 475；

N340 G00 X30；

N350 G00 U100；

N360 W100；

N370 T0505 S500 F0. 05；   车削外螺纹

N380 G00 X20；

N390 Z2；

N400 G92 X19. 05 Z－21 F1. 5；

N410 X18. 45；

N420 X18. 05；

N430 X17. 89；

N440 G00 U100；

N450 W100；

N460 M05；

N470 M30；

【任务实施】

1. 加工准备

1）检查毛坯尺寸。

2）开机，回参考点。

3）程序输入：把数控程序输入数控系统。

4）工件装夹：加工右端面时以 $\phi30mm$ 外圆定位，用自定心卡盘夹紧外圆。调头加工左端面时以 $\phi13mm$ 外圆定位，用自定心卡盘夹紧外圆，在零件左端钻中心孔，并用尾座顶尖顶紧以提高工艺系统的刚性。

5）刀具装夹：共采用 5 把刀。把 5 把刀装在相应的刀架上。

2. 对刀操作

采用试切法对刀，并将偏置值输入到系统。

3. 空运行

用机床锁定功能进行空运行，空运行结束后，使空运行按钮复位。若要重新开始加工，则数控机床必须重回参考点。

4. 零件自动加工及尺寸控制

加工时轮廓半径方向上留 0.2mm 进行精加工，待精加工程序完成后，根据实测尺寸再修改机床中的磨耗修补值，然后重新运行程序，以保证轮廓尺寸符合图样要求。

5. 零件尺寸检测

程序执行完毕后，进行尺寸检测。

6. 加工结束

拆下工件并清理机床。

【质量评定】

质量评定见表5-5。

表 5-5　质量评定表

职业	数控车工	姓名		考核等级		总得分	
		准考证号					
序号	考核项目	考核内容及要求	配分	评分标准	检测结果	扣分	得分
1	工艺分析	填写工序卡。工艺不合理,视情况酌情扣分(详见工序卡) (1)工件定位和夹紧不合理 (2)加工顺序不合理 (3)刀具选择不合理 (4)关键工序错误	5	每违反一条酌情扣1分,扣完为止			

职业	数控车工		姓名			考核等级		总得分	
			准考证号						
序号	考核项目	考核内容及要求			配分	评分标准	检测结果	扣分	得分
2	程序编制	（1）指令正确，程序完整 （2）运用刀具半径和长度补偿功能 （3）数值计算正确、程序编写表现出一定的技巧			20	每违反一条酌情扣1～5分，扣完为止			
3	程序输入	（1）开机前的检查和开机顺序正确 （2）回机床参考点 （3）正确对刀，建立工件坐标系 （4）正确设置参数 （5）正确仿真校验			15	每违反一条酌情扣1～5分，扣完为止			
4	外圆	$\phi23_{-0.02}^{0}$mm （2处）	IT	4	一处2分不合格不得分			
			Ra	4	一处2分降级不得分			
		$\phi13_{-0.02}^{0}$mm	IT	3	不合格不得分			
			Ra	2	降级不得分			
5	槽	$4 \times \phi15$mm	IT	2	不合格不得分			
			Ra	2	降级不得分			
6	外螺纹	M20×1.5-6g	IT	6	不合格不得分			
			Ra	4	降级不得分			
7	锥度	2:5	IT	5	不合格不得分			
			Ra	3	降级不得分			
8	圆弧	R13mm	IT	3	不合格不得分			
			Ra	2	降级不得分			
		R3mm	IT	3	不合格不得分			
			Ra	2	降级不得分			
9	长度	77mm	IT	2	超差不得分			
		$23_{-0.05}^{0}$mm	IT	3	超差不得分			
		31mm	IT	3	超差不得分			
		$16_{-0.05}^{0}$mm	IT	3	超差不得分			
10	倒角倒钝	共4处			4	一处1分			
11	安全文明生产	（1）着装规范，未受伤；刀具、工具、量具的正确放置 （2）工件装夹、刀具安装规范 （3）正确使用量具 （4）卫生、设备保养 （5）关机后机床停放位置合理 （6）发生重大安全事故、严重违反操作规程者，取消考试				如有违反一条在总分中扣5分，扣完为止			
12	其他项目	发生重大事故（人身和设备安全事故等）和情节严重的野蛮操作等，或不输入程序的考生，由监考人决定取消其实操考核资格							

评分人：　　　年　月　日　　　　　核分人：　　　年　月　日

完成图 5-2 所示零件的数控加工。以左端面为编程原点时，A 点坐标为（34.058，－78.409）。

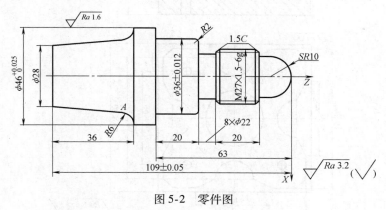

图 5-2　零件图

任务 5.2　中级职业技能数控铣综合训练

【学习目标】

1. 知识目标

- 掌握数控铣中级工实操考核要点。
- 掌握内、外轮廓及孔加工的工艺分析方法。
- 掌握刀具补偿指令、坐标系旋转指令和孔加工循环指令的使用方法。
- 掌握刀具、夹具、量具的选择及使用方法。

2. 技能目标

- 会正确装夹和找正工件。
- 会正确完成实操试卷。
- 会正确选择刀具、夹具、量具。
- 会正确处理加工过程中出现的问题。

【任务导入】

图 5-3 所示的零件材料为硬铝 2A12，毛坯尺寸为 80mm×80mm×20mm，单件生产，具体考核要求如下：

1）现场笔试。制订工艺并编写程序，填写本任务工艺简卡。

2）现场操作。

① 量具、夹具的使用。

② 设备的维护与保养。

③ 数控铣床的规范操作。

④ 精度检验及误差分析。

3）按零件图完成加工操作。

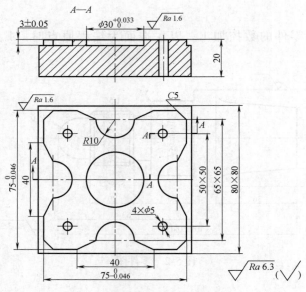

图 5-3　任务 5.2 零件图

【任务分析】

1. 零件图样分析

由图 5-3 可知，该零件加工部位共三部分：外轮廓、内轮廓圆槽及孔。外形轮廓由直线和圆弧特征组成，为对称结构。外轮廓尺寸 75$_{-0.046}^{0}$ mm 及内轮廓圆槽尺寸 $\phi30_{0}^{+0.033}$ mm 的精度和表面粗糙度要求都较高，且深度尺寸 3±0.05mm 要求也较高，内、外轮廓需粗、精加工，而 $\phi5$mm 的通孔只需直接加工完成。因材料切削加工性能较好，故选用通用高速钢键槽铣刀铣削轮廓，高速钢钻头加工孔即可。

2. 确定装夹方案

该工件加工无需转面、换位等工步，一次装夹即可完成所有加工，选择机用虎钳装夹。上表面伸出钳口 5～10mm。

3. 拟订加工方案、选择刀具

外形轮廓：粗铣（$\phi12$mm 键槽铣刀）→精铣（$\phi12$mm 键槽铣刀）

内轮廓槽：粗铣（$\phi12$mm 键槽铣刀）→精铣（$\phi12$mm 键槽铣刀）

孔：钻孔（$\phi5$mm 的钻头）

走刀路线：粗铣优先采用逆铣，精铣采用顺铣，采用切线进出（走刀路线见表 5-7）。

4. 确定加工顺序、编写工序卡

加工之前应将工件校平，加工顺序按照先粗后精的原则。加工顺序为：粗铣外轮廓及内槽→钻孔→精铣外轮廓及内槽。具体步骤见表 5-6。

5. 选择量具及辅助工具

由于表面尺寸和表面质量无特殊要求，外轮廓尺寸用游标卡尺、内槽用内径千分尺测量，深度用深度尺测量。平口钳装夹，百分表校正钳口及工件。辅助工具有木锤、垫铁、扳手等。

6. 填写工艺简卡

本零件的工艺简卡见表 5-7。

202

表 5-6　数控加工工序卡

工步号	工步内容	刀号	刀具	切削用量			备注
				主轴转速 /(r/min)	进给速度 /(mm/min)	背吃刀量 /mm	
1	粗铣外轮廓及内槽	T01	φ12mm 键槽铣刀	500	80		留余量 0.5mm
2	钻孔 φ5mm	T02	φ5mm 麻花钻	800	50		
3	精加工外轮廓及内槽	T01	φ12mm 键槽铣刀	800	80		

表 5-7　数控铣床工艺简卡

职业	数控铣工	考核等级	中级		姓名		得分	
数控铣床工艺简卡					准考证号			
					机床编号			
工序名称及加工程序号	工艺简图				工步序号及内容		选用刀具	
数控铣 O0001 ~ 0004	钳口　钳口　起刀点 (50, 20)　Y　起刀点　X				粗铣外轮廓、粗铣内槽（留余量 0.5mm）		φ12mm 键槽铣刀	
					钻孔 φ5mm		φ5mm 麻花钻	
	钳口　钳口　起刀点 (57.5, 20)　Y　起刀点　X				精加工外形、精铣内槽		φ12mm 键槽铣刀	
监考人		检验员			考评人			
日期								

7. 参考程序

1）外、内轮廓的粗加工主程序（为简化编程，粗加工采用子程序与旋转指令编程）。

O0001   粗加工外、内轮廓主程序
N10 G54 G90 G40 G49 T01；
N20 S500 M03；
N30 M08；
N40 G43 G00 Z10 H01；
N50 G00 X50 Y20；   运行到起刀点
N60 G01 Z－3 F80；
N70 M98 P0002；   执行一次子程序
N80 G68 X0 Y0 R90；   旋转90°
N90 M98 P0002；   执行一次子程序
N100 G69；
N110 G68 X0 Y0 R180；   旋转180°
N120 M98 P0002；   执行一次子程序
N130 G69；
N140 G68 X0 Y0 R270；   旋转270°
N150 M98 P0002；   执行一次子程序
N160 G69；
N170 G00 Z50；
N180 G00 G40 X0 Y0；   撤销半径补偿
N190 G01 Z－3 F80；
N200 G42 G01 X－15 Y0 D01；
N210 G02 X－15 Y0 I15 J0；   加工内槽
N220 G40 G01 X0 Y0；
N230 G00 Z100 M09；
N240 M30；

O0002   外轮廓的粗加工子程序
N10 G42 G01 X37.5 Y20 D01；   建立半径补偿
N20 G01 Y32.5；
N30 X32.5 Y37.5；
N40 X20；
N50 X10 Y32.5；
N60 G02 X－10 Y32.5 R10；
N70 G01 X－20 Y37.5；
N80 G40 G01 X－20 Y45；   取消半径补偿
N90 M99；   子程序返回
2）钻孔加工程序。
O0003
N10 G54 G90 G40 G49 T02；

N20 S800 M03；

N30 M08；

N40 G43 Z50 H02；

N50 G81 X－25 Y25 Z－25 R5 F50；

N60 X25；

N70 Y－25；

N80 X－25；

N90 G00 Z100 M09；

N100 M30；

3）精加工外形、内槽程序。

O0004

N10 G54 G90 G40 G49 T01；

N20 S800 M03；

N30 M08；

N40 G00 G43 Z10 H01；

N50 G00 X57.5 Y20；   运行到起刀点

N60 G01 Z－3 F80；

N70 G41 G01 X47.5 Y30 D01；   建立半径补偿

N80 G03 X37.5 Y20 R10；   设置圆弧切入路线

N90 G01 X32.5 Y10；

N100 G03 X32.5 Y－10 R10；

N110 G01 X37.5 Y－20；

N120 X37.5 Y－32.5；

N130 X32.5 Y－37.5；

N140 X20 Y－37.5；

N150 G01 X10 Y－32.5；

N160 G03 X－10 Y－32.5 R10；

N170 G01 X－20 Y－37.5；

N180 X－32.5 Y－37.5；

N190 X－37.5 Y－32.5；

N200 X－37.5 Y－20；

N210 G01 X－32.5 Y－10；

N220 G03 X－32.5 Y10 R10；

N230 G01 X－37.5 Y20；

N240 X－37.5 Y32.5；

N250 X－32.5 Y37.5；

N260 X－20 Y37.5；

N270 G01 X－10 Y32.5；

N280 G03 X10 Y32.5 R10；

N290 G01 X20 Y37.5；

N300 X32.5 Y37.5；

N310 X37.5 Y32.5；

N320 X37.5 Y20；

N330 G03 X47.5 Y10 R10；　　　　　设置圆弧切出路线

N340 G00 Z5；

N350 G40 G00 X57.5 Y20；

N360 G00 Z50；

N370 G00 X0 Y0；

N380 G01 Z-3 F80；

N390 G41 G01 X-7.5 Y7.5 D01；

N400 G03 X-15 Y0 R7.5；

N410 G03 X-15 Y0 I15 J0；

N420 G03 X-7.5 Y-7.5 R7.5；

N430 G40 G01 X0 Y0；

N440 G00 Z100 M09；

N450 M30；

【任务实施】

1. 加工准备

1）检查毛坯尺寸。

2）开机，回参考点。

3）程序输入：把编写好的数控加工程序输入数控系统。

4）工件装夹：将机用虎钳装夹在铣床工作台上，用百分表校正其位置；将工件装夹在机用虎钳上，底部用垫块垫起（必须避开钻孔的位置），工件上表面伸出钳口 5～10mm，用百分表校正工件上表面至水平。

5）刀具装夹：共采用两种不同的刀具，建议给每个刀具均配备一个对应的刀柄。加工时根据需要通过手动方式将刀柄装入数控铣床主轴。

2. 对刀操作

X、Y、Z 方向采用试切法对刀，并将得到的 X、Y、Z 偏置值输入到 G54 中。一般可使用 1 号刀（ϕ12mm 立铣刀）完成 G54 对刀，然后再测量其他刀具相对于 1 号刀的长度偏差值，并在数控系统中设置其刀具长度补偿值，输入到相应 H 中。

3. 机床刀具半径补偿值的调整

采用刀具半径补偿功能时，应根据所使用刀具的标称半径值设置数控系统中对应的刀具半径补偿值。由于本次加工中 T01 为粗加工刀具，设定留 0.5mm 的加工余量，因此粗加工时半径值输入"6.5"。

4. 空运行

以 FANUC 数控系统为例，设置 1 号刀的刀具长度补偿值中的磨耗为"+50"（此时主轴上应装夹 1 号刀），分别打开各个程序，选择 MEM 工作模式，按下空运行按钮，按程序启动按钮，观察各程序运行及加工情况；或用机床锁定功能进行空运行，此时可以结合数控系统的图形模拟功能观察加工的刀具轨迹。待空运行结束后，必须使空运行按钮复位，并取消机床锁定功能，同时应将 1 号刀的刀具长度补偿值中的磨耗设置为"0"。需要注意的是，空运行时只设置了 1 号刀的刀具长度补偿值中的磨耗，因此在空运行过程中始终只能使用主轴上装夹的 1 号刀进行加工模拟，并借助于 1 号刀观察使用其他刀具的加工程序的运行效果。

5. 零件自动加工及尺寸控制

零件自动加工时应按照工艺顺序选择刀具及对应的加工程序。精加工轮廓时，可根据轮廓实测尺寸再修改对应的磨耗值，然后重新运行程序，以保证轮廓尺寸符合图样要求。

6. 零件尺寸检测

程序执行完毕后，按照评分表检测工件尺寸，检查无误后方可拆下工件。

7. 加工结束

拆下工件并清理机床。

【质量评定】

零件加工完成之后应由指导教师对其加工结果进行质量评定，其评分标准可参考表 5-8。

表 5-8　质量评定表

职业	数控铣工	姓名		考核等级		总得分	
		准考证号					
序号	考核项目	考核内容及要求	配分	评分标准	检测结果	扣分	得分
1	工艺合理（10分）	(1)工件定位和夹紧合理	2	定位不合理扣 1 分，夹紧选择不合理扣 1 分			
		(2)合理选用刀具	2	刀具选择错误每处扣 1 分，扣完为止			
		(3)工序划分、走刀轨迹合理	6	工序划分不合理扣 1 ~ 2 分，走刀路线不合理扣 1 ~ 2 分，关键工序错误全扣			
2	程序编制（20分）	(1)程序完整、简洁、数值准确	4	程序不完整扣 2 分，程序繁琐、数值错误扣 1 分			
		(2)程序编制合理、安全、符合工艺要求	8	指令错误扣 1 ~ 2 分，有碰撞危险扣 3 分，不符合工艺要求扣 3 分			
		(3)能正确使用刀具补偿功能	4	一处不当扣 1 分，扣完为止			
		(4)变量编程准确、合理	4	一处不当扣 1 分，扣完为止			

职业	数控铣工	姓名		考核等级		总得分	
		准考证号					

序号	考核项目	考核内容及要求		配分	评分标准	检测结果	扣分	得分
3	安全文明生产（10分）	（1）着装规范，行为文明		2	着装不规范扣1分，行为不文明扣1分			
		（2）机床操作规范		2	违反安全操作、违反劳动保护规定全扣			
		（3）夹具、量具、刀具摆放规范		3	一处不当扣1分，扣完为止			
		（4）加工后正确保养设备、及时清理现场		3	一处不当扣1分，扣完为止			
4	工件质量（60分）	$75 _{-0.046}^{0}$ mm（2处）		10	超差不得分			
		$\phi30 _{0}^{+0.033}$ mm		5	超差不得分			
		50×50（2处）		5	超差不得分			
		$C5$（4处）		10	超差不得分			
		$R10$ mm（4处）		10	超差不得分			
		$Ra1.6$ mm		10	降级不得分			
		$\phi5$ mm		6	超差一处扣2分			
		3 ± 0.05 mm		6	超差不得分			
否定项		发生重大事故（人身和设备安全事故等）和情节严重的野蛮操作、违反工艺原则的考生，由监考人决定取消其考试资格，成绩记为零分						

评分人：　　年　月　日　　　　　核分人：　　年　月　日

【思考与练习】

图5-4所示的零件材料为硬铝2A12，毛坯尺寸为80mm×80mm×20mm，单件生产，具体考核要求如下：

1. 现场笔试：制订工艺并编写程序，填写本任务工艺简卡（表5-9）。

2. 现场操作：

（1）量具、夹具的使用。

（2）设备的维护与保养。

（3）数控铣床规范操作。

（4）精度检验及误差分析。

3. 按零件图完成加工操作。

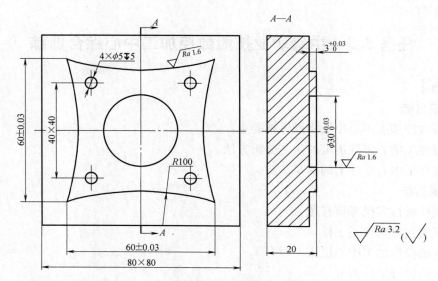

图 5-4　零件图

表 5-9　数控铣床工艺简卡

职业	数控铣工	考核等级	中级		姓名	得分	
数控铣床工艺简卡					准考证号		
					机床编号		
工序名称及 加工程序号	工 艺 简 图				工步序号及内容	选用刀具	
监考人		检验员			考评人		
日期							

任务 5.3 中级职业技能数控加工中心综合训练

【学习目标】

1. 知识目标

- 掌握数控加工中心中级实操考核要点。
- 掌握加工中心零件加工的工艺分析方法。
- 掌握加工中心工序卡的填写。

2. 技能目标

- 会正确进行实操考核答题。
- 会正确装夹和找正工件。
- 会正确操作加工中心机床。
- 会正确进行工件测量。

【任务导入】

图 5-5 所示的零件材料为硬铝 2A12，毛坯尺寸为 80mm × 80mm × 20mm，单件生产。具体考核要求如下：

1）现场笔试。制订工艺并编写程序，填写数控加工中心工艺简卡。

2）现场操作。

① 量具、夹具的使用。

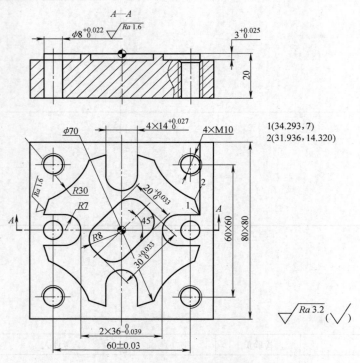

图 5-5 任务 5.3 零件图

② 设备的维护与保养。

③ 加工中心规范操作。

④ 精度检验及误差分析。

3）按零件图完成工件加工。

【任务分析】

1. 零件图样分析

由图 5-5 可知，该零件加工部位包含外形轮廓、矩形凹槽、定位孔及螺纹孔。外形轮廓由直线和圆弧特征组成，且为对称结构。外轮廓尺寸 $36_{-0.039}^{0}$ mm（2 处）和 $14_{0}^{+0.027}$ mm（4 处）、内轮廓矩形凹槽尺寸 $30_{0}^{+0.033}$ mm 和 $20_{0}^{+0.033}$ mm，以及 $2 \times \phi 8_{0}^{+0.022}$ mm 定位孔，精度较高，需要粗、精加工才能达到零件精度要求；另外还需加工 $4 \times$ M10 的螺纹孔。

2. 确定装夹方案

该工件加工无需转面、换位等工步，一次装夹即可完成所有加工，选择机用虎钳装夹。上表面伸出钳口 5 ~ 10mm。

3. 拟订加工方案、选择刀具

外形轮廓：粗铣（ϕ12mm 的键槽铣刀）→精铣（ϕ10mm 立铣刀）。

内槽：粗铣（ϕ12mm 的键槽铣刀）→精铣（ϕ10mm 立铣刀）。

定位孔：钻中心孔（ϕ3mm 的中心钻）→钻孔（ϕ7mm 的钻头）→扩孔（ϕ7.8mm）→铰孔（ϕ8mm）。

螺纹孔：钻中心孔（ϕ3mm 的中心钻）→钻孔（ϕ8.5mm 的钻头）→倒角（倒角刀）→攻螺纹（M10）。

走刀路线：粗铣优先采用逆铣，精铣采用顺铣，采用圆弧切入切出（走刀路线见表 5-11）。

4. 确定加工顺序、编写工序卡

加工之前应将工件校平，加工顺序按照先粗后精的原则。加工顺序为：粗铣外形→粗铣矩形槽→钻中心孔→钻定位孔→扩定位孔→钻螺纹孔→螺纹孔倒角→攻 M10 螺纹→精铣外形→精铣内槽→铰定位孔。具体步骤见表 5-10。

表 5-10　数控加工工序卡

工步号	工步内容	刀号	刀具	切削用量			备注
				主轴转速 /（r/min）	进给速度 /（mm/min）	背吃刀量 /mm	
1	粗铣外轮廓及内槽	T01	ϕ12mm 键槽铣刀	600	100		侧边留余量 0.5mm
2	钻中心孔	T02	ϕ3mm 中心钻	800	80		
3	钻定位孔	T03	ϕ7mm 麻花钻	600	50		
4	扩定位孔	T04	ϕ7.8mm 扩孔钻	600	50		
5	钻螺纹底孔	T05	ϕ8.5mm 麻花钻	600	50		
6	螺纹口倒角	T06	倒角刀	600	50		
7	攻 M10 螺纹	T07	M10 机用丝锥	100	150		
8	精铣外形及内槽	T08	ϕ10mm 立铣刀	800	80		
9	铰定位孔	T09	ϕ8mm 铰刀	100	30		

5. 选择量具及辅助工具

由于表面尺寸和表面质量无特殊要求，外轮廓尺寸用游标卡尺、内槽用内径千分尺测量，深度用深度尺测量。采用机用虎钳装夹，百分表校正钳口及工件。辅助工具有木锤、垫铁、扳手等。

6. 填写工艺简卡

表 5-11　数控加工中心工艺简卡

职业	数控加工中心	考核等级	中级		姓名	得分	
	数控加工中心工艺简卡				准考证号		
					机床编号		
工序名称及加工程序号	工艺简图				工步序号及内容	选用刀具	
数控铣 00001～0002					粗铣外轮廓、内槽	φ12mm 键槽铣刀	
					钻中心孔	φ3mm 中心钻	
					钻定位孔	φ7mm 麻花钻	
					扩定位孔	φ7.8mm 扩孔钻	
					钻螺纹底孔	φ8.5mm 麻花钻	
					螺纹口倒角	倒角刀	
					攻 M10 螺纹	M10 机用丝锥	
					精铣外形、内槽	φ10mm 立铣刀	
					铰定位孔	φ8mm 铰刀	
监考人		检验员			考评人		
日期							

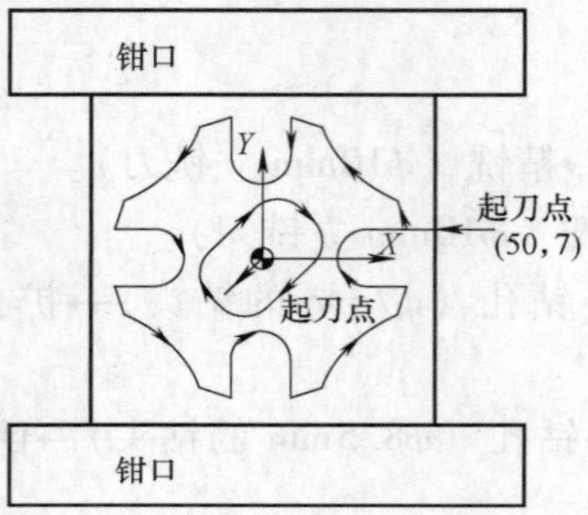

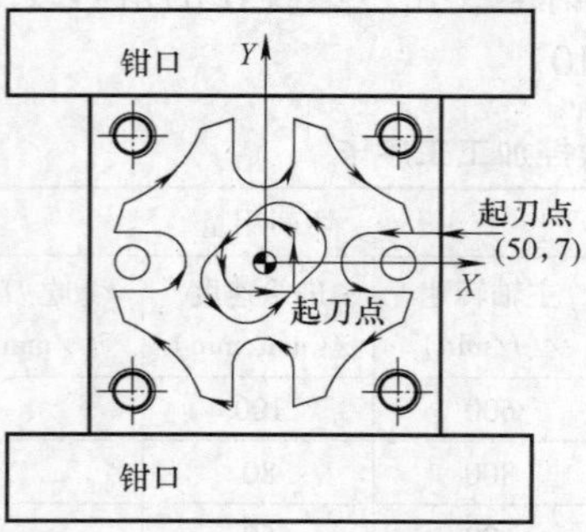

7. 参考程序

O0001　　　　　　　　　　　　程序名

212

N10 T01 M06；   粗加工外形与内槽（φ12mm 键槽铣刀）

N20 S600 M03 M08；

N30 G54 G90 G40 G49 G00；

N40 G43 Z50 H01；

N50 G00 X50 Y7；   运行到起刀点

N60 G01 Z – 3 F100；

N70 M98 P0002；   执行一次子程序

N80 G68 X0 Y0 R90；   坐标系旋转90°，再执行一次子程序

N90 M98 P0002；

N100 G69；

N110 G68 X0 Y0 R180；   坐标系旋转180°，再执行一次子程序

N120 M98 P0002；

N130 G69；

N140 G68 X0 Y0 R270；   坐标系旋转270°，再执行一次子程序

N150 M98 P0002；

N160 G69；

N170 G01 X50 Y7；

N180 G00 Z50；

N190 G68 X0 Y0 R45；   坐标系旋转45°，粗加工内槽

N200 G00 X0 Y0；

N210 G01 Z – 3 F100；

N220 G42 G01 X – 15 Y0 D01；

N230 G01 Y2；

N240 G02 X – 7 Y10 R8；

N250 G01 X7 Y10；

N260 G02 X15 Y2 R8；

N270 G01 X15 Y – 2；

N280 G02 X7 Y – 10 R8；

N290 G01 X – 7 Y – 10；

N300 G02 X – 15 Y – 2 R8；

N310 G01 X – 15 Y0；

N320 G40 G01 X0 Y0；

N330 G69；   撤销旋转

N340 G00 Z100；

N350 T02 M06；   钻中心孔（φ3mm 中心钻）

N360 S800 M03；

N370 G00 G54 G90 G40 G49；

N375 G43 Z50 H02；

N380 G81 X – 30 Y30 Z – 6 R5 F80；

N390 Y0；

N400 Y－30；

N410 X30；

N420 Y0；

N430 Y30；

N440 G00 Z100；

N460 T03 M06；　　　　　　　　　　　钻定位孔（φ7mm 麻花钻）

N470 S600 M03；

N480 G00 G54 G90 G40 G49；

N485 G43 Z50 H03；

N490 G81 X－30 Y0 Z－26 R5 F50；

N500 X30；

N510 G00 Z100；

N520 T04 M06；　　　　　　　　　　　扩定位孔（φ7.8mm 扩孔钻）

N530 S600 M03；

N540 G00 G54 G90 G40 G49；

N545 G43 Z50 H04；

N550 G81 X－30 Y0 Z－26 R5 F50；

N560 X30；

N570 G00 Z100；

N580 T05 M06；　　　　　　　　　　　钻螺纹底孔（φ8.5mm 麻花钻）

N590 S600 M03；

N590 G00 G54 G90 G40 G49；

N595 G43 Z50 H05；

N600 G81 X－30 Y30 Z－26 R5 F50；

N610 Y－30；

N620 X30；

N630 Y30；

N640 G00 Z100；

N650 T06 M06；　　　　　　　　　　　螺纹口倒角（倒角刀）

N660 S600 M03；

N670 G00 G54 G90 G40 G49；

N675 G43 Z50 H06；

N680 G81 X－30 Y30 Z－6 R5 F50；

N690 Y－30；

N700 X30；

N710 Y30；

N720 G00 Z100；

N730 T07 M06；　　　　　　　　　　　攻螺纹孔程序（M10 机用丝锥）

N740 G54 G90 G49 G40 G00 X0 Y0;

N750 M03 S100;

N760 G43 Z50 H07;

N770 G99 G84 X－30 Y30 Z－25 R5 F150;

N780 X30;

N790 Y－30;

N800 X－30;

N810 G00 Z100;

N820 T08 M06;　　　　　　　　　　　　精加工外形（φ10mm 立铣刀）

N830 S800 M03;

N840 G54 G90 G40 G49 G00;

N845 G43 Z20 H08;

N850 G00 X50 Y7;　　　　　　　　　　　运行到起刀点

N860 G01 Z－3 F80;

N870 G41 G01 X34.293 Y7 D08;

N880 G01 X25 Y7;

N890 G03 X25 Y－7 R7;

N900 G01 X34.293;

N910 G02 X31.936 Y－14.320 R35;

N920 G03 X14.320 Y－31.936 R30;

N930 G02 X7 Y－34.293 R35;

N940 G01 X7 Y－25;

N950 G03 X－7 Y－25 R7;

N960 G01 X－7 Y－34.293;

N970 G02 X－14.320 Y－31.936 R35;

N980 G03 X－31.936 Y－14.320 R30;

N990 G02 X－34.293 Y－7 R35;

N1000 G01 X－25 Y－7;

N1010 G03 X－25 Y7 R7;

N1020 G01 X－34.293 Y7;

N1030 G02 X－31.936 Y14.320 R35;

N1040 G03 X－14.320 Y31.936 R30;

N1050 G02 X－7 Y34.293 R35;

N1060 G01 X－7 Y25;

N1070 G03 X7 Y25 R7;

N1080 G01 X7 Y34.293;

N1090 G02 X14.320 Y31.936 R35;

N1100 G03 X31.936 Y14.320 R30;

N1110 G02 X34.293 Y7 R35;

N1120 G01 G40 X50 Y7;
N1130 G00 Z5;
N1140 G68 X0 Y0 R45;   坐标系旋转45°，精加工内槽
N1150 G00 X0 Y - 10;
N1160 G41 G00 X10 Y0 D08;
N1170 G01 Z - 3 F80;
N1180 G03 X0 Y10 R10;
N1190 G01 X - 7 Y10;
N1200 G03 X - 15 Y2 R8;
N1210 G01 X - 15 Y - 2;
N1220 G03 X - 7 Y - 10 R8;
N1230 G01 X7 Y - 10;
N1240 G03 X15 Y - 2 R8;
N1250 G01 X15 Y2;
N1260 G03 X7 Y10 R8;
N1270 G01 X0 Y10;
N1280 G03 X - 10 Y0 R10;
N1290 G00 Z100;
N1300 G40 G00 X0 Y - 10;
N1310 G69;   撤销旋转
N1320 T09 M06   铰定位孔（ϕ8mm 铰刀）
N1330 G54 G90 G49 G40 G00 X0 Y0;
N1340 M03 S100;
N1350 G43 Z50 H09;
N1360 G99 G85 X - 30 Y0 Z - 25 R5 F30;
N1370 X30;
N1380 G49 G80 G28 G91 X0 Y0 Z0;
N1390 M05;
N1400 M30;

O00002   外形粗加工子程序
N10 G42 G01 X34. 293 Y7 D01
N20 G03 X31. 936 Y14. 320 R35;
N30 G02 X14. 320 Y31. 936 R30;
N40 G03 X7 Y34. 293 R35;
N50 G01 X7 Y25;
N60 G02 X - 7 Y25 R7;
N70 G01 X - 7 Y34. 293;
N80 G40 G01 X - 7 Y45;

216

N90 M99;

【任务实施】

1. 加工准备

1）检查毛坯尺寸。

2）开机，回参考点。

3）程序输入：把编写好的数控加工程序输入数控系统。

4）工件装夹：将机用虎钳装夹在加工中心工作台上，用百分表校正其位置；将工件装夹在机用虎钳上，底部用垫块垫起（必须避开钻孔的位置），工件上表面伸出钳口 5～10mm，用百分表校正工件上表面至水平。

5）刀具装夹：根据工艺卡装夹刀具并装入加工中心刀库，特别要注意刀具位置应和程序严格对应，千万不可搞错。

2. 对刀操作

X、Y、Z 方向采用试切法对刀，并将得到的 X、Y、Z 偏置值输入到 G54 中。此处由于所用刀具数量较多，一般可使用 1 号刀完成 G54 对刀，然后再测量其他刀具相对于 1 号刀的长度偏差值，并在数控系统中设置其刀具长度补偿值 H。

3. 机床刀具半径补偿值的调整

采用刀具半径补偿功能时，应根据所使用刀具的标称半径值设置数控系统中对应的刀具半径补偿值。由于本次加工中 T01 为粗加工刀具，设定留 0.5mm 的加工余量，因此粗加工时半径值输入"6.5"。

4. 空运行

以 FANUC 数控系统为例，设置 1 号刀的刀具长度补偿值中的磨耗为"+50"（此时主轴上应装夹 1 号刀），分别打开各个程序，选择 MEM 工作模式，按下空运行按钮，按程序启动按钮，观察各程序运行及加工情况；或用机床锁定功能进行空运行，此时可以结合数控系统的图形模拟功能观察加工的刀具轨迹。待空运行结束后，必须使空运行按钮复位，并取消机床锁定功能，同时应将 1 号刀的刀具长度补偿值中的磨耗设置为"0"。需要注意的是，空运行时只设置了 1 号刀的刀具长度补偿值中的磨耗，因此在空运行过程中始终只能使用主轴上装夹的 1 号刀进行加工模拟，并借助于 1 号刀观察使用其他刀具的加工程序的运行效果。

5. 零件自动加工及尺寸控制

零件自动加工时应按照工艺顺序选择刀具及对应的加工程序。精加工轮廓时，可根据轮廓实测尺寸再修改对应的磨耗值，然后重新运行程序，以保证轮廓尺寸符合图样要求。

6. 零件尺寸检测

程序执行完毕后，按照评分表检测工件尺寸，检查无误后方可拆下工件。

7. 加工结束

拆下工件并清理机床。

【质量评定】

质量评定见表 5-12。

表 5-12　质量评定表

职业	数控加工中心	姓名		考核等级			总得分	
		准考证号						
序号	考核项目	考核内容及要求	配分	评分标准	检测结果	扣分	得分	
1	工艺合理 （10 分）	（1）工件定位和夹紧合理	2	定位不合理扣 1 分，夹紧选择不合理扣 1 分				
		（2）合理选用刀具	2	刀具选择错误每处扣 1 分，扣完为止				
		（3）工序划分、走刀轨迹合理	6	工序划分不合理扣 1～2 分，走刀路线不合理扣 1～2 分，关键工序错误全扣				
2	程序编制 （20 分）	（1）程序完整、简洁、数值准确	4	程序不完整扣 2 分，程序繁琐、数值错误扣 1 分				
		（2）程序编制合理、安全、符合工艺要求	8	指令错误扣 1～2 分，有碰撞危险扣 3 分，不符合工艺要求扣 3 分				
		（3）能正确使用刀具补偿功能	4	一处不当扣 1 分，扣完为止				
		（4）变量编程准确、合理	4	一处不当扣 1 分，扣完为止				
3	安全文明生产 （10 分）	（1）着装规范，行为文明	2	着装不规范扣 1 分，行为不文明扣 1 分				
		（2）机床操作规范	2	违反安全操作、违反劳动保护规定全扣				
		（3）夹具、量具、刀具摆放规范	3	一处不当扣 1 分，扣完为止				
		（4）加工后正确保养设备、及时清理现场	3	一处不当扣 1 分，扣完为止				
4	工件质量 （60 分）	$36_{-0.039}^{0}$ mm（2 处）	5	超差一处扣 3 分				
		$14_{0}^{+0.027}$ mm（4 处）	5	超差一处扣 1.5 分				
		$R7$ mm（4 处）	2	超差不得分				
		$36_{-0.039}^{0}$ mm（2 处）	5	超差不得分				
		$R30$ mm（4 处）	4	超差不得分				
		$R35$ mm（8 处）	2	超差不得分				
		$20_{0}^{+0.033}$ mm	5	超差不得分				
		$30_{0}^{+0.033}$ mm	5	超差不得分				

职业	数控加工中心	姓名		考核等级		总得分	
		准考证号					
序号	考核项目	考核内容及要求	配分	评分标准	检测结果	扣分	得分
4	工件质量 （60分）	$R8\,mm$（4 处）	2	超差不得分			
		M10 螺纹（4 处）	4	超差不得分			
		$\phi 8^{+0.022}_{0}\,mm$（2 处）	6	超差不得分			
		$60 \pm 0.03\,mm$	3	超差不得分			
		$3^{+0.025}_{0}\,mm$	5	超差不得分			
		$Ra1.6\,mm$	5	降级不得分			
		$Ra3.2\,mm$	2	降级不得分			
否定项		发生重大事故（人身和设备安全事故等）和情节严重的野蛮操作、违反工艺原则的考生，由监考人决定取消其考试资格，成绩记为零分					

评分人：　　　年　月　日　　　　　　核分人：　　　年　月　日

【思考与练习】

图 5-6 所示的零件材料为硬铝 2A12，毛坯尺寸为 80mm × 80mm × 20mm，单件生产。具体考核要求如下：

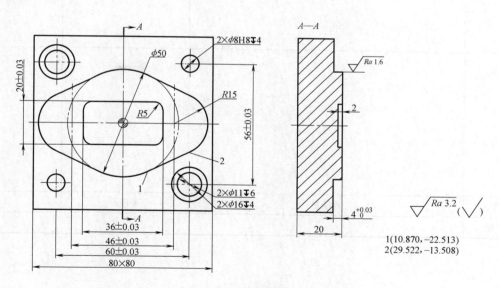

图 5-6　零件图

1. 现场笔试：制订工艺并编写程序，填写本任务工艺简卡（表 5-13）。
2. 现场操作：
（1）量具、夹具的使用。
（2）设备的维护保养。
（3）数控加工中心规范操作。

（4）精度检验及误差分析。

3. 按零件图完成加工操作。

表 5-13　数控加工中心工艺简卡

职业	数控加工中心	考核等级	中级		姓名		得分	
		数控加工中心工艺简卡			准考证号			
					机床编号			
工序名称及加工程序号		工 艺 简 图			工步序号及内容		选用刀具	
监考人		检验员			考评人			
日期								

附　　录

附录A　常用数控系统指令表

1. FANUC 0i 系统数控指令及格式

表 A-1　FANUC 0i TA 数控车指令及其对应任务

指令	组别	功能	格　式	对应任务
G00 *	01	快速定位	G00 X(U)_ Z(W)_;	任务2.2
G01		直线插补	G01 X(U)_ Z(W)_ F_;	任务2.2
G02、G03		圆弧插补（顺时针、逆时针）	G02/G03 X(U)_ Z(W)_ I_ K_ (R_) F_;	任务2.3
G04	00	暂停	G04 X_; G04 P_;	任务2.4
G20	06	英寸输入	G20;	任务2.2
G21 *		毫米输入	G21;	
G27	00	返回参考点检测	G27 X(U)_ Z(W)_;	
G28		自动返回参考点	G28 X(U)_ Z(W)_;	
G32	01	螺纹切削	G32 X(U)_ Z(W)_ F_;	任务2.5
G40 *	07	取消刀尖半径补偿	G00/G01 G40 X(U)_ Z(W)_;	任务2.3
G41、G42		刀尖半径补偿（左补偿、右补偿）	G00/G01 G41/G42 X(U)_ Z(W)_;	
G50	00	最高转速限制	G50 S_;	任务2.3
		工件坐标系的设定	G50 X_ Z_;	
G70	00	精加工循环	G70 P(ns)Q(nf)F_S_T_;	任务2.3
G71		外圆粗切循环	G71 U(Δd) R(e); G71 P(ns)Q(nf)U(Δu)W(Δw)F(f)S(s)T(t);	
G72		端面粗切循环	G72 W(Δd)R(e); G72 P(ns)Q(nf)U(Δu)W(Δw)F(f)S(s)T(t);	
G73		封闭切削循环	G73 U(Δi)W(Δk)R(Δd); G73 P(ns)Q(nf)U(Δu)W(Δw)F(f)S(s)T(t);	
G74		端面深孔钻循环	G74 R(e); G74 Z(W)Q(Δk)F(f);	任务2.4
G75		外径切槽循环	G75 R(e); G75 X(U)Z(W)P(Δi)Q(Δk)R(Δd)F(f);	

指令	组别	功能	格　　式	对应任务
G76	00	复合螺纹车削循环	G76 P$(m)(r)(a)$Q$(\Delta d_{\min})$R(d)； G76 X(U)Z(W)R(i)P(k)Q(Δd)F(L)；	任务2.4
G90	01	圆柱面或圆锥面切削循环	G90 X(U)＿Z(W)＿R＿F＿；	任务2.2
G92		螺纹切削循环	G92 X(U)＿Z(W)＿R＿F＿；	任务2.5
G94		端面切削循环	G94 X(U)＿Z(W)＿R＿F＿；	任务2.2
G96	12	恒线速度控制	G96 S＿；	任务2.3
G97		恒线速度控制取消	G97 S＿；	
G98	05	每分钟进给	G98 G01 X(U)＿Z(W)＿F＿；	任务2.2
G99*		每转进给	G99 G01 X(U)＿Z(W)＿F＿；	

表 A-2　FANUC 0i MC 数控铣指令及对应任务

指令	组别	功能	格　　式	对应任务
G00*	01	快速定位	G00 X＿Y＿Z＿；	任务3.2
G01		直线插补	G01 X＿Y＿Z＿F＿；	
G02、G03		圆弧插补（顺时针、逆时针）	G17 G02/G03 X＿Y＿I＿J＿(R＿)F＿； G18 G02/G03 X＿Z＿I＿K＿(R＿)F＿； G19 G02/G03 Y＿Z＿J＿K＿(R＿)F＿；	任务3.3
G17*	02	指定 XY 平面	G17；	任务3.3
G18		指定 ZX 平面	G18；	
G19		指定 YZ 平面	G19；	
G27	00	返回参考点检测	G27 X＿Y＿Z＿；	任务4.1
G28		机床返回参考点	G28 X＿Y＿Z＿；	
G29		从参考点返回	G29 X＿Y＿Z＿；	
G30		机床返回第2参考点	G30 X＿Y＿Z＿；	
G40*	07	取消刀具半径补偿	G00/G01 G40；	任务3.4
G41、G42		刀具半径补偿（左补偿、右补偿）	G17 G00/G01 G41/G42 D＿X＿Y＿F＿； G18 G00/G01 G41/G42 D＿X＿Z＿F＿； G19 G00/G01 G41/G42 D＿Y＿Z＿F＿；	
G43、G44	08	正向、负向刀具长度补偿	G17 G43/G44 Z＿H＿； G18 G43/G44 Y＿H＿； G19 G43/G44 X＿H＿；	
G49*		刀具长度补偿取消	G49；	
G50	11	撤销比例缩放	G51 X＿Y＿Z＿I＿J＿K＿(P＿)； … … G50；	任务3.6
G51		建立比例缩放		

指令	组别	功能	格　式	对应任务
G51.1	22	建立镜像	G17/G18/G19 G51.1 X_ Y_ Z_;	任务3.6
G50.1		撤销镜像	…… G50.1;	
G68	16	建立坐标系旋转	G17/G18/G19 G68 X_ Y_ Z_ R_;	
G69		撤销坐标系旋转	…… G69;	
G53	00	机床坐标系	G53;	任务3.2
G54	14	工件坐标系1	G54;	
G55		工件坐标系2	G55;	
G56		工件坐标系3	G56;	
G57		工件坐标系4	G57;	
G58		工件坐标系5	G58;	
G59		工件坐标系6	G59;	
G65	00	宏程序调用（非模态）	G65 P（宏程序号）L（重复次数）（变量分配）;	任务3.8
G66	12	宏程序调用（模态）	G66 P（宏程序号）L（重复次数）（变量分配）;	
G67		取消G66	G67;	
G73	09	高速深孔钻循环	G73 X_ Y_ Z_ R_ Q_ F_ K_;	任务3.7
G74		攻左旋螺纹循环	G74 X_ Y_ Z_ R_ P_ F_ K_;	
G76		精镗孔循环	G76 X_ Y_ Z_ R_ Q_ F_ K_;	
G80*		固定循环取消	G80;	
G81		钻孔循环	G81 X_ Y_ Z_ R_ F_ K_;	
G82		钻孔、锪孔循环	G82 X_ Y_ Z_ R_ P_ F_ K_;	
G83		深孔钻循环	G83 X_ Y_ Z_ R_ Q_ F_ K_;	
G84	09	攻螺纹循环	G84 X_ Y_ Z_ R_ P_ F_ K_;	
G85		镗孔循环	G85 X_ Y_ Z_ R_ F_ K_;	
G86		镗孔循环	G86 X_ Y_ Z_ R_ F_ K_;	
G87		反向镗孔循环	G87 X_ Y_ Z_ R_ Q_ F_ K_;	
G88		镗孔循环	G88 X_ Y_ Z_ R_ F_ K_;	
G89		镗孔循环	G89 X_ Y_ Z_ R_ P_ F_ K_;	
G90*	03	绝对尺寸	G90;	任务3.2
G91		增量尺寸	G91;	
G92	00	坐标系设定	G92 X_ Y_ Z_;	
G94*	05	每分钟进给	G94 F_;	
G95		每转进给	G95 F_;	
G98	10	返回初始平面	G98;	任务3.7
G99*		返回参考平面	G99;	

注：1. 标有 * 的指令为数控系统通电启动后的默认状态。

2. 数控车床默认加工平面为G18，数控铣床默认加工平面为G17。

表 A-3　FANUC 0i MC 数控系统 M 指令及其功能

指令	功　　能	指令	功　　能
M00	程序停止	M12	喷雾停止
M01	程序选择停止	M19	主轴定位
M02	程序结束	M30	程序结束并返回程序起点
M03	主轴正转起动	M70	镜像取消
M04	主轴反转起动	M71	X 轴镜像
M05	主轴停止转动	M72	Y 轴镜像
M06	换刀	M77	主轴吹气开
M07	喷雾起动	M78	主轴吹气关
M08	切削液打开	M98	调用子程序（见任务 2.4）
M09	切削液、喷雾停止	M99	子程序结束（见任务 2.4）

2. SIEMENS 802D 系统数控指令及格式

表 A-4　SIEMENS 802D 系统 G 指令及其格式

指令	组别	功　　能	格　　式	备　　注
G00		快速移动	G00 X_ Y_ Z_;	
G01*		直线插补	G01 X_ Y_ Z_ F_;	
G02		顺时针圆弧插补（终点 + 圆心）	G02 X_ Y_ Z_ I_ J_ K_ F_;	X、Y、Z 确定终点，I、J、K 确定圆心
		顺时针圆弧插补（终点 + 半径）；	G02 X_Y_Z_ CR = _ F_;	X、Y、Z 确定终点，CR 为半径（大于 0 时为优弧，小于 0 时为劣弧）
		顺时针圆弧插补（圆心 + 圆心角）	G02 AR = _ I_ J_ K_ F_;	AR 为圆心角（0 ~ 360°），X、Y、Z 确定终点
		顺时针圆弧插补（终点 + 圆心角）	G02 AR = _ X_ Y_ Z_ F_;	
G03	1	逆时针圆弧插补（终点 + 圆心）	G03 X_ Y_ Z_ I_ J_ K_ F_;	
		逆时针圆弧插补（终点 + 半径）	G03 X_ Y_ Z_ CR = _ F_;	
		逆时针圆弧插补（圆心 + 圆心角）	G03 AR = _ I_ J_ K_ F_;	
		逆时针圆弧插补（终点 + 圆心角）	G03 AR = _ X_ Y_ Z_ F_;	
G05		通过中间点进行圆弧插补	G05 X_ Y_ Z_ I_ J_ K_ F_;	通过起始点和终点之间的中间位置确定圆弧的方向
G33		等螺距螺纹切削	G33 G02 X_ Y_ Z_ I_ J_ K_;	攻螺纹深度由 X、Y 或 Z 给定，螺距由 I、J 或 K 给定，螺距的符号确定主轴旋向。右旋为正，左旋为负
G04	2	暂停	G04 F_;	F_:暂停时间(s)
			G04 S_;	S_:暂停主轴转速

指令	组别	功　能	格　式	备　注
G17*		指定 XY 平面	G17;	
G18	6	指定 ZX 平面	G18;	
G19		指定 YZ 平面	G19;	
G25	3	限制特定情况下主轴的极限范围	G25 S_;	主轴转速下限
G26			G26 S_;	主轴转速上限
G90*	14	绝对尺寸	G90;	
G91		增量尺寸	G91;	
G70	13	英制单位输入	G70;	
G71*		米制单位输入	G71;	
G54		第一可设定零点偏移值	G54;	
G55		第二可设定零点偏移值	G55;	
G56	8	第三可设定零点偏移值	G56;	
G57		第四可设定零点偏移值	G57;	
G500*		取消可设定零点偏移值	G500;	
G94*	15	每分钟进给率	G94;	mm/min
G95		主轴每转进给率	G95;	mm/r
G158	3	对所有坐标轴编程零点偏移	G158;	
G74	2	回参考点（原点）	G74 X_ Y_ Z_;	G74 之后的程序段原先"插补方式"组中的 G 指令将再次生效；G74 需要一独立程序段
G75		返回固定点	G75 X_Y_Z_;	G75 之后的程序段原先"插补方式"组中的 G 指令将再次生效；G75 需要一独立程序段
G40*		取消刀尖半径补偿	G40;	进行刀尖半径补偿时必须有相应的 D 值才能有效，刀尖半径补偿只有在线性插补时才能选择
G41	7	左侧刀尖半径补偿	G41;	
G42		右侧刀尖半径补偿	G42;	

注：1. 标有 * 的指令为数控系统通电起动后的默认状态。

2. 数控车床默认加工平面为 G18，数控铣床默认加工平面为 G17。

表 A-5　SIEMENS 802D 系统 M 指令及其功能

指　令	功　能	指　令	功　能
M00	编程停止	M05	主轴停转
M01	选择性暂停	M06	换刀
M02	主程序结束	M17	子程序结束
M03	主轴正转	M30	主程序结束且返回
M04	主轴反转		

3. 华中世纪星（HNC-21M）系统指令表

表 A-6　华中世纪星系统 G 指令及其功能

G 指令	组别	功　能	G 指令	组别	功　能
G00 *		快速定位	G56		坐标系选择
G01	01	直线插补	G57	11	坐标系选择
G02		顺圆进给、螺旋线进给	G58		坐标系选择
G03		逆圆进给、螺旋线进给	G59		坐标系选择
G04	00	暂停	G61 *	12	精确停止校验方式
G07 *	16	虚轴指定	G64		连续方式
G09	00	准停校验	G68	05	旋转变换开
G17		XY 平面选择	G69 *		旋转变换取消
G18	02	ZX 平面选择	G73	06	深孔钻削循环
G19		YZ 平面选择	G74		攻左旋螺纹循环
G20		英寸输入	G76		精镗循环
G21 *	08	毫米输入	G80 *		固定循环取消
G22		脉冲当量输入	G81		定心钻循环
G24	03	镜像开	G82		钻孔循环
G25 *		镜像关	G83	06	深孔钻循环
G28	00	返回到参考点	G84		攻螺纹循环
G29		由参考点返回	G85		镗孔循环 1
G40 *		刀尖半径补偿取消	G86		镗孔循环 2
G41	09	刀具半径左补偿	G87		反镗孔循环
G42		刀具半径右补偿	G88		镗孔循环 3
G43		刀具长度正向补偿	G89		镗孔循环 4
G44	08	刀具长度负向补偿	G90 *	13	绝对值编程
G49 *		刀具长度补偿取消	G91		增量值编程
G50 *	04	缩放关	G92	00	工件坐标系设定
G51		缩放开	G94 *	14	每分钟进给
G52	00	局部坐标系设定	G95		每转进给
G53		机床坐标系编程	G98 *	15	固定循环返回起始点
G54 *	11	坐标系选择	G99		固定循环返回安全面
G55		坐标系选择			

注：1. 标有 * 的指令为数控系统通电起动后的默认状态。

　　2. 数控车床默认加工平面为 G18，数控铣床默认加工平面为 G17。

表 A-7　华中世纪星系统 M 指令及其功能

指　令	功　能	指　令	功　能
M00	程序停止	M07	切削液打开
M02	程序结束	M09	切削液、喷雾停止
M03	主轴正转起动	M30	程序结束并返回程序起点
M04	主轴反转起动	M98	调用子程序
M05	主轴停止起动	M99	子程序结束
M06	换刀		

附录 B 常用切削用量表

表 B-1 车削加工常用钢材的切削速度参考数值

加工材料		硬度 HBS	背吃刀量 a_p/mm	高速钢刀具 v /m·min⁻¹	高速钢刀具 f /mm·r⁻¹	硬质合金刀具 未涂层 v/m·min⁻¹ 焊接式	未涂层 可转位	未涂层 f /mm·r⁻¹	涂层 材料	涂层 v /m·min⁻¹	涂层 f /mm·r⁻¹	陶瓷（超硬材料）刀具 v /m·min⁻¹	陶瓷 f /mm·r⁻¹	说明
易切碳钢	低碳	100~200	1	55~90	0.18~0.2	185~240	220~275	0.18	TY15	320~410	0.18	550~700	0.13	切削条件较好时可用冷压 Al_2O_3 陶瓷,切削条件较差时宜用 Al_2O_3 + TiC 热压混合陶瓷
			4	41~70	0.40	135~185	160~215	0.50	TY14	215~275	0.40	425~580	0.25	
			8	34~55	0.50	110~145	130~170	0.75	TY5	170~220	0.50	335~490	0.40	
碳钢	中碳	175~225	1	52	0.2	165	200	0.18	TY15	305	0.18	520	0.13	
			4	40	0.40	125	150	0.50	TY14	200	0.40	395	0.25	
			8	30	0.50	100	120	0.75	TY5	160	0.50	305	0.40	
碳钢	低碳	125~225	1	43~46	0.18	140~150	170~195	0.18	TY15	260~290	0.18	520~580	0.13	
			4	34~33	0.40	115~125	135~150	0.50	TY14	170~190	0.40	365~425	0.25	
			8	27~30	0.50	88~100	105~120	0.75	TY5	135~150	0.50	275~365	0.40	
碳钢	中碳	175~275	1	34~40	0.18	115~130	150~160	0.18	TY15	220~240	0.18	460~520	0.13	
			4	23~30	0.40	90~100	115~125	0.50	TY14	145~160	0.40	290~350	0.25	
			8	20~26	0.50	70~78	90~100	0.75	TY5	115~125	0.50	200~260	0.40	
碳钢	高碳	175~275	1	30~37	0.18	115~130	140~155	0.18	TY15	215~230	0.18	460~520	0.13	
			4	24~27	0.40	88~95	105~120	0.50	TY14	145~150	0.40	275~335	0.25	
			8	18~21	0.50	69~76	84~95	0.75	TY5	115~120	0.50	185~245	0.40	
合金钢	低碳	125~225	1	41~46	0.18	135~150	170~185	0.18	TY15	220~235	0.18	520~580	0.13	
			4	32~37	0.40	105~120	135~145	0.50	TY14	175~190	0.40	365~395	0.25	
			8	24~27	0.50	84~95	105~115	0.75	TY5	135~145	0.50	275~335	0.40	
合金钢	中碳	175~275	1	34~41	0.18	105~115	130~150	0.18	TY15	175~200	0.18	460~520	0.13	
			4	26~32	0.40	85~90	105~120	0.40~0.50	TY14	135~160	0.40	280~360	0.25	
			8	20~24	0.50	67~73	82~95	0.50~0.75	TY5	105~120	0.50	220~265	0.40	
合金钢	高碳	175~275	1	30~37	0.18	105~115	135~145	0.18	TY15	175~190	0.18	460~520	0.13	
			4	24~27	0.40	84~90	105~115	0.50	TY14	135~150	0.40	275~335	0.25	
			8	18~21	0.50	66~72	82~90	0.75	TY5	105~120	0.50	215~245	0.40	
高强度钢		225~350	1	20~26	0.18	90~105	115~135	0.18	TY15	150~185	0.18	380~440	0.13	>300HBS 时宜用 W12Cr4V5Co5 及 W2-MoCr4VCo8
			4	15~20	0.40	69~84	90~105	0.40	TY14	120~135	0.40	205~265	0.25	
			8	12~15	0.50	53~66	69~84	0.50	TY5	90~105	0.50	145~205	0.40	

表 B-2 铣刀的铣削速度 （单位：mm/min）

工件材料	铣 刀 材 料					
	碳素钢	高速钢	超高速钢	合金钢	碳化钛	碳化钨
铝合金	57~150	180~300		240~460		300~600
镁合金		180~270				150~160
钼合金		45~100				120~190
黄铜（软）	12~25	20~25		45~75		100~180
黄铜	10~20	20~40		30~50		60~130
灰铸铁（硬）		10~15	10~20	18~28		45~60
冷硬铸铁			10~15	12~18		30~60
可锻铸铁	10~15	20~30	25~40	35~45		75~110
钢（低碳）	10~14	18~28	20~30		45~70	
钢（中碳）	10~15	15~25	18~28		40~60	
钢（高碳）		10~15	12~20		30~45	
合金钢					35~80	
合金钢（硬）					30~60	
高速钢			12~25		45~70	

表 B-3 铣刀每齿进给量推荐值 （单位：mm/z）

工件材料	工件材料硬度 HBW	硬 质 合 金		高 速 钢	
		端铣刀	立铣刀	端铣刀	立铣刀
低碳钢	150~200	0.2~0.35	0.07~0.12	0.15~0.3	0.03~0.18
中、高碳钢	220~300	0.12~0.25	0.07~0.1	0.1~0.2	0.03~0.15
灰铸铁	180~220	0.2~0.4	0.1~0.16	0.15~0.3	0.05~0.15
可锻铸铁	240~280	0.1~0.3	0.06~0.09	0.1~0.2	0.02~0.08
合金钢	220~280	0.1~0.3	0.05~0.08	0.12~0.2	0.03~0.08
工具钢	36HRC	0.12~0.25	0.04~0.08	0.07~0.12	0.03~0.08
镁合金铝	95~100	0.15~0.38	0.08~0.14	0.2~0.3	0.05~0.15

表 B-4 高速钢钻头钻孔切削用量

工件材料	工件材料牌号或硬度	切削用量	钻头直径 d/mm			
			1~6	6~12	12~22	22~50
铸铁	160~200HBS	$V_C/(m/min)$	16~24			
		$f/(mm/r)$	0.07~0.12	0.12~0.2	0.2~0.4	0.4~0.8
	200~240HBS	$V_C/(m/min)$	10~18			
		$f/(mm/r)$	0.05~0.1	0.1~0.18	0.18~0.25	0.25~0.4
	300~400HBS	$V_C/(m/min)$	5~12			
		$f/(mm/r)$	0.03~0.08	0.08~0.15	0.15~0.2	0.2~0.3
钢	35、45 钢	$V_C/(m/min)$	8~25			
		$f/(mm/r)$	0.05~0.1	0.1~0.2	0.2~0.3	0.3~0.45
	15Cr、20Cr	$V_C/(m/min)$	12~30			
		$f/(mm/r)$	0.05~0.1	0.1~0.2	0.2~0.3	0.3~0.45
	合金钢	$V_C/(m/min)$	8~15			
		$f/(mm/r)$	0.03~0.08	0.05~0.15	0.15~0.25	0.25~0.35

工件材料	工件材料牌号或硬度	切削用量	钻头直径 d/mm		
			3 ~ 8	8 ~ 28	25 ~ 50
铝	纯铝	V_C/(m/min)	20 ~ 50		
		f/(mm/r)	0.03 ~ 0.2	0.06 ~ 0.5	0.15 ~ 0.8
	铝合金（长切屑）	V_C/(m/min)	20 ~ 50		
		f/(mm/r)	0.05 ~ 0.25	0.1 ~ 0.6	0.2 ~ 1.0
	铝合金（短切屑）	V_C/(m/min)	20 ~ 50		
		f/(mm/r)	0.03 ~ 0.1	0.05 ~ 0.15	0.08 ~ 0.36
铜	黄铜、青铜	V_C/(m/min)	60 ~ 90		
		f/(mm/r)	0.06 ~ 0.15	0.15 ~ 0.3	0.3 ~ 0.75
	硬青铜	V_C/(m/min)	25 ~ 45		
		f/(mm/r)	0.05 ~ 0.15	0.12 ~ 0.25	0.25 ~ 0.5

表 B-5　高速钢铰刀铰孔的切削用量

工件材料 切削用量 铰刀直径/mm	铸铁		钢及钢合金		铝铜及其合金	
	V_c/(m·min^{-1})	f/(mm·r^{-1})	V_c/(m·min^{-1})	f/(mm·r^{-1})	V_c/(m·min^{-1})	f/(mm·r^{-1})
6 ~ 10	2 ~ 6	0.3 ~ 0.5	1.2 ~ 5	0.3 ~ 0.4	8 ~ 12	0.3 ~ 0.5
10 ~ 15	2 ~ 6	0.5 ~ 1.0	1.2 ~ 5	0.4 ~ 0.5	8 ~ 12	0.5 ~ 1.0
15 ~ 25	2 ~ 6	0.8 ~ 1.5	1.2 ~ 5	0.5 ~ 0.6	8 ~ 12	0.8 ~ 1.5
25 ~ 40	2 ~ 6	0.5 ~ 1.5	1.2 ~ 5	0.4 ~ 0.6	8 ~ 12	0.8 ~ 1.5
40 ~ 60	2 ~ 6	1.2 ~ 1.8	1.2 ~ 5	0.5 ~ 0.6	8 ~ 12	1.5 ~ 2.0

注：采用硬质合金铰刀铰铸铁和铝材时 $V_C = 8 \sim 10 \text{m/min}$。

附录 C　螺纹底孔直径和套螺纹前圆杆直径

表 C-1　普通螺纹钻底孔用钻头的直径尺寸　　　　　　　　　（单位：mm）

公称直径 d	螺距 P		钻头直径 D_0	公称直径 d	螺距 P		钻头直径 D_0
5	粗牙	0.8	4.2	16	粗牙	2	13.9
	细牙	0.5	4.5		细牙	1.5	14.5
6	粗牙	1	5			1	15
	细牙	0.75	5.2	18	粗牙	2.5	15.4
8	粗牙	1.25	6.7			2	15.9
	细牙	1	7		细牙	1.5	16.5
		0.75	7.2			1	17
10	粗牙	1.5	8.5	20	粗牙	2.5	17.4
	细牙	1.25	8.7			2	17.9
		1	9		细牙	1.5	18.5
		0.75	9.2			1	19
12	粗牙	1.75	10.2	22	粗牙	2.5	19.4
	细牙	1.5	10.5			2	19.9
		1.25	10.7		细牙	1.5	20.5
		1	11			1	21
14	粗牙	2	11.9	24	粗牙	3	20.9
	细牙	1.5	12.5			2	21.9
		1.25	12.7		细牙	1.5	22.5
		1	13			1	23

注：$P > 1 \text{mm}$ 时，$D_0 = d - (1 \sim 1.1)P$。

表 C-2　英制螺纹钻底孔用钻头的直径尺寸

公称直径 /in	牙数 /in	钻头直径/mm		公称直径 /in	牙数 /in	钻头直径/mm	
		铸铁、青铜	钢、黄铜			铸铁、青铜	钢、黄铜
3/16	24	3.7	3.7	7/8	9	19.1	19.3
1/4	20	5.0	5.1	1	8	21.9	22
5/16	18	6.4	6.5	1⅛	7	24.6	24.7
3/8	16	7.8	7.9	1¼	7	27.8	27.9
7/16	14	9.1	9.3	1½	6	33.4	33.5
1/2	12	10.4	10.5	1⅝	5	35.7	35.8
9/16	12	12	12.1	1¾	5	38.9	39
5/8	11	13.3	13.5	1⅞	4½	41.4	41.5
3/4	10	16.3	16.4	2	4½	44.6	44.7

表 C-3　套螺纹前圆杆的直径尺寸　　　　　　　　　　　（单位：mm）

粗牙普通螺纹				英制螺纹			圆柱管螺纹		
螺纹直径	螺距 P	圆杆直径		螺纹代号	圆杆直径		螺纹代号	杆子外径	
		最大直径	最小直径		最大直径	最小直径		最大直径	最小直径
M6	1	5.8	5.9	1/4	5.9	6	1/8	9.4	9.5
M8	1.25	7.8	7.9	5/16	7.4	7.6	1/4	12.7	13
M10	1.5	9.75	9.85	3/8	9	9.2	3/8	16.2	16.5
M12	1.75	11.75	11.9	1/2	12	12.2	1/2	20.5	20.8
M14	2	13.7	13.85	—	—	—	5/8	22.5	22.8
M16	2	15.7	15.85	5/8	15.2	15.4	3/4	26	26.3
M18	2.5	17.7	17.85				7/8	29.8	30.1
M20	2.5	19.7	19.85	3/4	18.3	18.5	1	32.8	33.1
M22	2.5	21.7	21.85	7/8	21.4	21.6	1⅛	37.4	37.7
M24	3	23.65	23.8	1	24.5	24.8	1¼	41.4	41.7
M27	3	16.65	26.8	1¼	30.7	31	1⅜	43.8	44.1

附录 D　数控中级工国家职业标准要求

职业功能	工作内容	技能要求	相关知识
工艺准备	读图与绘图	1. 能读懂等速凸轮、齿轮、离合器、带直线成形面等中等复杂程度零件的工作图 2. 能读懂零件的材料、尺寸公差、几何公差、表面粗糙度及其他技术要求 3. 能手工绘制带斜面或沟槽的轴等简单零件的工作图 4. 能掌握标准件和常用件的表示法 5. 能读懂分度头尾架、弹簧夹头套筒、可转位铣刀等简单机构的装配图 6. 能用 CAD 软件绘制简单零件的工作图	1. 复杂零件的表达方法 2. 零件材料、尺寸公差、几何公差、表面粗糙度等基本知识 3. 简单零件工作图的画法 4. 标准件和常用件的规定画法 5. 简单机构装配图的画法 6. 计算机绘制简单零件工作图的基本方法

职业功能	工作内容	技能要求	相关知识
工艺准备	制订加工工艺	1. 能正确选择加工零件的工艺基准 2. 能决定工步顺序、工步内容及切削参数 3. 能熟练进行零件加工节点计算 4. 能编制矩形体、平行孔系、圆弧曲面等一般难度工件的数控加工工艺卡	1. 一般复杂程度工件的数控加工工艺编制方法 2. 钻、铣、扩、铰、镗孔及攻螺纹等的工艺特点 3. 加工余量的选择方法
	工件定位与夹紧	1. 能正确选择工件的定位基准 2. 能正确使用台虎钳、压板、夹钳等通用夹具 3. 能正确安装调整夹具 4. 能用量表找正工件 5. 能正确夹紧工件	1. 定位、夹紧的原理及方法 2. 台虎钳、压板等通用夹具的调整及使用方法 3. 量表的使用方法
	刀具准备	1. 能依据加工工艺卡选取合理刀具 2. 能正确装卸常用刀具 3. 能用刀具预调仪或在机内测量刀具的半径及长度 4. 能够准确输入刀具有关参数 5. 能合理确定有关切削参数	1. 刀具的种类、结构、特点及适用范围 2. 刀具的选用原则及其切削参数 3. 刀具系统的种类及结构 4. 刀具预调仪的使用方法 5. 刀具长度补偿值、半径补偿值及刀号等参数的输入方法
编程技术	手工编程	孔类加工 1. 能够正确运用数控系统的指令代码手工编制钻、扩、铰、镗等孔类加工程序 2. 能够运用固定循环及子程序进行零件的加工程序编制	1. 机床坐标系及工件坐标系的概念 2. 常用数控指令 G 指令、M 指令的含义 3. S 指令、T 指令和 F 指令的含义 4. 数控指令的结构与格式 5. 固定循环指令的含义、结构、格式与编程方法 6. 子程序的嵌套
		面加工 1. 能够手工编制平面铣削程序 2. 能够手工编制含直线插补、圆弧插补二维轮廓的铣削加工程序	1. 几何图形中直线与直线、直线与圆弧、圆弧与圆弧交点的计算方法 2. 直线插补与圆弧插补的意义及坐标尺寸的计算 3. 刀具半径补偿的作用及计算方法
	自动编程	1. 能够生成平面轮廓、平面区域的刀具轨迹并生成铣削加工程序 2. 各种加工参数的设置 3. CAD/CAM 软件中刀具参数的设置 4. 刀具的各种切入切出轨迹的选择 5. 能够根据不同的数控系统设置后置处理程序，生成 G 代码并能够对轨迹进行修正和编程 6. 会利用数控系统验证数控程序	1. CAD/CAM 软件的使用方法 2. 刀具参数的设置方法 3. 刀具轨迹生成的方法 4. 各种材料切削用量的数据 5. 有关刀具切入切出的方法对加工质量影响的知识 6. 后置处理程序的设置和使用方法
	数控加工仿真	1. 数控仿真软件基本操作和显示操作 2. 仿真软件模拟装夹、刀具准备、输入加工代码、加工参数设置 3. 模拟数控系统面板的操作 4. 模拟机床面板操作 5. 实施仿真加工过程以及加工代码检查 6. 利用仿真软件手工编程	1. 常见数控系统面板操作和使用知识 2. 常用机床面板操作方法和使用知识 3. 三维图形软件的显示操作技术 4. 数控加工手工编程

职业功能	工作内容	技能要求	相关知识
基本操作 与维护	基本操作	1. 能正确阅读数控铣床操作说明 2. 能按照操作规程起动及停止机床 3. 能正确使用操作面板上的各种功能键 4. 能通过操作面板手动输入加工程序及有关参数，能进行程序传输 5. 能进行程序的编辑、修改 6. 能设定工件坐标系 7. 能正确调入调出所选刀具 8. 能正确修正刀步参数 9. 能使用程序试运行、分段运行及自动运行等切削运行方式 10. 能进行加工程序试切削并作出正确判断 11. 能正确使用程序图形显示、再起动功能 12. 能正确操作机床完成平行孔系及简单型面等加工	1. 数控铣床操作说明书 2. 操作面板的使用方法 3. 手工输入程序的方法及外部计算机自动输入加工程序的方法 4. 程序的编辑与修改方法 5. 机床坐标系与工件坐标系的含义及其关系 6. 相对坐标系、绝对坐标系的含义 7. 修正刀补参数的方法 8. 程序试切削方法 9. 程序各种运行方式的操作方法 10. 程序图形显示，再起动功能的操作方法 11. 平行孔系及简单型面的加工方法
	日常维护	1. 能进行加工前机、电、气、液、开关等常规检查 2. 能在加工后，清理机床及周围环境 3. 能进行数控铣床的日常保养与调整	1. 数控铣床安全操作规程 2. 日常保养的方法与内容 3. 数控铣床的工作原理及调整方法
工件加工	孔加工	能对单孔进行钻、扩、铰加工	麻花钻、扩孔钻及铰刀的功能
	平面铣削	能铣削平面、垂直面、斜面、阶梯面等，尺寸精度等级达 IT9，表面粗糙度达 $Ra6.3$	1. 铣刀的种类及功用 2. 加工精度的影响因素 3. 常用金属材料的切削性能
	平面内外铣削	能铣削二维直线、圆弧轮廓的工件，且尺寸精度等级达 IT9，表面粗糙度达 $Ra6.3$	
	运行给定程序	能读懂、检查及运行给定的三维加工程序	1. 三维坐标的概念 2. 程序检查方法
精度检验	内外径检验	1. 能使用游标卡尺测量工件内、外径 2. 能使用内径百（千）分表测量工件内径 3. 能使用外径千分尺测量工件外径	1. 游标卡尺的使用方法 2. 内径百（千）分表的使用方法 3. 外径千分尺的使用方法
	长度检验	1. 能使用游标卡尺测量工件长度 2. 能使用外径千分尺测量工件长度	
	深高度检验	能使用游标卡尺或者深高度尺测量深度、高度	1. 深度尺的使用方法 2. 高度尺的使用方法
	角度检验	能够使用角度尺检查工件角度	角度尺的使用方法
	型面检验	能用常用量具及量块、正弦规、卡规、塞规等检验斜面、台阶、沟槽	量块、正弦规、卡规、塞规的用途及使用保养方法
	机内检验	能利用机床的位置显示功能自检工件的有关尺寸	机床坐标的位置显示功能

参 考 文 献

[1] 北京发那科机电有限公司. FANUC 0i-MC 操作说明书. 北京.

[2] 北京发那科机电有限公司. FANUC 0i-TA 操作说明书. 北京.

[3] 胡如祥. 数控加工编程与操作 [M]. 大连：大连理工大学出版社，2006.

[4] 彼得·斯密德. FANUC 数控系统用户宏程序与编程技巧 [M]. 罗学科，等译. 北京：化学工业出版社，2007.

[5] 黄华. 数控车削编程与加工技术 [M]. 北京：机械工业出版社，2008.

[6] 顾京. 数控加工编程及操作 [M]. 北京：高等教育出版社，2004.

[7] 朱明松，王翔. 数控车床编程与操作项目教程 [M]. 北京：机械工业出版社，2008.

[8] 余英良，耿在丹. 数控铣生产案例型实训教程 [M]. 北京：机械工业出版社，2009.

[9] 李东君. 数控加工技术项目教程 [M]. 北京：北京大学出版社，2010.

[10] 吕炳杰，孙智俊，赵汶. 数控加工中心（FANUC、SIEMENS）系统编程实例精粹 [M]. 北京：化学工业出版社，2009.

[11] 徐衡. FANUC 系统数控铣床和加工中心培训教程 [M]. 北京：化学工业出版社，2009.

[12] 吴明友. 加工中心（SIEMENS）考工实训教程 [M]. 北京：化学工业出版社，2006.

[13] 沈建峰，黄俊刚. 数控铣床/加工中心技能鉴定考点分析和试题集萃 [M]. 北京：化学工业出版社，2007.

[14] 周虹. 数控编程与实训 [M]. 2 版. 北京：人民邮电出版社，2008.

[15] 谭惠忠，敖春根，余萍. 数控加工编程与操作实例 [M]. 北京：北京理工大学出版社，2009.

[16] 张思弟，贺曙新. 数控编程加工技术 [M]. 北京：化学工业出版社，2005.

[17] 刘雄伟. 数控机床操作与编程培训教程 [M]. 北京：机械工业出版社，2001.

[18] 陆曲波，王世辉. 数控加工编程与操作 [M]. 广州：华南理工大学出版社，2006.

[19] 韩鸿鸾. 数控车削工艺与编程一体化教程 [M]. 北京：高等教育出版社，2009.

[20] 李银涛. 数控车床编程与职业技能鉴定实训 [M]. 北京：化学工业出版社，2009.

[21] 周保牛，黄俊桂. 数控编程与加工技术 [M]. 北京：机械工业出版社，2009.

[22] 周虹. 数控加工工艺设计与程序编制 [M]. 北京：人民邮电出版社，2009.

[23] 朱明松，王翔. 数控铣床编程与操作项目教程 [M]. 北京：机械工业出版社，2008.